萌えよ!
空戦学校
[文]田村尚也
[マンガ]松田未来

はあっ
はぁ
おーくーれーちゃーうーっ
授業がはじまっちゃうよーッ!!
第0講
「ようこそ！空戦学校へ！」

ほえー
え、えーと
〝F〟クラスの
皆さん
はじめまして
私、今日から
教官を務めます
ハンナ・
レヒリンです!
はうはう
よ、よろしく
ね?
チコクだったー!
今回特設された
この〝F〟クラスは
パイロットになる
あなた達にですね…
戦闘機のＡＢＣを
教えるために…
決して
落ちこぼれ組とか
そういうものでは
……
あ…あの
聞いてくれて
ます…
か…?
ZZZ…
……

ふにゅぅウウウウっ〜
ズルズルズル
?
ペチャン
いた〜い〜
いたい…?
ん??
戦闘機パイロットになりたくてこの学校に来ましたぁ
各務原つばめです!
えへ
ドジッ娘なのね
どんくさい子ねー
イナカモンだわ
……

じゃ、じゃあ せっかくだから 自己紹介して あげてちょうだい
これから一ヶ月 机を並べる仲間に なるんだから！
ニケ・エドワーズ！ アメリカ・ネバダ州出身よ
トロいのが 大っ嫌いだから 覚えておいて
すっ
フランス マルセイユ から エール・ブルージェ！
ロシア…
くるくる
ふん
私は 英国から―
ファーンボロ家 の三女 マーリンと 申しますの―
日本人か… これ以上気の短い ヤンキー娘が 増えなくて 良かったわぁ
くす
にゃにぃ!!
チャイカ・ジュコウスキー

はい！
それでは授業をはじめましょう！
まず最初のカリキュラムは複葉機の時代から…
ぽん
ほ
あ…あの
みんな聞いてる？
マジ?
…ごね
…
先生！
あ、あら
何かご質問？つばめちゃん
〝戦闘機〟って
どんなヒコーキなんですか？

そ、そりゃあれだよ
〝戦う〟ためのヒコーキ！
まんまじゃない
にゃにおう!?
戦う相手が何かでも随分変わるでしょ？
そうですねぇ…
機関砲やミサイルを積んでるから…かな？
それは他の攻撃機や爆撃機でも持っているぞ
す、素晴らしいわ！この教室がかつてないほどアカデミックな雰囲気に満ちているなんてっ!!
これなら…これならアタシでも授業が出来そうっ！
ぐっ
？
がばちょっ！
あなたのおかげよつばめちゃん！
ひょええ
さぁ！授業を始めましょう！

複葉機から最新のステルス機まで古今東西の戦闘機を
皆で学んでいきましょ――！
コーン
カーン
コーン
あ、お昼のチャイムだ
コクン
カフェにでも行きませんこと？
ランチは何にしようかなー
つばめも食べるー
ちょちょっと待って…やっぱりワタシって教師失格!?
つっ

CONTENTS

もくじ

●主要参考文献

「Jウィング」各巻　イカロス出版
「戦闘機年鑑」青木謙知 著　イカロス出版
「飛行機メカニズム図鑑」出射忠明 著　グランプリ出版
「戦闘機メカニズム図鑑」鴨下示佳 著　グランプリ出版
「航空機メカニカルガイド1903-1945」国江隆夫 著　新紀元社
「航空機名鑑1903～1939第一次大戦・大戦間編」望月隆一 編　株式会社コーエー
「航空機名鑑1939～45」望月隆一 編　株式会社コーエー
「航空機名鑑1945～70ジェット時代編　上」望月隆一 編　株式会社コーエー
「航空機名鑑1970～98ジェット時代編　下」望月隆一 編　株式会社コーエー
「第二次世界大戦軍用機ハンドブック アメリカ編」松崎豊一 編著　原書房
「第二次世界大戦軍用機ハンドブック ドイツ編」松崎豊一 編著　原書房
「第二次世界大戦軍用機ハンドブック ヨーロッパ諸国編」松崎豊一 編著　原書房
「航空ファン」別冊「アメリカ軍用機1945～1986・空軍編」文林堂
「世界の傑作機」各巻　文林堂
「第一次大戦戦闘機および攻撃機・練習機」ケネス・マンソン 著　湯浅謙三 訳　鶴書房
「航空情報」別冊「日本陸軍戦闘機隊」「日本海軍戦闘機隊」酣燈社
「歴史群像」欧州戦史シリーズ各巻　学研
「歴史群像」太平洋戦史シリーズ各巻　学研
「トム・クランシーの戦闘航空団解剖」T・クランシー 著　平賀秀明 訳　新潮文庫
「航空戦力 その発展の歴史と戦略・戦術の変遷」上下　郷田充 著　原書房
「現代の航空戦 湾岸戦争」リチャード・P・ハリオン著　服部省吾 訳　東洋書林
「戦史叢書」各巻　防衛庁防衛研究所戦史室 著　朝雲新聞社
「空軍の戦史的観察及戦術的影響」青木喬 著　陸軍大学校将校集会所
「McDonnell Douglas F-15 Eagle Supreme Heavy-Weight Fighter」(AeroFax)Dennis R Jenkins著　Midland Publishing Limited
「Grumman F-14 Tomcat Leading US Navy Fleet Fighter」(AeroFax)Dennis R Jenkins著　Midland Publishing Limited

文／田村尚也
マンガ・イラスト／松田未来
図版／田村紀雄
協力／野上武志

写真提供／潮書房、USAF、USN、USMC、RAF、航空自衛隊、Lockheed Martin、Dassault、Eurofighter、DVIC、SAAB、Jwings編集部
写真解説／編集部

第０講　戦闘機概論

飛行機の軍事利用

1903（明治36）年12月17日、ライト兄弟は世界初の操縦された飛行機による動力飛行に成功した。当時、最先端の高価なハイテクメカだった飛行機の大量購入を期待できるのは国家くらいしかなく、ライト兄弟も早くから軍への納入を考えていたという。

そして、1911年に勃発した**伊土戦争**では、イタリア軍がトルコ軍に対して飛行機を史上初めて軍事作戦に使用し、おもに偵察に使われた。

さらに1914年に勃発した**第一次大戦**では、参戦各国によって多数の飛行機が作戦に投入され、戦争に欠かすことのできない重要な戦力として認識されるようになった。

戦闘機の誕生

飛行機の軍事利用は、前述したように**偵察**から始まり、敵味方の偵察機が空中ですれ違うと乗員が互いに手を振って挨拶することもあったという。

やがて飛行機から爆弾を投下するようになり、さらに**爆撃**を主任務とする専用の爆撃機が開発されるようになった。そして、敵の偵察や爆撃を妨害あるいは阻止するために、搭乗員が不時着時の自衛用として持ち込んだ拳銃や小銃などの携帯火器で敵機を攻撃するようになり、すぐに機関銃を搭載し敵機との**戦闘**を主任務とする専用の**戦闘機**が登場した。

軍用の飛行機は、偵察機から爆撃機や戦闘機へと、それぞれの任務に適した特性を持つさまざまな機種へと分化していったのだ。

飛行機の優位の確立

ところで、気球や飛行船を含む航空機の中で、もっとも古くから軍用に使われていた**係留気球**は、飛行機に比べると移動や展開に時間がかかり、敵戦線の後方奥深くを偵察できないという大きな欠点があった。

また、プロペラなどの機械的な推進力を持たない**自由気球**は、基本的に風まかせの飛行なので、その名前とは裏腹に飛行方向を自由に決められないという欠点があった。

このため、飛行機の性能が進歩した第一次大戦以降は、軍用の気球はほとんど使われなくなった（ただし、敵の飛行機の低空飛行を妨害するため、重要目標の上空に係留される無人の阻《そ》塞《さい》気球は、第二次大戦でも多用された）。

これに対して、プロペラなどの機械的な推進力を持つ**飛行船**や**飛行機**は、自力で空中を移動できるし、敵戦線の後方奥深くまで偵察できるという大きな利点があった。また、飛行船は、一般に初期の飛行機よりも搭載量が大きく航続距離が長かったので、第一次大戦では長距離偵察や長距離爆撃に活躍した。

しかし、飛行船は、一般に飛行機よりも低速で運動性が低く、戦闘機の性能向上とともに被害が激増し、戦力としての価値を急速に失っていった。とくに第一次大戦以降は、敵の飛行機の脅威がほとんど無い洋上での哨戒くらいにしか使われなくなってしまった。

こうして、各国の航空部隊では、飛行機が主力兵器の地位を確立し、第二次大戦前には航空部隊といえば基本的に飛行機部隊を意味するようになった。

制空権の重要性

味方の航空部隊が航空作戦を自由に展開するためには、その空域に対する敵の航空部隊などの干渉を排除して**制空権**（Air supremacy：エア・シュプレマシィ）を握る必要がある。また、制空権を完全に掌握することができなくても、味方の航空部隊が敵の航空部隊よりも航空作戦をより自由に展開できる**航空優勢**（Air superiority：エア・スペリオリティ）を確保することが重要だ。

たとえば、戦場上空の制空権を握ることができれば、敵機による偵察や爆撃を阻止できるので、味方の地上部隊の集結や移動を敵の目から秘匿し、敵機の爆撃による損害を抑えることができる。また、味方機は、敵の地上部隊を偵察して爆撃を加えることもできる。

この制空権ないし航空優勢を確保するおもな手段となるのが、戦闘機だ。まず戦闘機が制空権を確保することで、はじめて偵察機や爆撃機など他の飛行機が作戦を自由に展開することができる。ここに戦闘機の重要性があるのだ。

そこで「萌えよ！空戦学校」では、軍用の航空機の中でもとくに戦闘機にスポットを当てて、その分類や基本的なメカニズム、主要各国のおもな機体や空戦史などを見ていこうと思う。

なお、文中の説明は一般論で異なる解釈や例外も存在すること、スペックや戦歴などには異説もあること、わかりやすさを優先して専門用語を一般的な表現に変えたり説明を端折ったりした部分があることをご了承いただきたい。また、文中では、基本的に戦略レベルの大規模な戦闘を航空戦、戦術レベルの中規模の戦闘を空中戦、単機～数機レベルの小規模な戦闘を空戦と書き分けている。

では、授業開始！

第一講 戦闘機の種類と分類

戦闘機のトレンドはコンビニ化?

はいみなさん！
今日は色々な
種類の戦闘機を
勉強してみましょう
よかった…
みんなちゃんと
聞いて
くれてるわ
そもそも
戦闘機という
のはですね
飛行機が戦場に
現れた時、まず
偵察に使われ
ました
空から見れば
相手の様子が
丸わかりです
からね～
気をつけてな
最初のころは
お互い敬礼して
別れたりと
のどかだったの
ですが…
ありがと～!
ひょろーん
陣地が丸見えだよ
段々と相手に
見られほうだい
なのがガマン
出来なく
なってきて…
機関銃を積んだ
〝偵察機キラー〟
の飛行機、つまり
戦闘機が誕生
したのです！
フォッカーE.I
プロペラ同調機関銃を備えた最初の機体
機体の軸線上に射撃できるので
命中率が高い

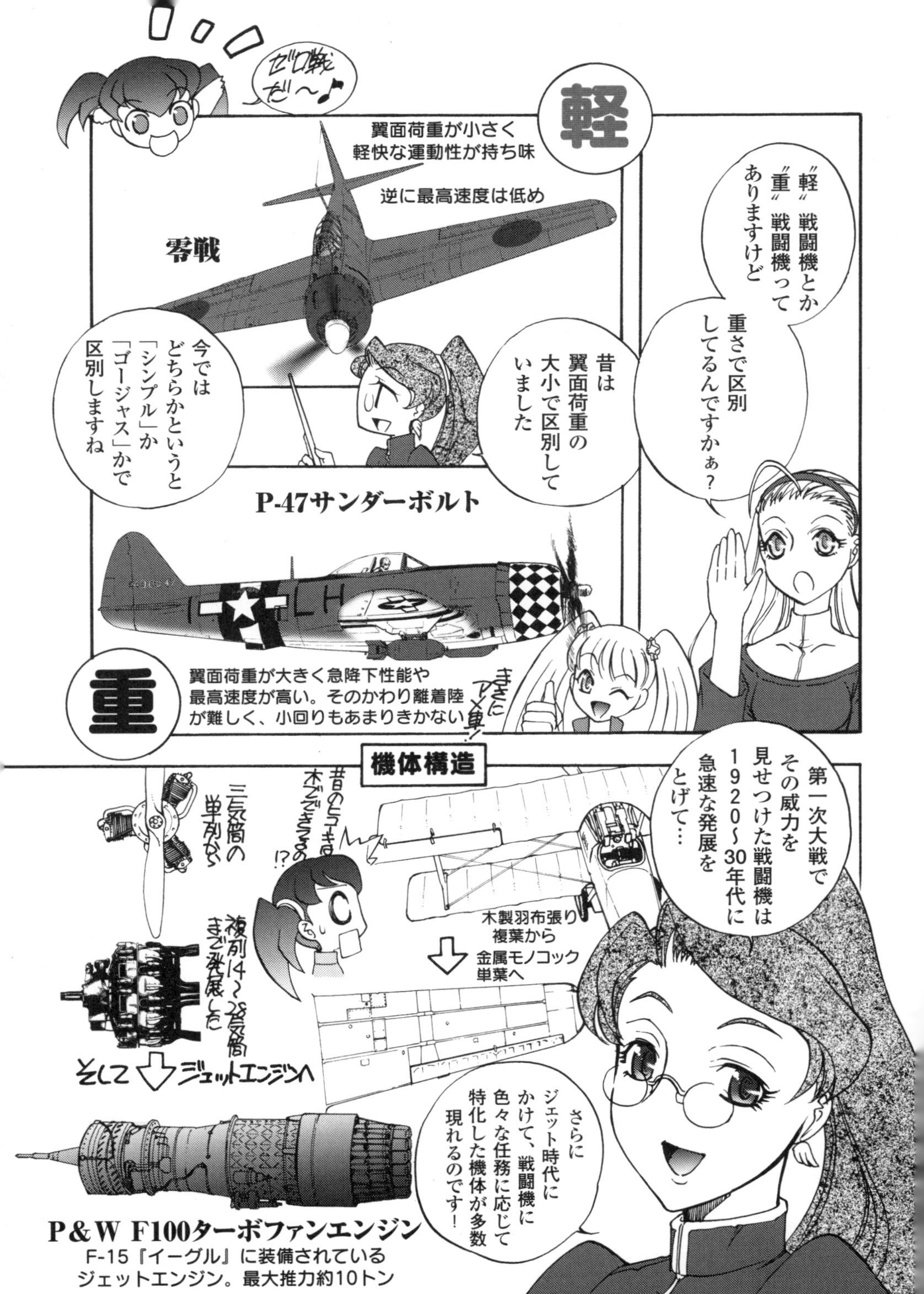

ゼロ戦だ～♪
軽
翼面荷重が小さく
軽快な運動性が持ち味
逆に最高速度は低め
零戦
〝軽〟戦闘機とか〝重〟戦闘機ってありますけど
重さで区別してるんですかぁ？
昔は翼面荷重の大小で区別していました
今ではどちらかというと「シンプル」か「ゴージャス」かで区別しますね
P-47サンダーボルト
重
翼面荷重が大きく急降下性能や
最高速度が高い。そのかわり離着陸
が難しく、小回りもあまりきかない
まさにアメ車！
機体構造
第一次大戦でその威力を見せつけた戦闘機は1920～30年代に急速な発展をとげて…
昔のヒコーキは木でできてるの!?
三気筒の単列から
複列14～28気筒まで発展した
そして ⇩ ジェットエンジンへ
木製羽布張り
複葉から
⇩
金属モノコック
単葉へ
さらにジェット時代にかけて、戦闘機に色々な任務に応じて特化した機体が多数現れるのです！
P&W F100ターボファンエンジン
F-15『イーグル』に装備されている
ジェットエンジン。最大推力約10トン

制空戦闘機
格闘《ケンカ》上等！機動性に優れた対戦闘機戦のスペシャリスト！
夜間戦闘機
闇夜を見通す電波の眼を持つ夜空の狩人《ハンター》!!
迎撃戦闘機
一芸に秀でた重火力と上昇力！国を守る職人肌の守護神！
艦上戦闘機
広がる蒼海波間を駆ける空母の騎士!!
バババー
こんな感じですか先生ーッ!!
きゃぽー
みんな意外とノリがいいのね…

つぼみもコスプレー
ねぇ先生! 他には 他にはー?
え?そ、そうね
〝戦闘爆撃機〟というカテゴリーがあるわ
せんとー
?
ばくげきき?
制空戦闘もできて相当な量の爆弾を積んで地上攻撃もできる機種のことです
エンジンのパワーに余裕がある戦闘機に多いのよ!
F/A-18E スーパーホーネット
一粒で二度おいしいってやつね
他にもレーダーの装備によって夜間でも比較的容易に飛べる様になったり…
TARPSポッド
任務に応じて空対空ミサイルやガン・ポッドをロケット弾ポッドや誘導爆弾に積み替えたり…
偵察ポッドを搭載して偵察任務もこなしたり最近ではこうした一機種で様々なミッションをこなす「マルチロール」が主流になっています
F-14に装備された後付けの偵察ポッド これをつけると戦闘機が偵察機に早変わり!
あ
そっか!

万能戦闘機《マルチロール・ファイター》
JAS39 "グリペン"
戦闘・攻撃・偵察 なんでもやります!
戦闘機はコンビニになったんですね!
え
そ、そうね
あ、じゃコンビニ行かない?
カフェラテ飲みたさ
ワタシはエスプレッソ
ミルクティが一番ですわ
ピロシキ…
あんまん食べるー!
つばめもいくー!
またこのオチ?
はぅ〜ー
私ってやっぱりダメな教師なんじゃ…

第1講　戦闘機の種類や分類

では、最初に戦闘機の分類法とおもな種類、それぞれの機能や特徴などについて見てみよう。

乗員数やエンジン数による分類

戦闘機に限らず飛行機は、エンジンの搭載数が1基なら単発機、2基なら双発機、3基なら3発機…といった具合に、**エンジン数で分類**することができる。

プロペラ機の時代には、主要各国とも単発の戦闘機を主力としていたが、ジェット機の時代になると双発の戦闘機を主力にする国が増えていった。たとえば、第二次大戦中の日本海軍の主力戦闘機だった零式艦上戦闘機は単発機、戦後のアメリカ空軍の主力戦闘機となったF-15イーグルは双発機だ。

また、乗員の数によって、1人乗りなら単座機、2人乗りなら複座機、3人乗りなら3座機…といった具合に、**乗員数で分類**することもできる。

複座以上の多座機は、操縦士に加えて、航法士を乗せて航法能力を向上させたり、副操縦士や航空機関士、無線士やレーダー士などを乗せて任務を分担させたり、機関銃手を乗せて旋回銃を操作させたりできる（複座機の場合、2人目の乗員がこれらの任務を兼務することが多い）。たとえば、戦後のアメリカ海軍／空軍で主力戦闘機となったF-4ファントムⅡは複座機で、前席の操縦士に加えて後席にレーダー士が乗る。

そして、これらを組み合わせて、単発単座機、双発複座機、3発3座機…といった分類もできる。前述の零戦は単発単座機、F-4ファントムⅡは双発複座機、F-15イーグルは双発単座機だ。

67-8377

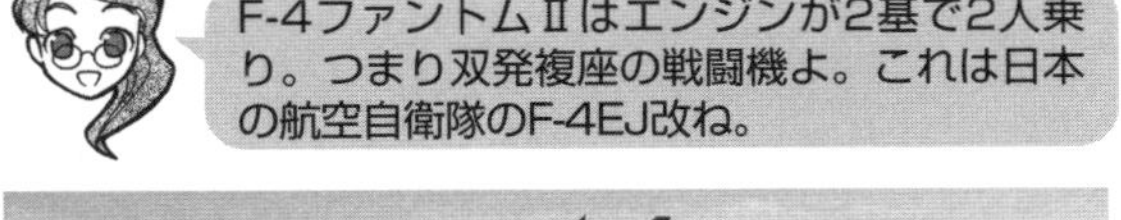
F-4ファントムⅡはエンジンが2基で2人乗り。つまり双発複座の戦闘機よ。これは日本の航空自衛隊のF-4EJ改ね。

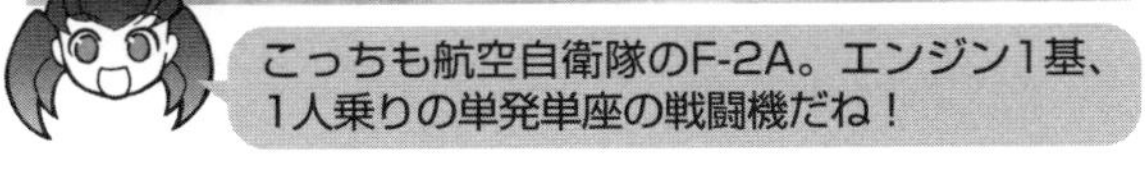
こっちも航空自衛隊のF-2A。エンジン1基、1人乗りの単発単座の戦闘機だね！

軽戦闘機と重戦闘機

戦闘機を細かく分類する方法のひとつとして、**軽戦闘機**と**重戦闘機**の2種類に分ける方法がある。ここでいう「軽」「重」は、単なる機体の重量（より正確にはフル装備状態の全備重量）ではなく、全備重量を主翼の面積で割った翼面《よくめん》荷重《かじゅう》（単位はkg/㎡）が目安になっている。他の戦闘機に比べて相対的に翼面荷重が小さい戦闘機は軽戦闘機（略して軽戦）、反対に他の戦闘機に比べて相対的に翼面荷重が大きい戦闘機は重戦闘機（略して重戦）に分類される。

一般に、軽戦は、主翼が大きく抵抗が大きいので、速度を向上させることがむずかしい反面、旋回半径が小さくて運動性が良いので、格闘戦（ドッグファイト）に向いている。逆に重戦は、主翼が小さく抵抗が小さいので、速力を向上させやすく急降下性能も良い反面、旋回半径が大きく運動性が悪いので、格闘戦よりも一撃離脱に向いている。

実例を挙げると、第一次大戦中のドイツのフォッカーDr.Ⅰは軽戦、フランスのニューポール28は重戦に分類できる。また、第二次大戦中の日本の零戦は軽戦、アメリカのP-47サンダーボルトは重戦に分類できる。また、戦後のアメリカのF-16ファイティングファルコンは軽戦、F-14トムキャットは重戦に

重戦と軽戦って？

そのよ
ニンジャvs甲冑騎士!?
軽戦闘機は身軽さが命！敵をほんろうするニンジャタイプだ!
三菱A6M5
"零式艦上戦闘機"
なんで私がこんな役…
重戦闘機はスピード&パワーが勝負！圧倒的なメカで一撃離脱を得意とする重装騎士！
リパブリック P-47D
"サンダーボルト"
ずしっ

分類できる。

もっとも、個々の戦闘機を見ると、改良が重ねられていく過程で、エンジン出力の向上とともに速力の向上や武装の強化が進められ、重量が増加して運動性が低下し、重戦的な性格が強くなっていくものがほとんどだ。逆に、改良が重ねられていく過程で軽量化が進んで軽戦的な性格が強くなるものはほとんど無い。

戦闘機全体を見ると、第一次大戦の戦闘機は、はじめは軽快で軽戦に分類できるものが多かったが、武装の強化や速度の向上を進めていく過程で重量が増加し、重戦に分類できるものが増えていった。

その後、第二次大戦前にはふたたび優れた旋回性能を持つ軽戦に分類できるものが増えたが、第二次大戦が始まるとふたたび武装の強化や速度の向上とともに重戦に分類できるものが増えていった。

第二次大戦後は、戦闘機のジェット化に加えて、空対空ミサイルや機上レーダーの発達などとともに、ミサイルの搭載能力や超音速性能などの速力が重視されるようになり、とくにアメリカでは運動性が軽視される傾向が強くなった。しかし、ヴェトナム戦争の戦訓などから、その後はふたたび機動性が重視される傾向が強くなっている。

このように歴史的に見ると、戦闘機は軽戦化と重戦化を繰り返しているように見える。

任務や用途による分類

戦闘機を分類する方法のもう一つの方法として、おもな任務や用途による分類がある。

一般に敵の航空機との戦闘を主任務とする戦闘機には、戦闘空域まで進出して哨戒を続けるための航続力、敵機を追いかけるための速力や上昇力、敵機を攻撃するための火力、敵機を捕捉し敵機からの攻撃を回避するための運動性などが求められる。

ただし、同じ戦闘機でも、おもな任務や用途の違いなどによって、求められる性能や機能もそれぞれ異なってくるため、さらにいくつかの種類に分類することができる。

制空戦闘機

制空戦闘機とは、制空権の確保をおもな任務とする戦闘機だ。「制」空ではなく「征」空の字をあてることもある。

制空権を確保するには、同じ任務を持つ敵の戦闘機との戦闘に勝つ必要があるので、対戦闘機戦闘を最優先にして、とくに**運動性**を重視して設計されることが多い。

第二次大戦で活躍したドイツ空軍のメッサーシュミットBf1

０９やイギリス空軍のスーパーマリン スピットファイア、戦後のアメリカ空軍のF-15イーグルは、その代表格といえる。

　ところで、アメリカ空軍のF-22ラプターはエア・ドミナンス・ファイター（Air dominance fighter：直訳すると航空支配戦闘機）と呼ばれているが、それ以前のF-14トムキャットやF-15イーグルはエア・スペリオリティ・ファイター（Air superiority fighter：直訳すると航空優勢戦闘機）と呼ばれている。

　いずれも制空戦闘機に分類できる戦闘機だが、最新鋭のステルス戦闘機であるF-22は従来の制空戦闘機のような単なる航空「優勢」の確保にとどまらず、他の戦闘機とは次元が異なるほどの圧倒的な高性能で航空「支配」を確立できるというアメリカ空軍の自負が感じられる。

迎撃戦闘機

迎撃戦闘機は、敵の爆撃機の迎撃などを主任務とする戦闘機で、防空戦闘機とも呼ばれる。

　爆撃機が飛行する高高度まですばやく上昇することのできる**上昇力**、高速機を捕捉できる速力、大型機を容易に撃破できる**火力**、敵機の防御砲火に耐えられる防御力などを重視して設計されることが多い。また、味方の要地の防空が主任務になるの

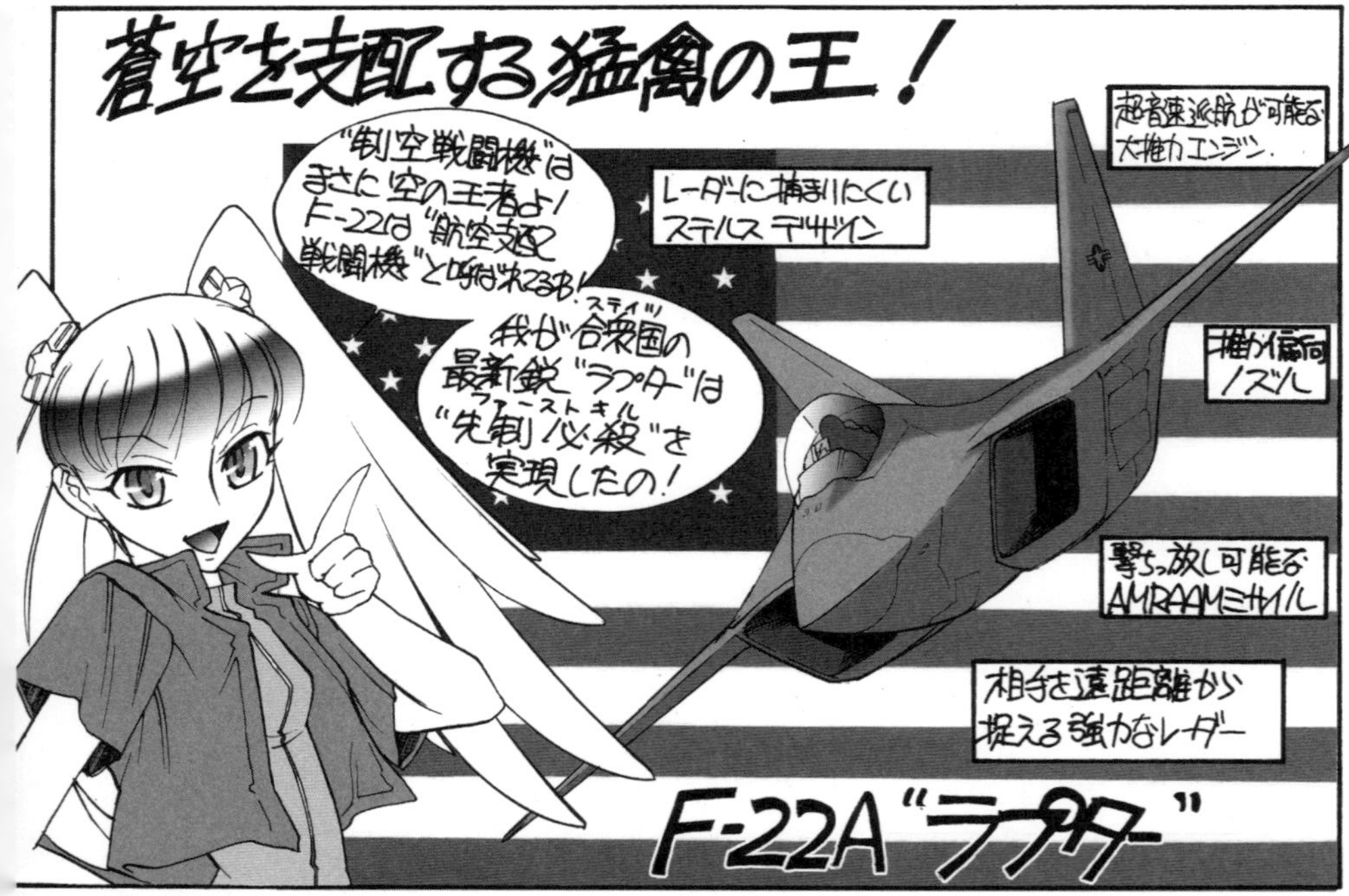

航空支配戦闘機《エア・ドミナンス・ファイター》 F-22Aラプター

で敵地の上空に侵攻するための航続力は必要とされず、敵の戦闘機との戦闘で重視されることが多い運動性などもあまり重視されないことが多い。

代表例としては、第二次大戦中の日本海軍の局地戦闘機 雷電、戦後のアメリカ空軍のF‐102デルタダガーやF‐106デルタダート、ソ連防空軍のSu‐15フラゴンなどが挙げられる。

英語ではインターセプター・ファイター（Interceptor fight-er）あるいは単にインターセプター（Interceptor）などと呼ばれるが、航空自衛隊では要撃戦闘機と呼んでいる。また、日本海軍では同様の任務を持つ陸上戦闘機を局地戦闘機（略して局戦）と呼んでいた。「局地」とは限られた土地や区域のことで、ここでは海軍の航空基地や軍港などを意味している。戦前・戦中の日本では、本土防空は基本的に陸軍の担当だったが、海軍の航空基地や軍港などの要地は海軍自身が防空を担当することになっていたのだ。

護衛戦闘機（長距離戦闘機）

護衛戦闘機は、味方爆撃機の護衛をおもな任務とする戦闘機だ。ふつう戦闘機よりも大型で航続距離の長い爆撃機に随伴して敵地上空まで長距離を侵攻するため、**航続距離**を重視して設計される。もっとも、味方爆撃機の侵入する敵地上空などの制

迎撃戦闘機《インターセプター》

空権を握るという意味では、制空戦闘機の一種と捉えることもできる。

英語では一般にエスコート・ファイター（Escort fighter）と呼ばれるが、第二次大戦前の日本海軍では大型の陸上攻撃機の護衛や敵地上空の制空を担当する戦闘機を遠距離戦闘機（略して遠戦）と呼んでいた。また、航続距離の長い制空戦闘機ならば、護衛戦闘機として使うこともできる。

護衛戦闘機（遠距離戦闘機）としては、第二次大戦で活躍したアメリカ陸軍の制空戦闘機P－51ムスタングを2機連結して双発機としたP－82ツインムスタングなどがあげられる。また、P－51ムスタングは、基本的には制空戦闘機だが、航続距離の長さを活かして護衛戦闘機としても大きな活躍を見せた。

夜間戦闘機と全天候戦闘機

かつて、夜間航法装置や機上レーダーなどが未発達な時代には、通常の単座戦闘機が夜間飛行を行なうことはむずかしく、**昼間戦闘機**と**夜間戦闘機**が区別されていた。英語では、それぞれデイ・ファイター（Day fighter）とナイト・ファイター（Night fighter）と呼ばれる。日本海軍では、大戦中の一時期に夜間戦闘機（略して夜戦）のことを丙戦闘機と呼んでいた（ちなみに対戦闘機用の戦闘機は甲戦闘機、対爆撃機用の戦闘機

護衛戦闘機の代表・P-51

は乙戦闘機と呼んでいた）。

第二次大戦中のアメリカ陸軍のP－61ブラックウイドー、ドイツ空軍のHe219ウーフー、日本海軍の夜間戦闘機月光は、夜間戦闘機の代表格といえる。

第二次大戦後、機上レーダーや火器管制装置（Fire control system略してFCS）の発達などにより、悪天候下や夜間でも戦闘可能な**全天候戦闘機**が登場した。英語ではオール・ウェザー・ファイター（All weather fighter）と呼ばれる。戦後のアメリカ空軍のF－89スコーピオンやF－94スターファイアーは、その先駆けといえる。

また、レーダー誘導の空対空ミサイルを持たず、比較的簡素なFCSと雲や雨の中では使えない赤外線誘導の空対空ミサイル（詳しくは後述）のみを搭載する戦闘機を**制限全天候戦闘機**（リミテッド・オール・ウェザー・ファイター：Limited all weather fighter）と呼ぶこともある。

その後、機上レーダーやFCSなどがさらに発達したことによって、ほとんどすべての戦闘機が当たり前のように全天候能力を持つようになったため、現代の戦闘機ではこうした区別はなくなっている。

月下に潜む闇夜の狩人
<モスキート NF.MkII>
WWIIで一般化した夜間戦闘のために特化した夜間戦闘機は、対爆撃機用として、一撃必殺の重武装と長時間飛べる様に双発の戦闘機が多用されます
WWIIでは珍しい木製機ながら高速性能はピカイチ元は高速爆撃機です
アジア戦線では湿度が高くてキノコが生えたそうで…し
さらに、暗い夜空で敵を見つけられるように電波で探知するレーダーが装備されているのが普通です

モスキートはもともと夜戦用に開発されたわけではありませんけど、快速、かつ強力なレーダーを装備していたこともあって、第二次大戦最強の夜戦の一つといわれていますの。

艦上戦闘機と水上戦闘機

戦闘機のうち、航空母艦の飛行甲板上で運用される戦闘機を**艦上戦闘機**と呼び、車輪の代わりにフロート（Float：浮舟）などを装備し水上に離着水できるものを**水上戦闘機**と呼んで、陸上の航空基地で運用される**陸上戦闘機**と区別する。

第二次大戦では、陸上戦闘機に着艦フック（拘束鉤）などを取り付けて艦上戦闘機に転用したり、フロートを取り付けて水上戦闘機に転用したりしたものも少なくなかった。

実例としては、イギリス空軍のスピットファイアに着艦フックを追加するなどして艦上戦闘機化したイギリス海軍のシーファイア、日本海軍の零戦に浮舟を付けるなどして水上戦闘機化した二式水上戦闘機などがある。

逆に艦上戦闘機として開発されたものが陸上基地で運用されることもある。たとえば、日本海軍の零戦は第二次大戦初頭の南方進攻作戦では陸上基地でも運用されたし、アメリカ海軍の艦上戦闘機として開発されたF4Uコルセアは重戦闘機的な性格が強く、当初はおもに海兵隊によって陸上基地で運用された。

水上機（Floatplane）は、フロートの分だけ重量面でハンデがあるので、一般に陸上機よりも飛行性能が劣っている。しかし、陸上基地の無いところでも運用できるという大きな利点があるた

艦上戦闘機

め、たとえば日本海軍は早くから各種の水上機を開発、運用しており、第二次大戦中には専用の水上戦闘機強風も開発している。

また、水上を離着水する**飛行艇**（Flying boat）の中には戦闘用の飛行艇も存在し、第一次大戦ではイタリア海軍のマッキM.5やオーストリア・ハンガリー海軍のハンザ・ブランデンブルクCCなどが活躍した。

戦闘爆撃機や戦闘攻撃機

戦闘機の中でも、爆弾やロケット弾などを搭載し爆撃機や攻撃機を兼ねるものは、**戦闘爆撃機**や**戦闘攻撃機**、英語ではファイター・ボマー（Fighter - bomber）やストライク・ファイター（Strike fighter）などと呼ばれる。

とくに重戦闘機的な機体は、エンジン出力が大きく搭載量に余裕があることが多いので、戦闘爆撃機や戦闘攻撃機に転用しやすい。たとえば、第二次大戦後半には、典型的な重戦闘機であるアメリカ陸軍のP‐47サンダーボルトが、対地攻撃に大きな活躍を見せている。

戦後は、大型の機上レーダーや空対空ミサイルの搭載が求められるようになり、戦闘機が大型化して搭載能力も大きくなったことなどから、戦闘爆撃機的な性格の強い戦闘機が増えていった。たとえば、戦後のアメリカ空軍のF‐105サンダーチ

戦闘爆撃機（ドイツ語ではヤークトボンバー！）

ーフには、最初から強力な爆撃能力が与えられており、ヴェトナム戦争ではおもに爆撃任務に活躍した。

その後、ヴェトナム戦争での戦訓などから、とくに制空戦闘機では高い運動性が求められる傾向が強くなり、大柄で運動性の低い戦闘爆撃機的な性格の強い戦闘機の開発は下火になった。

マルチロール・ファイター

現用の戦闘機では、コストダウンや運用の柔軟性の確保などを目的として、攻撃や偵察などさまざまな任務を1機種でこなすことのできる**マルチロール・ファイター**（Multi - role fighter：多用途戦闘機あるいは多任務戦闘機）が目立つ。

その代表例がスウェーデン空軍のJAS39グリペンで、機内や機外の装備を変更することでさまざまな任務に対応できる。また、アメリカ海軍のF／A - 18ホーネットも戦闘機と攻撃機を兼ねるマルチロール・ファイターの一種だし、アメリカ空軍や海軍および海兵隊などに大量に配備が予定されているF - 35ライトニングⅡも、開発名称のJSF（Joint Strike Fighterの略：統合戦闘攻撃機）を見てもわかるように、攻撃機を兼ねるマルチロール・ファイターの一種といえる。それどころか、現在世界最強の戦闘機といえるF - 22ラプターも相当の対地攻撃能力を持っている。

マルチロール・ファイター

軍用機は、第一次大戦中から偵察機、爆撃機、戦闘機などそれぞれの任務に適した異なる特性を持つさまざまな機種へと分化していったが、現代ではマルチロール化の進展によって再び統合の方向に向かっていると捉えることができるのだ。

世代による分類

最後にジェット戦闘機の世代による分類に触れておこう。

第二次大戦末期から登場した黎明期のジェット戦闘機を**第1世代**と呼ぶ。従来のレシプロ・エンジン（往復動機関。ピストン・エンジンとも呼ばれる）に代わるジェット・エンジンという新しい動力を得た最初の戦闘機だ。

ドイツのメッサーシュミットMe262シュヴァルベ、イギリスのグロスター ミーティア、アメリカのロッキードP-80シューティングスター、ノースアメリカンF-86セイバー、グラマンF9Fパンサー／クーガー、ソ連のミコヤン・グレヴィッチMiG-15ファゴットなどが、これに分類される。

1950年代中頃から登場した**第2世代**のジェット戦闘機では、空対空ミサイルの搭載が一般化し、最高速度が音速を超える超音速戦闘機が一般化した。そして、前述したように大型の機上レーダーや空対空ミサイルの搭載能力が求められたことなどから機体が大型化して、戦闘爆撃機的な性格の強い戦闘機も多くなっていった。

アメリカのノースアメリカンF-100スーパーセイバー、ロッキードF-104スターファイター、コンヴェアF-106デルタダート、ヴォートF-8クルセイダー、ソ連のミコヤン・グレヴィッチMiG-21フィッシュベッド、イギリスのイングリッシュエレクトリック ライトニングなどが、これに分類される。

1960年代初め頃から登場した、第2世代よりもさらに進んだ火器管制装置などを持つ新世代のジェット戦闘機を**第3世代**と呼ぶ。アメリカのマクダネルF-4ファントムⅡ、ソ連のミコヤン・グレヴィッチMiG-23フロッガーやMiG-25フ

★各世代の代表的な戦闘機

第1世代

Me262シュヴァルベ（独）
ミーティア（英）
P-80シューティングスター（米）
F-86セイバー（米）
F9Fパンサー／クーガー（米）
MiG-15ファゴット（ソ連）

第2世代

F-100スーパーセイバー（米）
F-104スターファイター（米）
F-106デルタダート（米）
F-8クルセイダー（米）
MiG-21フィッシュベッド（ソ連）
ライトニング（英）

第3世代

F-4ファントムⅡ（米）
MiG-23フロッガー（ソ連）
MiG-25フォックスバット（ソ連）
シーハリアー（英）
ミラージュⅢ（仏）
ミラージュF.1（仏）

第4世代

F-14トムキャット（米）
F-15イーグル（米）
F-16ファイティングファルコン（米）
F／A-18ホーネット（米）
MiG-29ファルクラム（ソ連・ロシア）
Su-27フランカー（ソ連・ロシア）
ミラージュ2000（仏）
サーブ37ヴィゲン（スウェーデン）
トーネード（国際共同）

第4.5世代

ラファール（仏）
サーブ39グリペン（スウェーデン）
ユーロファイター タイフーン（国際共同）
F-15Eストライクイーグル（米）
F/A-18E/Fスーパーホーネット（米）
Su-30（ソ連・ロシア）
F-2（日・米）

第5世代

F-22ラプター（米）
F-35ライトニングⅡ（米）

ォックスバット、イギリスのBAeシーハリアー、フランスのダッソー・ミラージュⅢやミラージュF.1などが、これに分類される。

1970年代初め頃から登場したのが、**第4世代**のジェット戦闘機で、ヴェトナム戦争で空対空ミサイルが期待されていたほどの威力を発揮できず、機関砲や機関銃による格闘戦能力が見直されたことから、第3世代に比べて運動性を重視しているものが多い。

アメリカのグラマンF-14トムキャット、マクダネルダグラスF-15イーグル、ジェネラルダイナミクスF-16ファイティングファルコン、マクダネルダグラスF/A-18ホーネット、ソ連のミコヤン・グレヴィッチMiG-29ファルクラム、スホーイSu-27フランカー、フランスのダッソー ミラージュ2000、スウェーデンのサーブ37ヴィゲン、国際共同開発のパナヴィア トーネードなどが、これに分類される。

第4・5世代のジェット戦闘機は、世代を改めるほどの革新性は無いものの、第4世代よりも進歩した戦闘機で、フランスのダッソー ラファール、スウェーデンのサーブ39グリペン、国際共同開発のユーロファイター2000タイフーンなどがこれに分類される。

最新の**第5世代**のジェット戦闘機は、レーダーに探知されにくいステルス性などを備える革新的な戦闘機で、アメリカのロッキード・マーチン（*1）F-22ラプターや（*2）ロッキード・マーチンF-35ライトニングⅡなどがあげられる。

第1世代
F-86セイバー

第2世代
F-102デルタダガー

第3世代
MiG-23フロッガー

第4世代
F/A-18ホーネット

第4.5世代
タイフーン

第5世代　X-35
（F-35ライトニングⅡの原型機）

*1＝厳密にはボーイングとの共同開発。
*2＝厳密には各国が出資する国際共同開発。

第二講 戦闘機の構造と機能
天翔ける騎士を徹底解剖！

今日は格納庫《ハンガー》で授業なの？18番ハンガーって一番遠いじゃない
でもみんなでピクニックみたいで楽しいよ？
…や、やっと着いた…わ
ガチャ
！
あんたってとことん人生楽しめるタイプねー
うらやましい
？

ワオ!!F-15イーグルじゃないの!
ゼロ戦がいるーっ!!
三菱A6M
艦上戦闘機
この時代のプロペラ機は機体の表面もかなり凸凹してますのね

マクダネル・ダグラス(現ボーイング)
F-15イーグル

まずは機首からね
ジェット戦闘機の機首はレーダーの収容場所になっています機関砲などの武装も機体前半にある例が多いですね
コクピットは古臭いわね
F-15の場合は機関砲は翼の付け根ですけど
真空管…
それにプロペラ機は機首にエンジンが付きますからね
ゼロ戦にはついてないんですね
まだレーダーが実用化されたばかりでしたから
ゼロ戦だ～
ゴン
!!!
え、何？どしたの？ゼロ戦が？
へこんだぁ!?

ごめんなさいっ
大丈夫よ これなら板金で 直るわ
だって! 大丈夫よ つばめ
はっはっはっ
それにしても 叩いたくらいで 凹むなんて…
戦闘機って もっと頑丈だと 思ってたなー
でもね
近代的な 戦闘機の多くは 基本的に同じような 構造なのよ
ゼロ戦は 特別うすい 外板だけど
ふつうは金属の 骨組《フレーム》に 薄い金属外皮を張る セミモノコック 構造と言います
日本の 「障子」が いい例ね
枠だけだと フニャフニャなのが
紙を貼ると 強度が出る
この構造で 飛行機は 軽くて丈夫 に作れるのよ
ふにゃ
ピンッ!
先生 この二機の 翼、角度が 違うけど…

直線翼
空気の流れる方向
後退翼
ジェット戦闘機の主翼を後ろに傾かせるようになったのは、速度が音速に近づいたからなの
プロペラ機はそこまで速くは飛べないから揚力を最大限に出せる直線翼を使ってるのよ
低速でも安定して飛べるが、音速に近づくと抵抗が急増する。
この角度（後退角）が深いほど、音速以上での抵抗をおさえられる。
ゼロ戦の方はミサイル無いの？
機関銃はついてるけど
ゼロ戦の時代は見える範囲でのドッグファイトが全てでした
レーダー搭載の夜戦も、最後は目視照準ですし
Nooo!
電子機器の発展でミサイルが実用になったのは戦後からですね
でも…機関砲がついてる
それは最後の武器ってところよ

そして機体後部には垂直・水平尾翼がありますこれは両機共通ですね
ただ一つ違うのはジェット機はエンジンが後部に付いているということ!
それでは両機のエンジンを比べてみましょう
そう! ジェットエンジンが革命的だったのはそのパワー!
わっ! 全然違うじゃん!
F-15のエンジン
F100
-PW-220
(推力10トン)
※アフターバーナー使用時
零戦52型のエンジン
栄21型
(1130馬力)
単位が違うんですのね
パワーがケタ違いなんですね
例えばF-15は合計20トンの推力が自重を上回っているので…

エンジン推力だけで
ロケットの様な
垂直上昇が
出来るのよ!!
うわぁ
凄い…
基本的な構造は
同じような
飛行機でも全然
違うんですね
…美しい
翌日
修理が
終わったら
しっかり
みがけよ!

第2講　戦闘機の構造と機能

次に、戦闘機の基本的な機体構造や機能を見てみよう。

胴体の構造

初期の戦闘機は、金具やボルトで固定した木製（一部は金属製）のフレーム（枠組）をワイヤ（張線）で支えて羽布で覆った、羽布張りの**木製フレーム構造**の機体が多かった。

ただし、ドイツ軍のフォッカーE.Iのように、鋼管を溶接したフレームを張線で支えて羽布で覆った、羽布《はふ》張りの**鋼管フレーム構造**の戦闘機も早くから登場していた。

その後は、第二次大戦初め頃まで、多くの戦闘機で、この鋼管フレーム構造が採用されている。加えて、第一次大戦の後半には、とくにドイツ軍機で、木製ながら卵の殻のように外皮自体が強度を受け持つ**モノコック**（応力外皮）**構造**を採用した機体が多くなった。このモノコック構造は、軽量化と強度の確保を両立させるとともに空気抵抗を減らすことができる。

もっとも、これらのドイツ軍機の構造は、外皮だけで強度を保つ純粋なモノコック構造ではなく、木製のフレーム（円框）やストリンガー（縦通材）に合板の外皮を取り付けたもので、

ピアノの様なつくり
ええっ？
木で作って大丈夫なの？飛べるの!?
アルバトロスD.III
1916年の圧倒的な"血の4月"を演出した木製モノコックの戦闘機. レッド・バロンことリヒトホーフェンの愛機でもあった.
木と布と鉄で出来ています
某ブタさんの愛機も木製モノコックです.

木製セミ・モノコック構造

フレームや縦通材も強度を受け持つから、より正確には**セミ・モノコック構造**というべきものだった。

また、第一次大戦中のドイツでは、従来の羽布張りに代わってマンガン鋼製の金属外皮を持つ機体や同国で開発されたアルミ合金の一種であるジュラルミンを用いた地上攻撃機が開発され、やがてジュラルミンの使用が一般化していった。そして、第一次大戦の末期には金属製の戦闘機も生産され、第二次大戦の中頃以降の戦闘機ではセミ・モノコック構造の**全金属機**が主流となった。

それでも、第二次大戦の終わり頃までは、**木金混合**あるいは**木製**の戦闘機も開発されていた。しかし、とくに全木製機は十分な強度を確保すると重くなりがちで飛行性能の良くないものが多かった。ただし、その中でも、イギリスで双発の高速爆撃機として開発が始められたデ・ハヴィランド モスキートは、木製機ながら高速を発揮し、戦闘機型も開発されて夜間爆撃を行う重爆撃機の援護などに活躍している。

現代の戦闘機では、アルミやチタンなどを用いた各種の軽合金はもちろん、プラスチックとガラス繊維を組み合わせたGFRP（Glass fiber reinforced plasticsの略）や炭素繊維と組み合わせたCFRP（Carbon FRPの略）など、軽量で強靭な**複合材**も広く用いられるようになっている。

ジェット戦闘機の内部解剖図

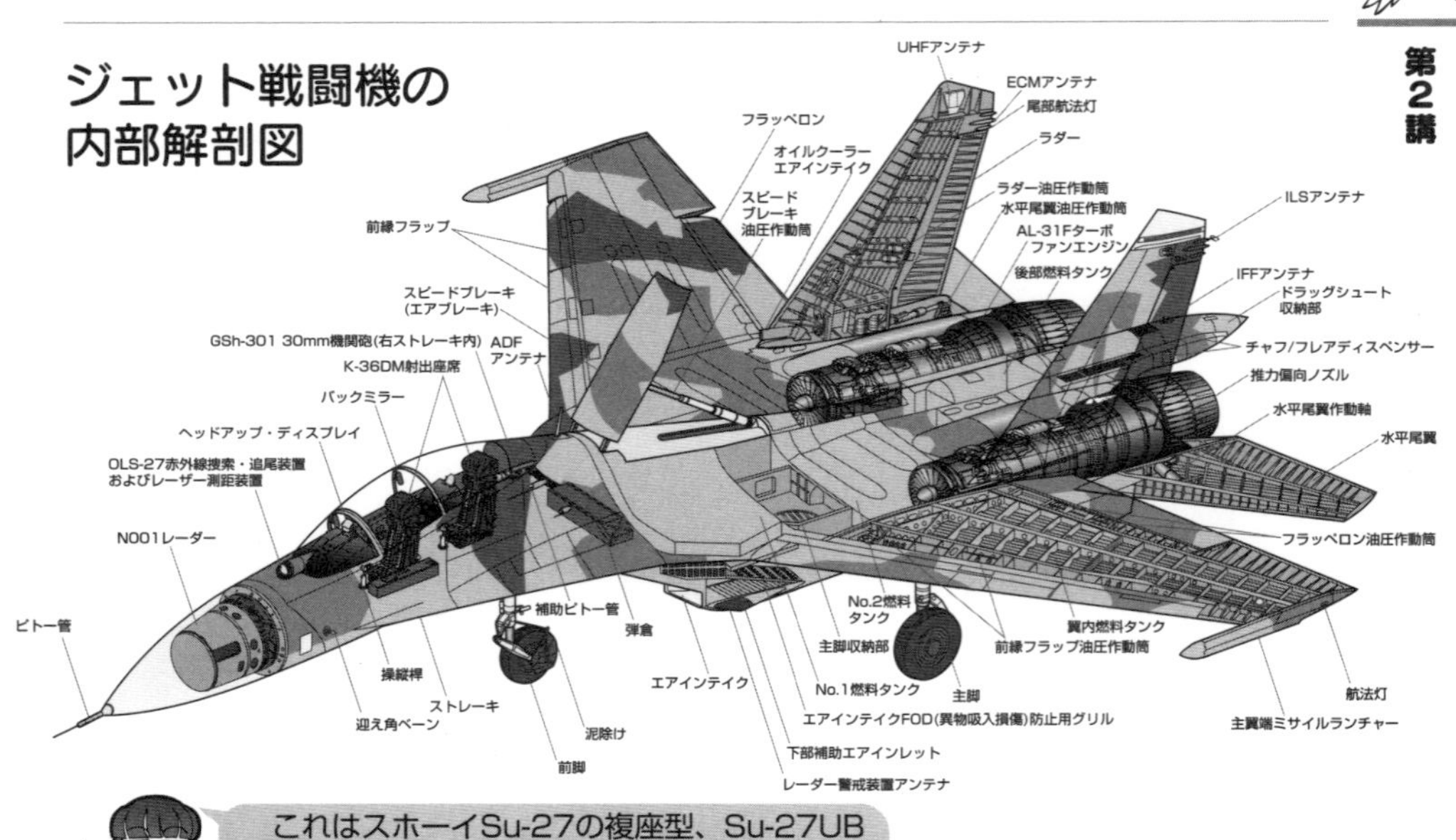

これはスホーイSu-27の複座型、Su-27UB
ジュラーヴリク…

Su-27のNATOコード・ネームは“フランカー”。ジュラーヴリクはロシア語で鶴という意味で、本来の愛称ですわね。

主翼の構造

初期の戦闘機の主翼は、胴体と同じように木製のスパー（桁）やリブ（小骨）を羽布で覆ったもので、空気抵抗の原因となる支柱や張線で補強されていた。しかし、第一次大戦中頃から、一部の戦闘機で空気抵抗の原因となる支柱や張線の無い、主翼を付け根部分だけで支える**片持ち**（カンチレバー）**式**の主翼が採用されるようになった。

第二次大戦中の戦闘機では、この片持ち式の主翼が主流になり、主翼の構造は金属製のスパーやリブに金属外皮をリベット止め（鋲接）したセミ・モノコック構造が主流になっていった（木製機や木金混合機もあったのは前述のとおり）。

一般に同じ翼面積ならば、主翼が1枚の単葉機よりも複葉機や三葉機の方が主翼を短くできるので、慣性モーメント（回転運動の変化のしにくさ）が小さくなって旋回性能が良くなる。第一次大戦中の戦闘機では、主翼が2枚の**複葉機**や3枚の**三葉機**が、この旋回性能の良さを生かして大きな活躍を見せた。

しかし、戦闘機の速度の向上とともに空気抵抗の大きい複葉機や三葉機はすたれていき、第二次大戦中の戦闘機では**単葉機**が主流となった。もっとも、飛行機の速度が低い時代には空気抵抗の減少によるメリットが小さく、旋回性能を重視する考え

飛行機の数だけ翼がある！
〈後退翼〉Mig-15、F-86など
ジャンボもこーゆー形の翼よねー
ゼロ戦もこれ！
〈直線翼〉
○低速でも失速しにくい
⊗亜音速手前から抵抗が急増
〈デルタ翼〉
MiG-21、ミラージュIIIなど
デルタ翼の端っこを切ってるのね
○衝撃波の発生を遅らせ、音速付近での抵抗をおさえる
⊗低速時に失速し易い
○軽くて丈夫に作れる
⊗離着陸の高迎え角で視界が悪くなる
F-15
F-16、F-18など
〈クリップドデルタ〉
翼を動かす軸を作るのは大変…
○あらゆる速度域で、理想の翼形を保てる
⊗機構が複雑化 高価になる
デルタ翼なら我がフランスにおまかせよ！
〈可変翼〉
F-14、MiG23、トーネードなど

主翼のかたち

方も強かったので、第二次大戦の初め頃までは複葉戦闘機も第一線に残っていた。

単葉機の主翼の取り付け位置には、胴体下部に取り付ける**低翼**、胴体中央に取り付ける**中翼**、胴体肩部に取り付ける**肩翼**、胴体上部に取り付ける**高翼**、胴体に支柱を立てて取り付ける**パラソル翼**などがある。第二次大戦中の戦闘機では低翼機が主流になったが、現用の戦闘機では肩翼もしくは中翼が多くなっている。

ジェット・エンジンの時代になり、戦闘機の速度が飛躍的に向上して音速（マッハ1）に近付いてくると、機首や翼の周囲の空気が圧縮されて衝撃波が発生し、抵抗の増大や安定性の低下などさまざまな悪影響をもたらすようになった。そこで従来の直線翼に代わって、主翼端が付け根よりも後ろにあって衝撃波の発生を遅らせるなどの効果を持つ**後退翼**が採用されるようになった。1950年に始まった朝鮮戦争では、ともに後退翼を持つジェット戦闘機であるソ連製のMiG-15ファゴットとアメリカ製のF-86セイバーが対戦している。

また、後退翼の翼端とその横の胴体を結んだような三角形の平面形を持ち強度面などで有利な**デルタ翼**（三角翼）や、主翼の後退角を飛行条件に応じて調整できる**可変翼**（Variable geometry略してVG翼）なども、しばしば採用されるようにな

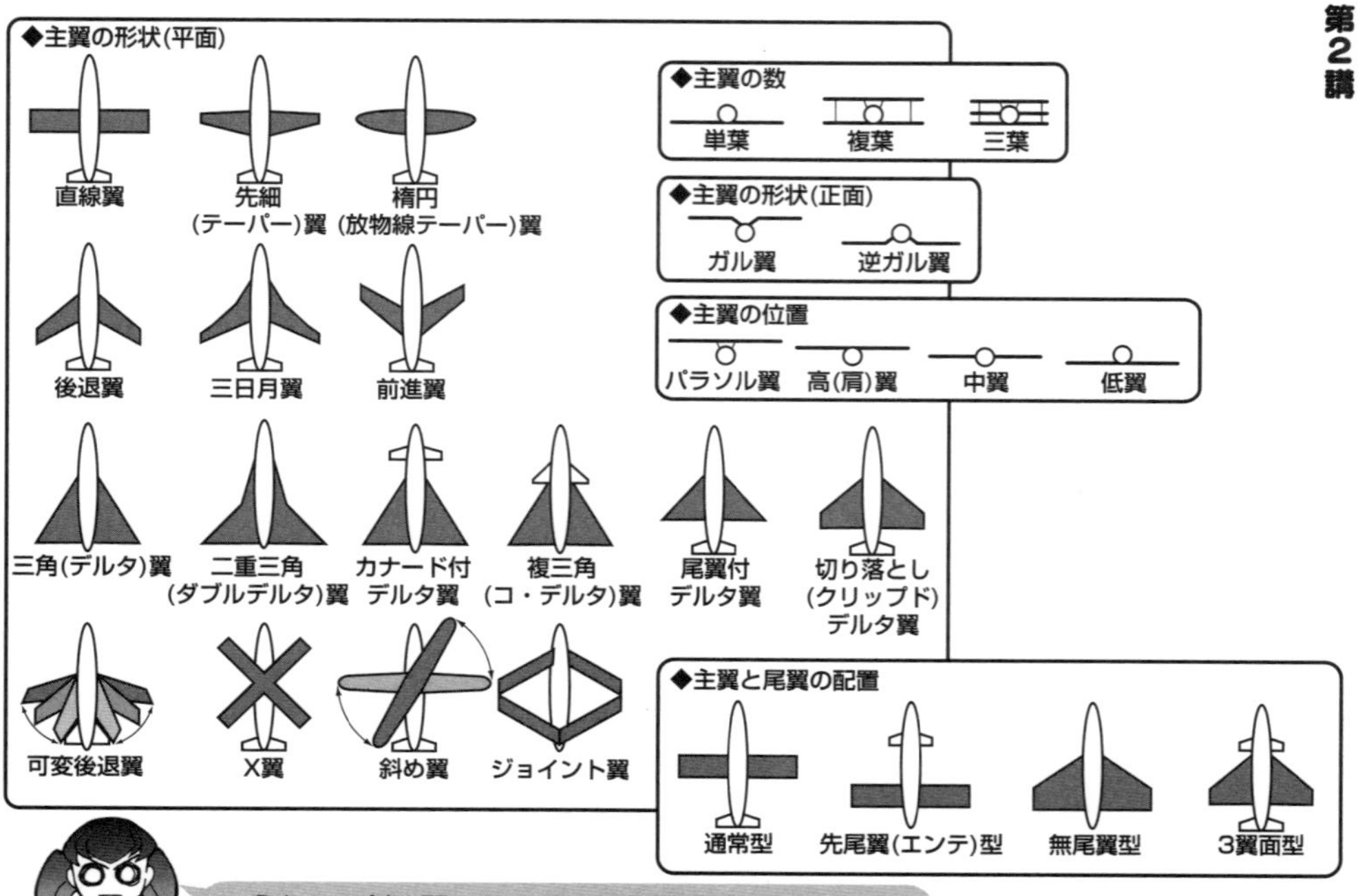
◆主翼の形状(平面)
直線翼
先細
(テーパー)翼
楕円
(放物線テーパー)翼
後退翼
三日月翼
前進翼
三角(デルタ)翼
二重三角
(ダブルデルタ)翼
カナード付
デルタ翼
複三角
(コ・デルタ)翼
尾翼付
デルタ翼
切り落とし
(クリップド)
デルタ翼
可変後退翼
X翼
斜め翼
ジョイント翼
◆主翼の数
単葉
複葉
三葉
◆主翼の形状(正面)
ガル翼
逆ガル翼
◆主翼の位置
パラソル翼
高(肩)翼
中翼
低翼
◆主翼と尾翼の配置
通常型
先尾翼(エンテ)型
無尾翼型
3翼面型

うわ〜、斜め翼…？いろんな主翼の形があるんだね。

った。デルタ翼の戦闘機としてはフランスのミラージュⅢなど、可変翼の戦闘機ではアメリカのF‐14トムキャットなどがある。

加えて、音速に近付くと機体の抵抗が急増するため、**エリア・ルール**（断面積分布法則）を適用して、主翼横の胴体を細く絞るなどして機体の縦方向の断面積の変化を滑らかにすることで音速突破時の抵抗を抑えた戦闘機が登場した。

現代の戦闘機のほとんどは、主翼を胴体の左右にボルトで結合する構造になっている。しかし、主翼が薄いと付け根部分に大きな力がかかるので、強度の確保のために重量が大きくなる。そこで、付け根の厚さを大きく、胴体の高さを低くして、胴体と主翼を一体化するように整形した**ブレンデッド・ウイング・ボディ**（Blended wing body略してBWB）が採用されるようになり、強度の向上や軽量化、抵抗の減少などが一段と進んだ。アメリカの戦闘機F‐16ファイティングファルコンの形状は、典型的なBWBの採用例といえる。

尾翼の構造

尾翼の構造も、胴体や主翼と同様の変化をたどっている。

一般的な形式の戦闘機では、機体の尾部に尾翼があり、尾翼は**垂直尾翼**と**水平尾翼**で構成される。ただし、主翼の前にカナード（前翼）を持つもの、水平尾翼が機体前部にある先尾翼機、

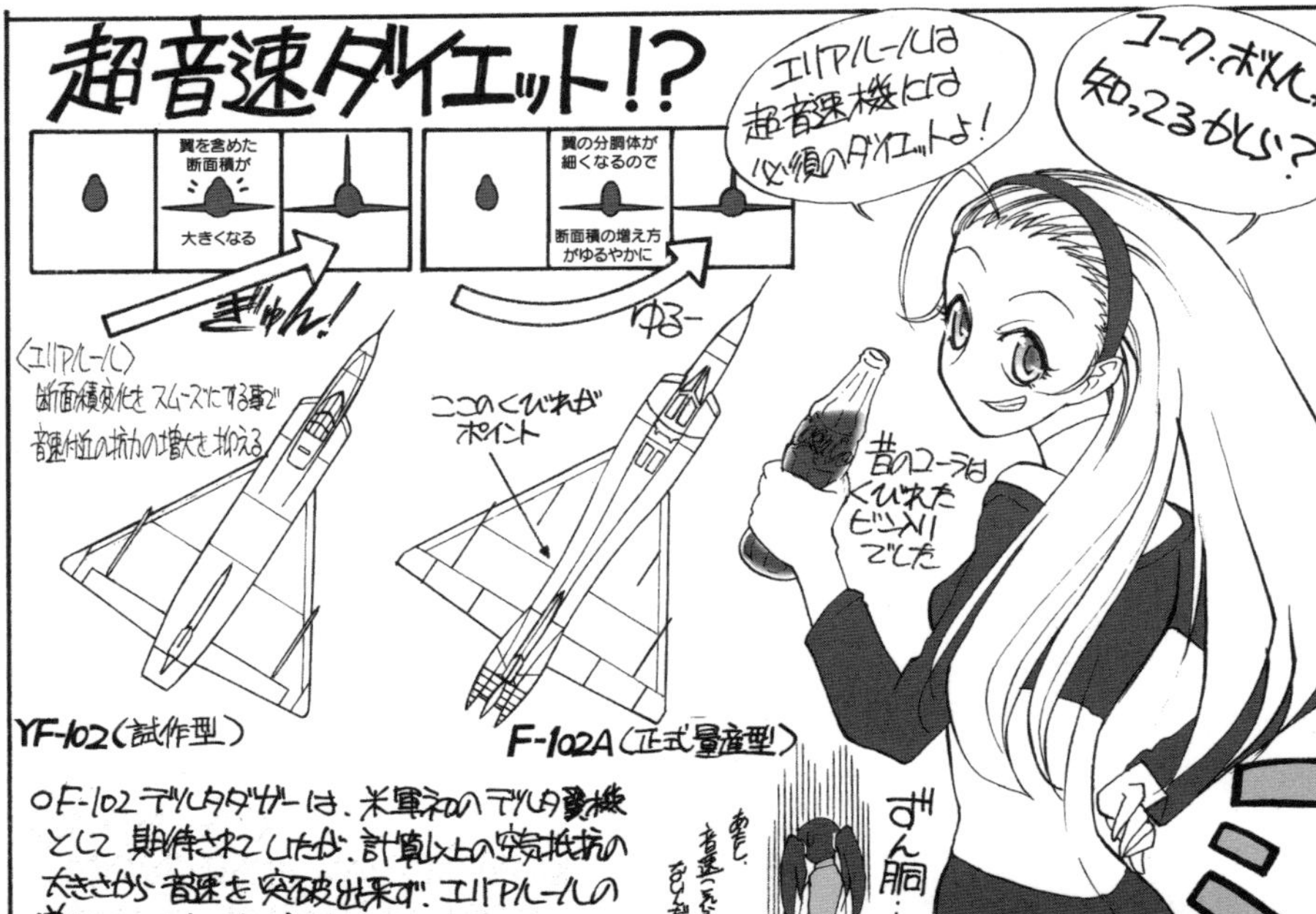

エリア・ルール

水平尾翼の無い無尾翼機、水平尾翼と垂直尾翼を兼ねるV尾翼機などもある。

一般的な形式の尾翼では、垂直尾翼は**垂直安定板**（ヴァーティカル・スタビライザー）と**方向舵**（ラダー）で、水平尾翼は**水平安定板**（ホリゾンタル・スタビライザー）と**昇降舵**（エレベーター）で、それぞれ構成されているが、現代の戦闘機では水平安定板と昇降舵を兼ねる水平尾翼（スタビレーター）全体が動く全遊動（オール・フライング）式が一般的になっている（垂直尾翼がオール・フライング式になっている機体もまれにある）。

操縦系統

一般的な尾翼形式の場合、基本的な操縦翼面は、垂直尾翼に備えられた**ラダー**、水平尾翼に備えられた**エレベーター**、主翼に備えられた**エルロン**（補助翼）からなっている。ただし、フォッカーEⅢなど初期の戦闘機では、補助翼を作動させる代わりに翼端をたわませる撓翼式《どうよくしき》の機体もあった。

一般的な尾翼形式の場合、操縦桿を左右に倒すと主翼のエルロンが左右逆に作動して機体が左右に傾く。また、操縦桿を前後に倒すと尾翼のエレベーターが作動して機首が上下する。また、足元のフット・バー（踏み棒）を左右に、あるいはフット・ペダル（踏み板）の左右どちらかを踏み込むと尾翼のラダーが作動して機種が左右を向く。

水平尾翼の無いデルタ翼機などの場合、主翼後端にエルロンとエレベーターを兼ねる**エレボン**が備えられている。そして、操縦桿を左右に倒すと左右のエレボンが逆方向に作動して機体が左右に傾き、操縦桿を前後に倒すと左右のエレボンが同じ方向に作動して機首が上下するようになっている。

また、V尾翼機では、左右の尾翼にラダーとエレベーターを兼ねる**ラダーベーター**が備えられていて、左右のラダーベーターを逆方向に動かすことでラダーの働きを、同じ方向に作動させることでエレベーターの働きをする。

初期の飛行機の動翼は、上記のような基本的な操縦翼面だけのシンプルなものだったが、やがてフラップ、スポイラー、タブなどの二次的な操縦翼面が備えられるようになった。

フラップは、離陸時に揚力を増して離着陸時の速度を低くしたり滑走距離を短縮したりするためのもので、ふつうは主翼後縁のエルロンの内側に設けられる。フラップの中にはエルロンの機能を兼ねるものもあり、フラッペロンと呼ばれる。

スポイラーは、翼に発生する揚力を減殺するとともに抵抗を増加させて、降下や減速をするもので、ふつうは主翼の上面に設けられる。スポイラーを片側だけ上げることでエルロンの働きを兼ねるものもあり、より厳密にはスポイロンとも呼ばれる。
タブは、機体のバランスを調整したり、人力操舵の時代に小さな力で舵面を動かしたりするための小翼のことで、ラダーやエレベーター、エルロンの後縁などに設けられる。ただし、現用の戦闘機では、操縦翼面全体を動かしてバランスを調整するのが主流となっている。

これらの操縦翼面は、当初はコントロール・スティック（操縦桿）やフット・ペダルなどから延びる**ケーブル**（索）や**ロッド**（棒）などを通じて人力で操舵されていた。

その後、速度の向上などによって大きな操舵力が必要となったため、第二次大戦中の戦闘機から油圧式の**アクチュエーター**（作動筒）で操舵を補助するものが出始めた。そして、第二次大戦後の戦闘機では、すべての操舵を油圧アクチュエーターで行う機力操縦方式が採用されるようになった。この場合、ケーブルやロッドは油圧バルブの制御を行なう。

さらに現代の戦闘機では、操縦桿やフット・ペダルなどの操作を電気信号に置き換えてコンピューターに入力し、その時々の飛行状態に合わせて最適な操舵量などを計算して、操縦翼面を作動させるアクチュエーターに電気信号として伝達する**フライ・バイ・ワイヤ**（Fly - by - wire略してFBW）が採用されるようになっている。ここでいう「ワイヤ」は、索ではなく電

三舵と機体の動き

線を意味している。

　ところで、このFBWによって、パイロットがとくに意識しなくてもコンピューターが戦闘機の安定を自動的に保つことができるようになったので、機体の俊敏性（姿勢の変更のしやすさ）を向上させるために、それまでの飛行機の一般的な設計概念とは逆に、機体の安定性を意図的に低く設計するCCV（Control configured vehicleの略）と呼ばれる設計概念も導入されるようになった。アメリカ空軍のF-16ファイティングファルコンは、このCCV概念とFBWを初めて導入した量産戦闘機だ。

　そして、現在では、電線と電気信号の代わりに高速大容量で電磁波などの干渉にも強い軽量の光ファイバーと光信号を用いる**フライ・バイ・ライト**（Fly - by - light略してFBL）が実用化しつつある。

ピッチ軸・ロール軸・ヨー軸

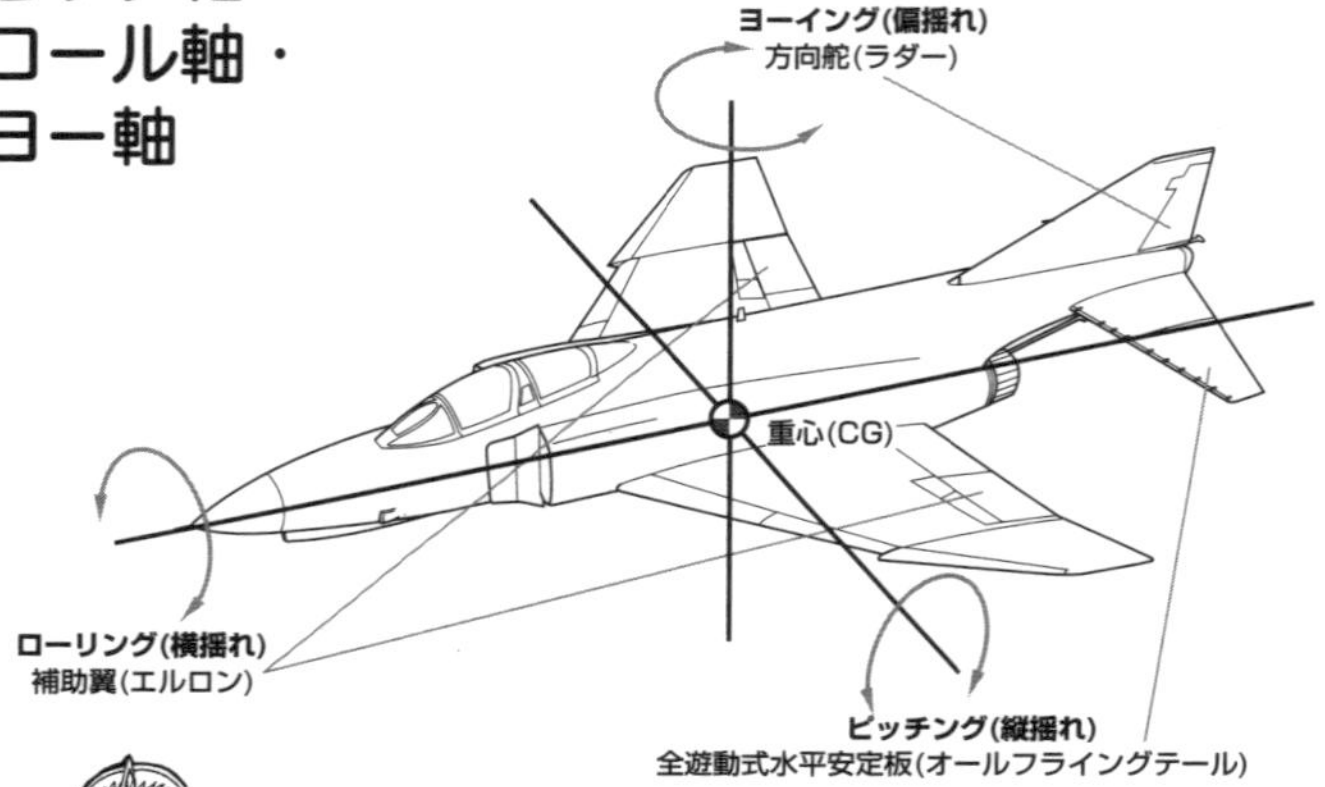
ヨーイング(偏揺れ)
方向舵(ラダー)
重心(CG)
ローリング(横揺れ)
補助翼(エルロン)
ピッチング(縦揺れ)
全遊動式水平安定板(オールフライングテール)

飛行機は車や船と違って、3次元の動きをするから操縦が難しいのよ。

フラップの種類

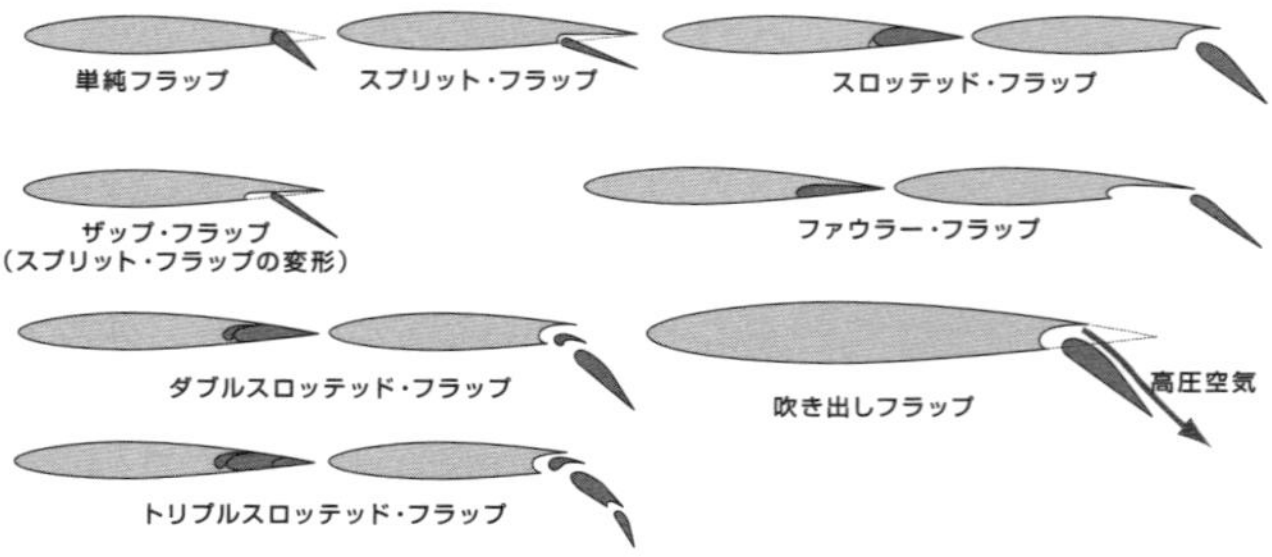
単純フラップ
スプリット・フラップ
スロッテッド・フラップ
ザップ・フラップ
(スプリット・フラップの変形)
ファウラー・フラップ
ダブルスロッテッド・フラップ
吹き出しフラップ
高圧空気
トリプルスロッテッド・フラップ

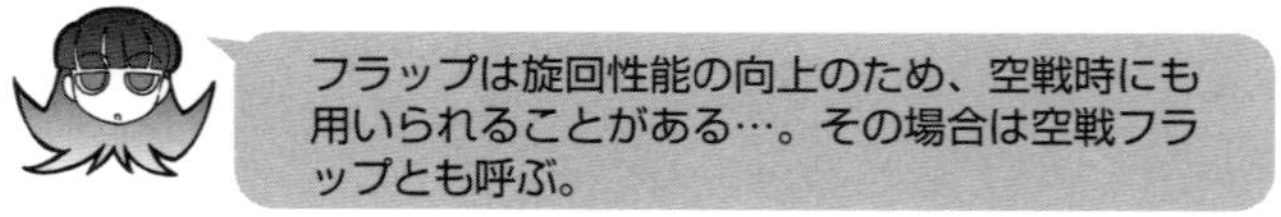
フラップは旋回性能の向上のため、空戦時にも用いられることがある…。その場合は空戦フラップとも呼ぶ。

レシプロ・エンジン

戦闘機のエンジンは、第二次大戦末期まで**レシプロ・エンジン**（往復動機関。ピストン・エンジンとも呼ばれる）が主流で、そのほとんどがガソリン・エンジンだった。

レシプロ・エンジンは、エンジンに空気を当てて直接冷却する**空冷式**と、ラジエーターで冷却した冷却液でエンジンを冷却する**液冷式**（水冷式）に分類できる。また、シリンダー（気筒）の配置で、直列、V型、W型、H型、星型などに分類できる。

初期の戦闘機では空冷式の星型エンジンが主流で、冷却効果を高めるためにエンジン本体がプロペラと同じように回転するロータリー・エンジン（回転式エンジン）が多かった（一部の自動車に搭載されているロータリー・エンジン、すなわちヴァンケル・エンジンとは別物）。やがて、大馬力の空冷エンジンや液冷エンジンが搭載されるようになり、エンジンの重量の増大とともにロータリー・エンジンはすたれていった。

第二次大戦中の戦闘機では、空冷式の星型エンジンや、液冷式のV型ないし倒立V型エンジンが多かった。これらのエンジンの多くには、高度を上げて空気が薄くなっても出力の低下を抑えるために、エンジンの動力でシリンダー内に空気を押し込む機械駆動式の**スーパーチャージャー**（過給機）が装備され、

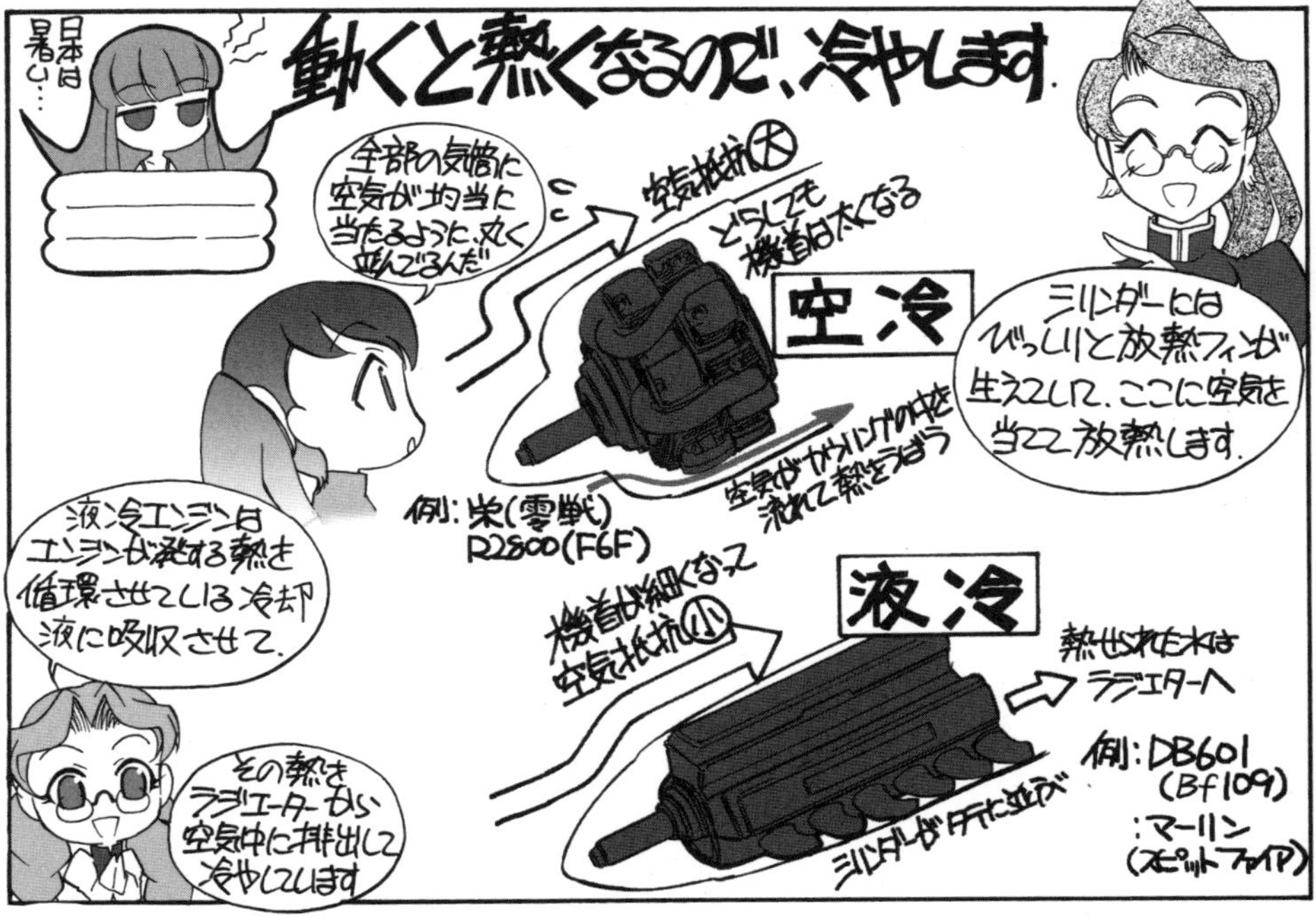

空冷エンジンと液冷エンジン

一部にはエンジンの排気を利用してシリンダー内に空気を押し込む**ターボチャージャー**（排気タービン）が装備された。

プロペラは、初期の戦闘機では木製だったがやがて金属製となり、羽の枚数も2翅《し》から3翅、4翅、5翅、6翅…と増えていった。また、一部では、プロペラを2重にして反転させる2重反転プロペラも採用されるようになった。

プロペラのピッチ（ねじれ角）は、当初は一定の**固定ピッチ・プロペラ**だったが、やがて飛行条件に応じて油圧や電動で変更可能な**可変ピッチ・プロペラ**になり、さらにプロペラの回転数を自動的に一定に調整する**定回転**（定速または恒速ともいう）**プロペラ**になった。

ジェット・エンジン

第二次大戦末期から、戦闘機に従来のレシプロ・エンジンに代わって**ジェット・エンジン**（ガスタービン・エンジンとも呼ばれる）が搭載されるようになった。

ジェット・エンジンでは、まずエアインテーク（空気取り入れ口）から取り入れた空気をコンプレッサー（圧縮機）で圧縮し、燃焼室に送り込んで燃料を吹き込んで燃焼させ、高温高圧の燃焼ガスを後方に噴出すると同時にタービンを回転させてコンプレッサーを駆動する。

ジェット・エンジンは、ターボジェット・エンジン、ターボファン・エンジン、ターボプロップ・エンジン、ターボシャフト・エンジンなどに分類できるが、基本的な作動原理はどれも同じだ。

このうち、**ターボジェット・エンジン**は、タービンの軸出力のすべてをコンプレッサーの駆動に使うもので、初期のジェット・エンジンのほとんどが、このターボジェット・エンジンだった。

ターボファン・エンジンは、タービンの軸出力の一部ないし大部分をファンの駆動に使うもので、吸入された空気の一部ないし大部分を燃焼室に送り込まずにバイパス（迂回）させて、そのまま後方に噴射する。巡航飛行時に多用される亜音速（音速の6～8割程度）ではターボジェット・エンジンよりも推進効率が良く燃費が良い。ただし、巡航速度の速い戦闘機にはバイパスされる空気が比較的少ない、すなわちバイパス比の小さいターボファン・エンジンが搭載されている。

ターボプロップ・エンジンは、タービンの軸出力の一部でコンプレッサーを駆動し、軸出力の大部分でプロペラを駆動するものだ。推進エネルギーの9割程度がプロペラによるもの、残りの約1割が後方へのジェット噴射によるものだ。戦闘機には一時期の一部の機体を除いてほとんど使われず、現在では輸送機などのエンジンとして使われている。

ターボシャフト・エンジンは、エンジン出力のすべてを軸出力として取り出すもので、もっぱらヘリコプターのエンジンとして使われている。

戦闘機のジェット・エンジンには、第二次大戦終結後ほどなくして、燃焼ガスにもう一度燃料を吹き込んで推力を大幅に増加させる**アフターバーナー**（A／B）が備えられるようになった。ただし、アフターバーナーを使用すると燃料の消費量が大幅に増えるので、その使用は短時間に限られる。なお、アフターバーナーはリヒート（再燃焼装置）やオーギュメンター（推力増強装置）とも呼ばれる。

ほとんどのジェット戦闘機は、燃料消費量の激増するアフターバーナーを使わなければ超音速飛行ができないので、超音速で巡航することができない。しかし、たとえばアメリカのF－22ラプターに搭載されているエンジンは、アフターバーナーを使用しなくても巨大な推力を発生し、超音速飛行も可能なので、F－22は超音速で巡航可能な**「スーパークルーズ」能力**を持っている。これによって、出撃基地を遠く離れた空域にも迅速に展開できるのだ。

ジェット・エンジンの**エアインテーク**は、当初はごくシンプルなものだったが、速度が音速に近付いてくると空気を効率良く吸入できるように、前方に衝撃波を発生させる円錐形や半円錐形の**ショックコーン**が備えられるようになり、さらに開口部が可動式になり、内部に可動式ランプ（斜板）を備えた四角い**2次元型可変空気取り入れ口**を採用する戦闘機が増えていった。

ジェット・エンジンのノズル（排気口）も、当初はシンプルなものだったが、超音速戦闘機ではノズルの断面積を絞り込んで排気を加速した後にノズルの断面積を広げて排気を大量に放出する**コンバージェント・ダイバージェント・ノズル**（可変面

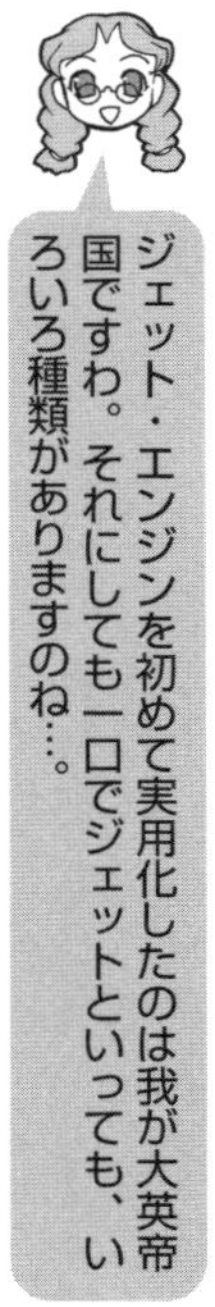
ジェット・エンジンを初めて実用化したのは我が大英帝国ですわ。それにしても一口でジェットといっても、いろいろ種類がありますのね…。

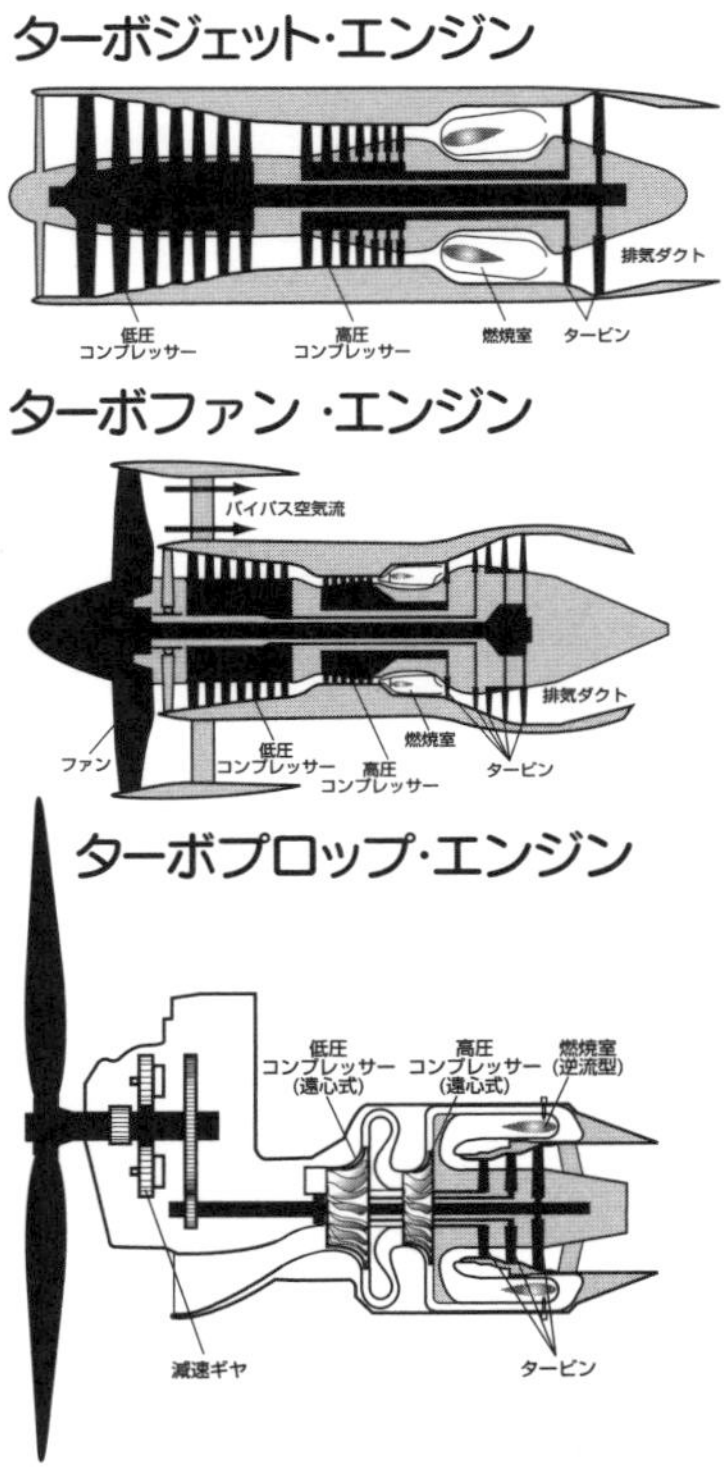
ターボジェット・エンジン
排気ダクト
低圧
コンプレッサー
高圧
コンプレッサー
燃焼室
タービン
ターボファン ・エンジン
バイパス空気流
排気ダクト
ファン
低圧
コンプレッサー
高圧
コンプレッサー
燃焼室
タービン
ターボプロップ・エンジン
低圧
コンプレッサー
（遠心式）
高圧
コンプレッサー
（遠心式）
燃焼室
（逆流型）
減速ギヤ
タービン

積式ノズル）が採用されるようになった。

　さらに現用の戦闘機の一部では首を振って推力の方向を変えることのできる**ヴェクタード・スラスト・ノズル**（推力偏向ノズル）が採用され、従来のノズルでは考えられないような機動が可能になっている。

　また、ヴェクタード・スラスト（推力偏向）方式の垂直離着陸機の場合、離陸時にノズルを下向きにして推力を直接上昇に使う。

ロケット・エンジン

　ジェット・エンジンの性能がまだ不十分だった時代には、ごく一部の戦闘機に**ロケット・エンジン**が搭載された。例えば、ドイツのメッサーシュミットMe１６３コメートは、液体ロケットを搭載する迎撃戦闘機で、驚異的な上昇力と最高速度を誇っていたが、航続時間が極端に短い上に、ロケット燃料の取り扱いがむずかしいなどの欠点があり、敵機による撃墜数よりも事故による喪失数の方が多かったといわれている。

機関銃・機関砲

　初期の軍用機では、搭乗員が拳銃や小銃などの携帯火器で敵機を攻撃していたが、すぐに機関銃が搭載されるようになった。

ただし、プロペラが機首にある牽引式の単座機では、発射された弾丸で自機のプロペラが破損しないように、プロペラの回転圏を避ける必要がある。このため、主翼上面などに機関銃が搭載されたが、機関銃の弾倉の交換に時間がかかる、機関銃の故障時の対応がむずかしい、といった問題があった。

　こうした問題を避けるために、乗員室の後ろにプロペラを持つ推進式の機体やプロペラの前に機関銃手席を設けた複座機も開発されたが、その多くは牽引式の単座戦闘機に比べると運動性が劣っていた。

　こうした状況の中で、フランス軍の操縦士ローラン・ギャロは、牽引式の単座戦闘機モラン・ソルニエLの機首に機関銃を固定装備し、プロペラ根本の銃口の前を通過する部分に弾丸をそらすための金具を取り付けて、空戦で戦果をあげた。

　これに対してドイツ軍では、牽引式の単座戦闘機フォッカーE.Ⅰなどの機首に機関銃を固定装備するとともに、プロペラが機関銃の前を通過する時だけ弾丸を発射しない**同調装置**を搭載して大きな戦果をあげた。その後、各国の戦闘機には、プロペラ同調装置付きの前方固定機関銃が搭載されるようになった。

　その後、より大口径で大威力の機関砲も搭載されるようになり、さらに強度の大きい金属製の主翼の導入にともなって機関銃や機関砲が主翼にも装備されるようになった。また、液冷エンジンの搭載機ではプロペラの回転軸から弾丸を発射する「モーター・カノン」、一部の夜間戦闘機では機関銃や機関砲を前方に傾けて搭載する「斜銃」「シュレーゲ・ムジーク（ジャズ）」などの搭載方法も採用されている。

また、第一次大戦では、偵察機や軽爆撃機などを兼ねることの多い単発の複座機が、後席の銃座に装備された**旋回銃**の火力を生かして戦闘機としてもかなりの活躍を見せた。こうした成功例もあって、第二次大戦前の一時期にはいくつかの国で単発の複座戦闘機が開発された。ところが、旋回銃は、戦闘機の飛行性能が向上したことなどから戦闘機用の攻撃兵器としての価値はほとんど無くなり、この種の複座戦闘機は、通常の単座戦闘機に比べると運動性が劣ることなどから一般の戦闘機としてはほとんど活躍できなかった。

ところで、機関銃や機関砲が短時間の射撃で敵機を撃墜するには、発射される弾丸の量を大きくする方法と、発射される弾丸1発1発の威力を大きくする方法がある。ジェット機の時代に入って、戦闘機の速度が大幅に向上し、空戦中の射撃のチャンスがごく短時間に限られるようになると、戦後のアメリカ戦闘機の多くに、通常の機関銃よりも発射速度の高い多銃身の機関銃、すなわち**ガトリング・ガン**が搭載されるようになった。

また、対地射撃を重視している機体では大口径の機関砲を搭

弾がプロペラに当たらない？同調装置

載しているものが多く、戦後のソ連／ロシアの戦闘機やヨーロッパの戦闘機ではその中間的な口径の機関砲を搭載していることが多い。

空対空ミサイル

1958年、台湾海峡をはさんだ中国国民党軍と中国共産党軍との紛争で、アメリカ製の**空対空ミサイル**が使用されて、空戦での空対空ミサイルによる初撃墜を記録した。その後、各国でミサイルによる空戦が重視されるようになり、機関銃や機関砲を搭載しないオール・ミサイルの戦闘機も出現した。

ところが、ヴェトナム戦争で空対空ミサイルが期待されていたほどの威力を発揮できなかったことなどから、ミサイルの価値は一旦低下したかに見えた。

しかし、最近ではエレクトロニクス技術の進歩などによる性能の向上や後述する早期警戒管制機の導入などの戦場環境の変化もあって、ミサイルの価値がふたたび高く評価されるようになっている。

空対空ミサイル（Air - to - air missile略してAAM）の誘導方式には、敵機の放射する赤外線をミサイルが探知して目標に向かって飛んでいく**赤外線誘導方式**、発射母機のレーダーから敵機に照射されるレーダー波の反射波をミサイルが探知して目

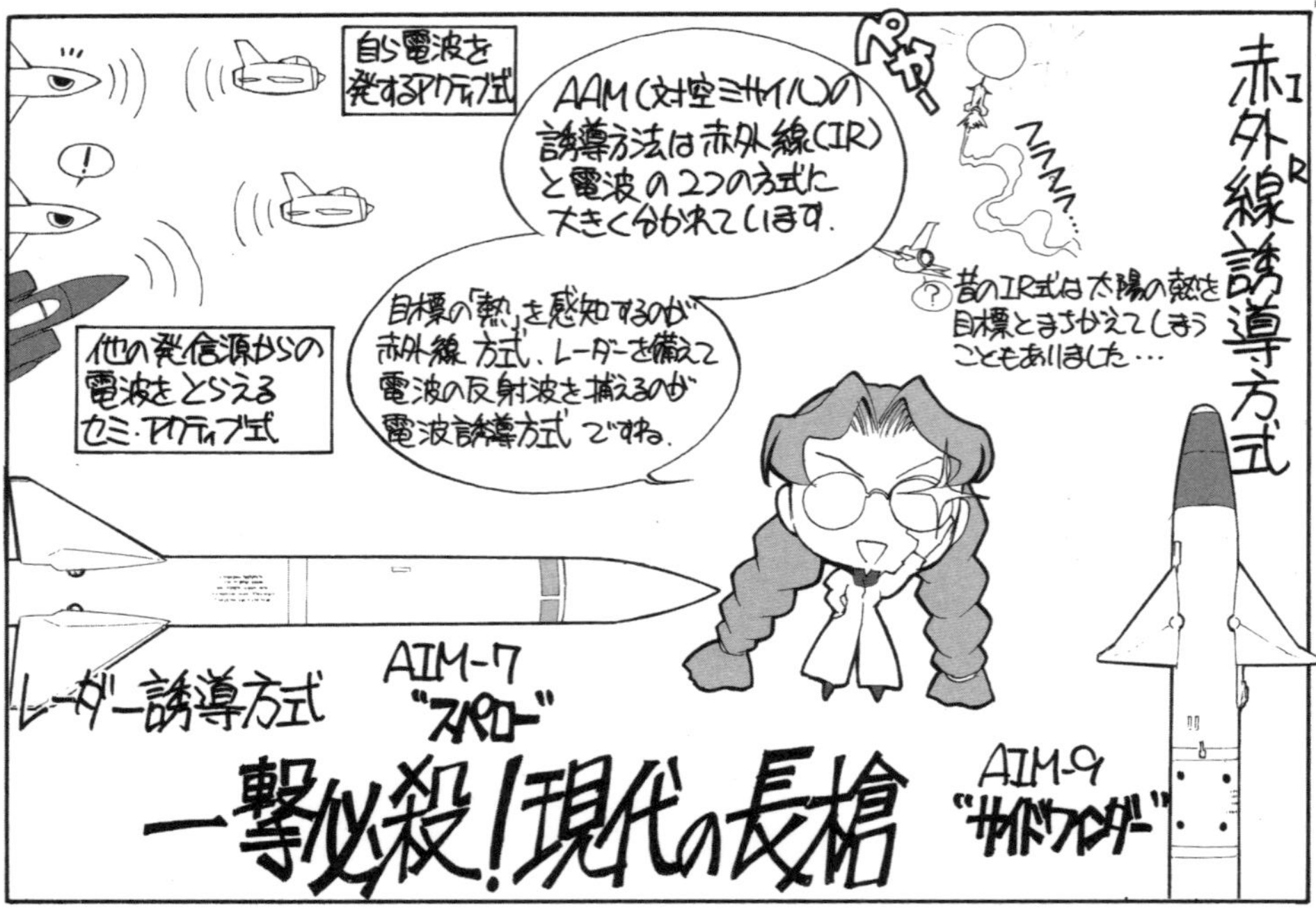

ミサイルの誘導方式いろいろ

標に向かって飛んでいく**セミアクティヴ・レーダー誘導方式**、ミサイルに搭載された小型のレーダーから敵機に照射されるレーダー波の反射波をミサイルが探知して目標に向かって飛んでいく**アクティヴ・レーダー誘導方式**、発射母機からミサイルへの操縦指令に従って飛翔する指令誘導方式、ミサイル自体に内蔵された慣性航法装置によって飛翔する慣性誘導方式、最近では敵機の放射する紫外線をミサイルが探知する紫外線誘導方式や、敵機の赤外線画像を認識する赤外線画像誘導方式などもあり、複数の誘導方式を組み合わせたものもある。

一般に長射程のＡＡＭではアクティヴ・レーダー誘導方式、中射程のＡＡＭではセミアクティヴ・レーダー誘導方式、短射程のＡＡＭでは赤外線誘導方式を採用しているものが多い。

空対空ミサイルには、ふつう炸薬が内蔵されており、敵機のそばを通過すると作動する近接信管が備えられている。また、戦後の一時期には迎撃戦闘機を中心に、敵の編隊を一挙に撃破できる核弾頭を備えたものも開発された。

空対空ミサイルへの対抗手段としては、赤外線誘導方式に対しては強力な赤外線源を放出する**フレア**（火炎弾）、レーダー誘導方式に対してはレーダー波を撹乱する**チャフ**（電波欺瞞《ぎまん》紙）などがある。

空対空ロケット弾

これ以外の空対空戦闘用の武装としては、無誘導のロケット弾などがある。

空対空ロケット弾は、第一次大戦ではおもに飛行船や気球の攻撃用として、第二次大戦以降はおもに大型爆撃機の攻撃用として開発、装備された。第二次大戦後に開発された空対空ロケット弾の中には、敵の爆撃機を編隊ごと撃破できるように小型の核弾頭を搭載したものもあった。

この戦闘機は対爆撃機戦闘用のフォッケウルフFw190A-4/R6です。主翼下にMG21ロケットランチャーを装備していますね。

照準・火器管制装置

初期の戦闘機では、機関銃に備え付けられている照門や照星を使って照準を定めていたが、第一次大戦後の戦闘機では敵機を拡大して照準を定めることができる**眼鏡式照準機**が主流となった。

　第二次大戦中の戦闘機では、電球を光源にして反射ガラスの上にレティクル（十字線）を写し出す**光像式照準機**が主流となったが、ドイツ軍では第一次大戦中に早くもフォッカーDr.Iなど一部の戦闘機に光像式照準機が搭載されている。光像式照準機は視野が広く、操縦士が目の位置を動かして反射ガラスとの角度が変化しても反射ガラス上に表示されたレティクルを見て照準できる（ただし、目の位置がある範囲を超えるとレティクルが見えなくなる）。

　また、第二次大戦中のイギリス軍戦闘機から、敵機の斜め後方から射撃する場合などに敵機の未来位置を射撃するのに必要な見越角（リード・アングル）を、ジャイロなどを使って機械的に計算して表示するジャイロ・コンピューティング・サイトが搭載されるようになった。

　現代の戦闘機では、光源をTV画面として、レティクルはもちろん、後述するFSCと連動してレーダーの目標情報や連続的に変化する照準点、飛行諸元などのさまざまな情報を透過素材に表示し、計器盤に視線を落とすことなく頭をあげたまま戦闘できるようにしたヘッドアップ・ディスプレイ（Head - up display略してHUD）が当たり前のものになっている。また、照準点などの情報をヘルメットのバイザーに表示するヘルメット・マウンテッド・サイトも開発されている。

この二式単座戦闘機「鍾馗」がコクピット前に装備している筒みたいなものが眼鏡式照準機だよ。光像式照準機に比べると古いけど、日本陸軍の一式戦闘機「隼」や「鍾馗」は眼鏡式照準機を装備していた機体も多かったの。

敵機を捜索するシステムは、当初は搭乗員の眼（別名アイ・ボール・センサー）がすべてだったが、第二次大戦中の夜間戦闘機をさきがけとして敵機を捜索するための機上レーダーが搭載されるようになった。

　ジェット機の時代になると、人間の能力の限界を補うために、機上レーダーで測定した敵機の飛行データを射撃コンピューターに送って敵機の未来位置を算出し、照準機のレティクルを修正して表示する簡易な**火器管制装置**（Fire control system略してFCS）が搭載されるようになった。実用性の高いFCSを初めて搭載した戦闘機は、アメリカ空軍の昼間戦闘機F-86セイバーだったが、その機上レーダーは固定式アンテナで目標の捜索はできなかった。

　続いて、夜間戦闘機を皮切りに、夜間でも機上レーダーで敵機を捜索し、敵味方を識別して追尾、攻撃できる高度なFCSが搭載されるようになり、さらにレーダー誘導方式のミサイルが搭載されるようになって、夜間や悪天候下でも戦闘可能な全天候戦闘機が出現した。

　現代の戦闘機では、ほとんどすべてが目標の捜索や追尾、機体の誘導、兵器の管理や火器の発射指示などさまざまな機能を持った、さらに進歩したFCSを搭載し、全天候能力を持つのが当たり前になっている。

地上施設や早期警戒機による支援

　第二次大戦中には、地上の対空レーダーなどを利用して敵機を探知し、地上の防空指揮所（Direction center略してDC）でおもに無線を使って味方の迎撃戦闘機を敵機に誘導するなどして、迎撃戦闘を指揮管制する**地上迎撃管制**（Ground controlled interception略してGCI）が行なわれるようになった。さらに第二次大戦後には、地上の対空レーダーやDCなどと全天候迎撃機のFCSや自動操縦システムをリンク（連接）して半自動で迎撃を行なうシステムも開発されている。

　しかし、地上や海上に設置されたレーダーでは、低空の目標を地平線や水平線にさえぎられて探知することがむずかしいので、滞空時間の長い機体に戦闘機には搭載できない大型で強力なレーダーを搭載して、空中から敵機の警戒、早期の探知などを行なう**早期警戒機**（Airborne Early Warning略してAEW：空中早期警戒機）が開発、配備されるようになった。

　現在では、AEW機の機能に加えてコンピューター化された指揮管制システムを搭載し、味方航空機の管制や指揮能力を持つ**早期警戒管制機**（Airborne Warning and Control System略してAWACS《エイワックス》：空中警戒管制システム）が開発、配備されている。

これらの早期警戒機や早期警戒管制機によって、持っている側の戦闘機は、持っていない側の戦闘機に対して圧倒的な優位に立てるようになった。

電子戦

レーダーが普及するとともに、それを妨害する**ＥＣＭ**（Electronic countermeasuresの略：電子対抗手段）や、ＥＣＭを無力化する**ＥＣＣＭ**（Electronic counter - countermeasuresの略：対電子対抗手段）が重要になってきた。

第二次大戦中には、早くも夜間爆撃を行なう爆撃機に対して電波誘導が行なわれるようになり、これに対して妨害電波を発信するＥＣＭが行なわれるようになった。やがてＥＣＭ装置やＥＣＣＭ装置が航空機に搭載されるようになり、強力な電子戦能力を持つ専用の電子戦機が開発、配備されるようになった。

現代の戦闘機では、専用の電子戦機には劣るものの、ある程度の電子戦能力を持つのが当たり前になっている。

ステルス性

さらに現代では、レーダーへの対抗手段として、機体自体のレーダー反射を抑えて敵に探知されることを避ける**ステルス性**が重視されるようになってきている。

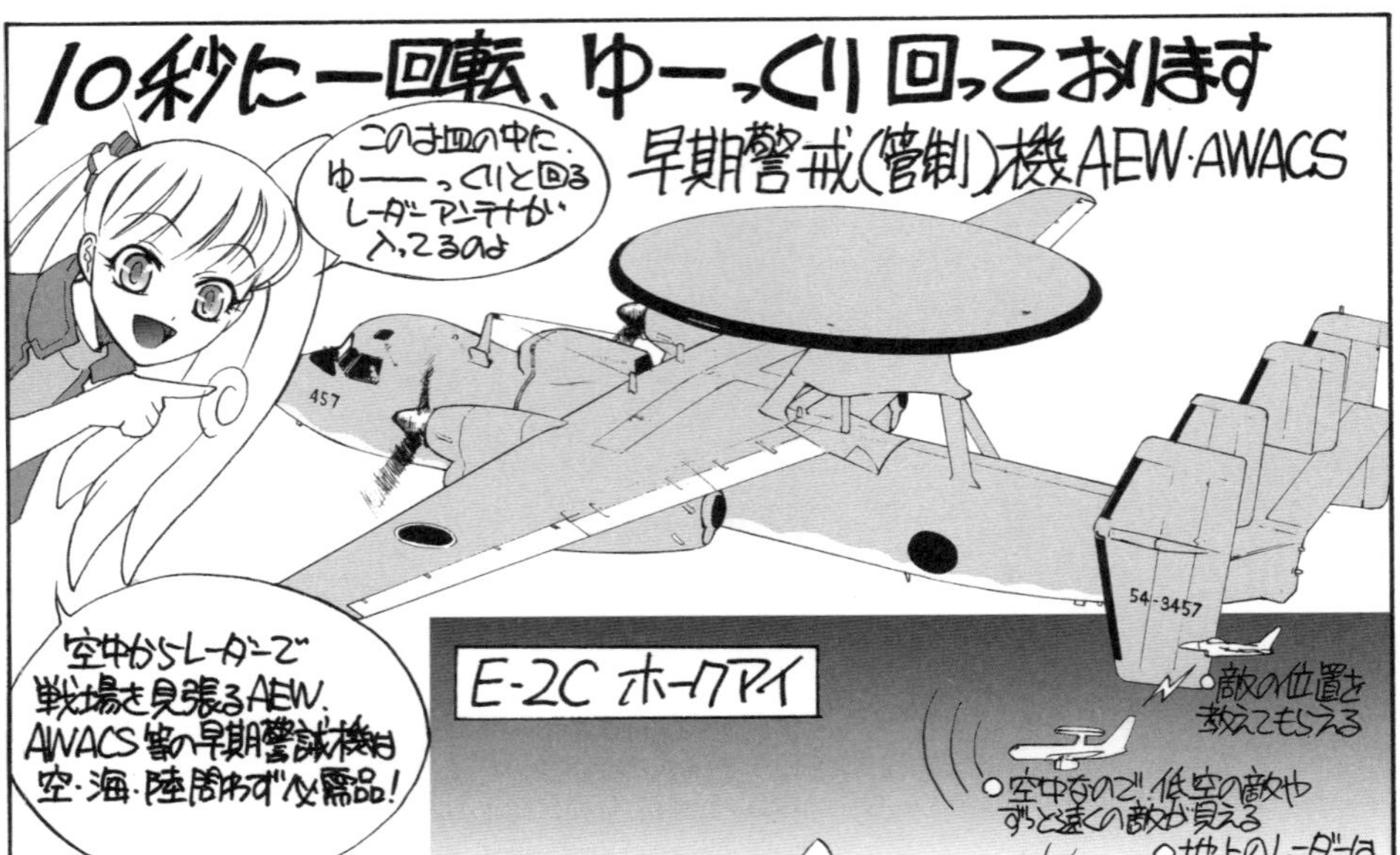
10秒に一回転、ゆーっくり回っております
早期警戒（管制）機 AEW・AWACS
このお皿の中に、ゆーーっくりと回るレーダーアンテナが入ってるのよ
457
54-3457
E-2C ホークアイ
空中からレーダーで戦場を見張るAEW、AWACS等の早期警戒機は空・海・陸問わず必需品！
●敵の位置を教えてもらえる
●空中なので、低空の敵やずっと遠くの敵が見える
●地上のレーダーは山向こうや地平線の向こうが見えない

AEW/AWACS機のバックアップが重要！

アメリカ空軍の戦闘機F-22ラプターは、レーダー反射を最小限に抑えた、アメリカ軍がいうところの低観測性（Low observ-ability）に優れた、いわゆるステルス戦闘機で、レーダーによる探知の容易さの目安になるレーダー断面積（Radar cross section略してRCS）は、たとえばF-16ファイティングファルコンの数百分の一程度といわれている。

　いまのところ本格的なステルス戦闘機はアメリカ主導で開発されているF-22やF-35くらいだが、これ以外の新型戦闘機でも限定的なステルス性が盛り込まれるようになりつつある。

ステルス機の原理

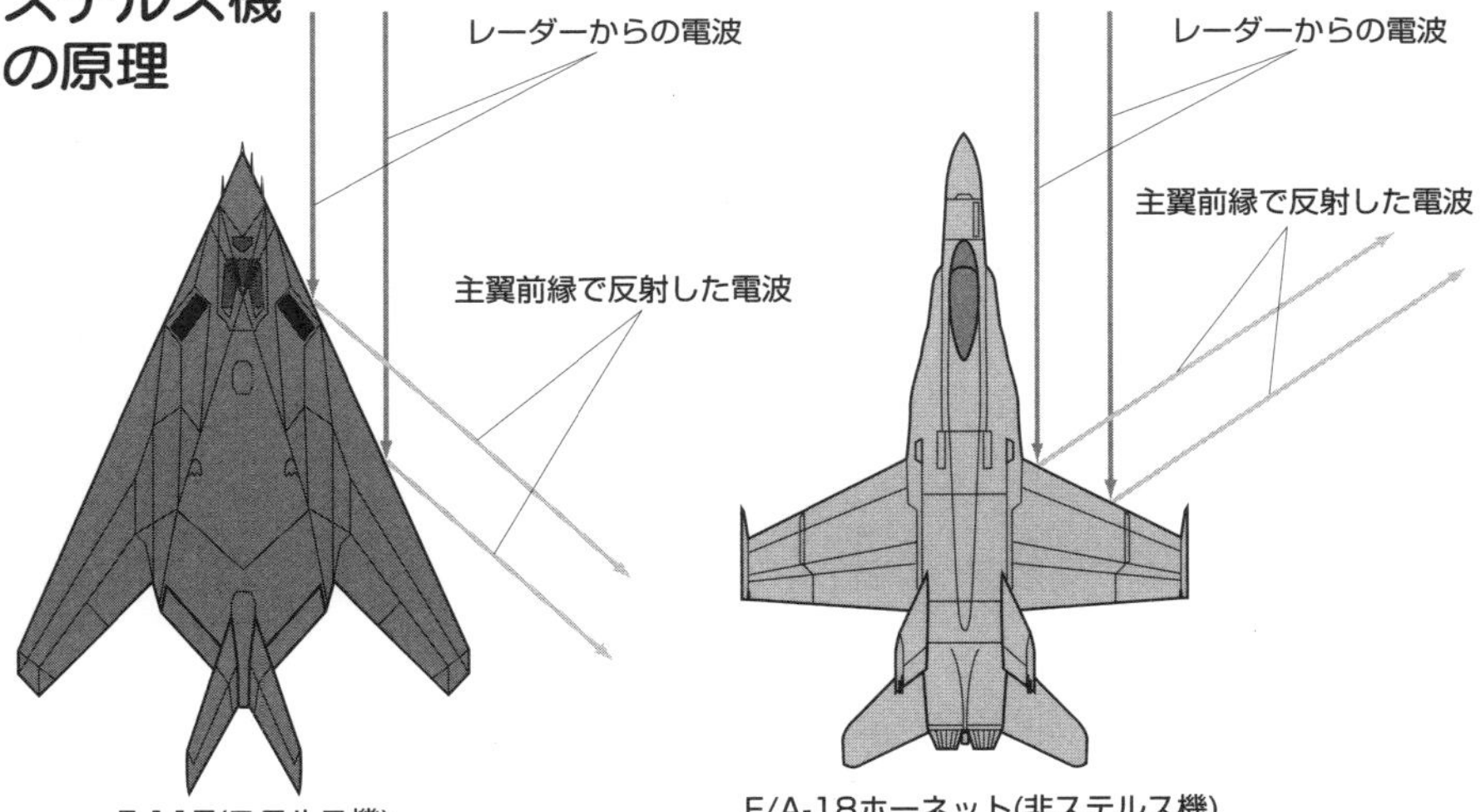
レーダーからの電波
主翼前縁で反射した電波
レーダーからの電波
主翼前縁で反射した電波
F-117(ステルス機)
F/A-18ホーネット(非ステルス機)

主翼前縁は後退角に応じて電波を反射させる

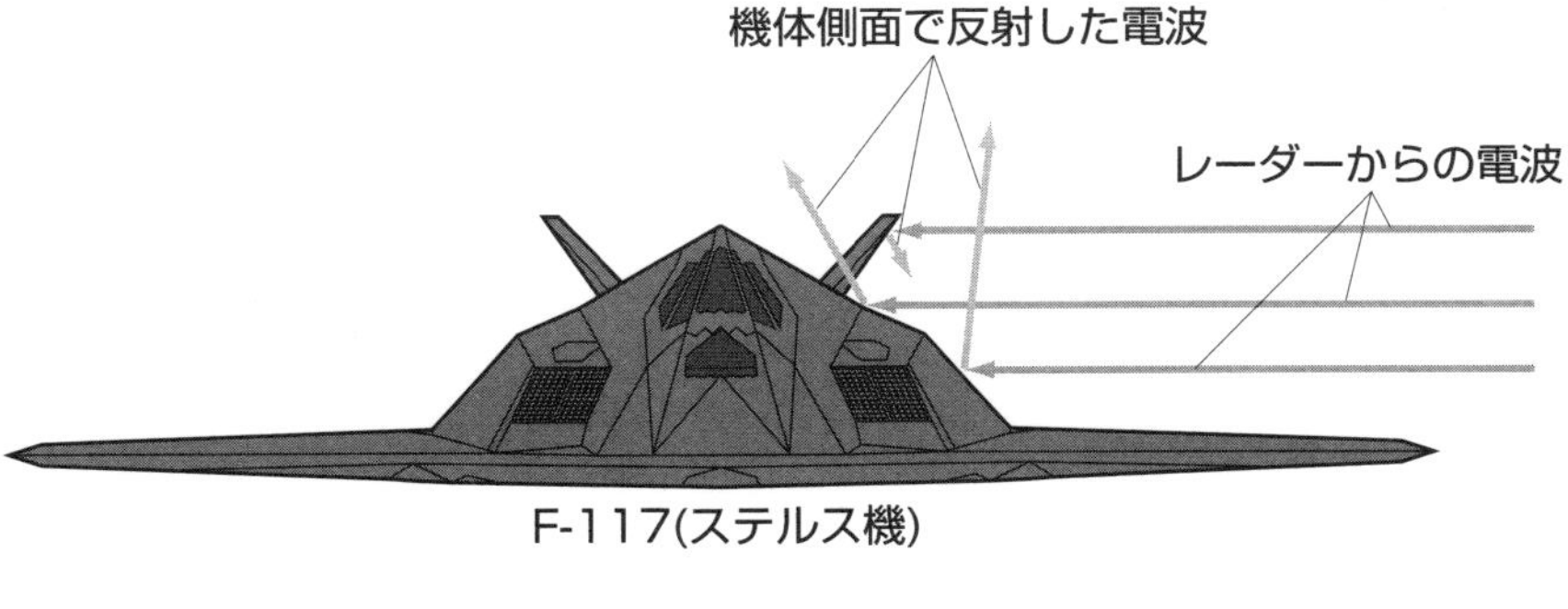
機体側面で反射した電波
レーダーからの電波

F-117(ステルス機)

側方から来る電波は上下に反射される

これはステルス攻撃機のF-117の例だけど、ステルス性が高いってことは、敵から見つからずに一方的に行動できる可能性が高くなるってことよ！

スーパーマリン
“スピットファイア”

第三講

第二次大戦までの各国の戦闘機

お国自慢戦争ぼっ発! お国柄は翼に出るの? I

みなさん、お早うございます! 今日は宿題がありましたね
Maneuver Of Elementary
母国の戦闘機について調べるというテーマでした…
はーい!
な、何…?
このみなさんの凄まじいオーラは…?

我等連合国
アメリカ最強！防弾バッチリ!! 12・7ミリで蜂の巣にしてあげるわ！
戦いは…数。高い空なんて気にしないで地上攻撃。
大英帝国には傑作〝マーリン〟エンジンがありましてよ！スピットファイアの美しさに勝てまして!?
すぐ負けたからってバカにしないでよ？メッサーとも互角に戦ったんだから！
ゴゴゴゴ
朝からずーっとこんなカンジです♥
そ、そーなの…
ドイツ人
日本人

それじゃあ
つばめちゃん!
私達も応戦
しましょう!
いえっさー!
仮想空戦システム
フライトGO!
キュイイイン…
グォン
うひゃあ!
ホントに
飛んでる
みたいー!
グォン
相手は
どこから
来るか分から
ないわよ
枢軸側:ハンナ教官 Bf109
つばめ 零戦22型
注意して~
来た!

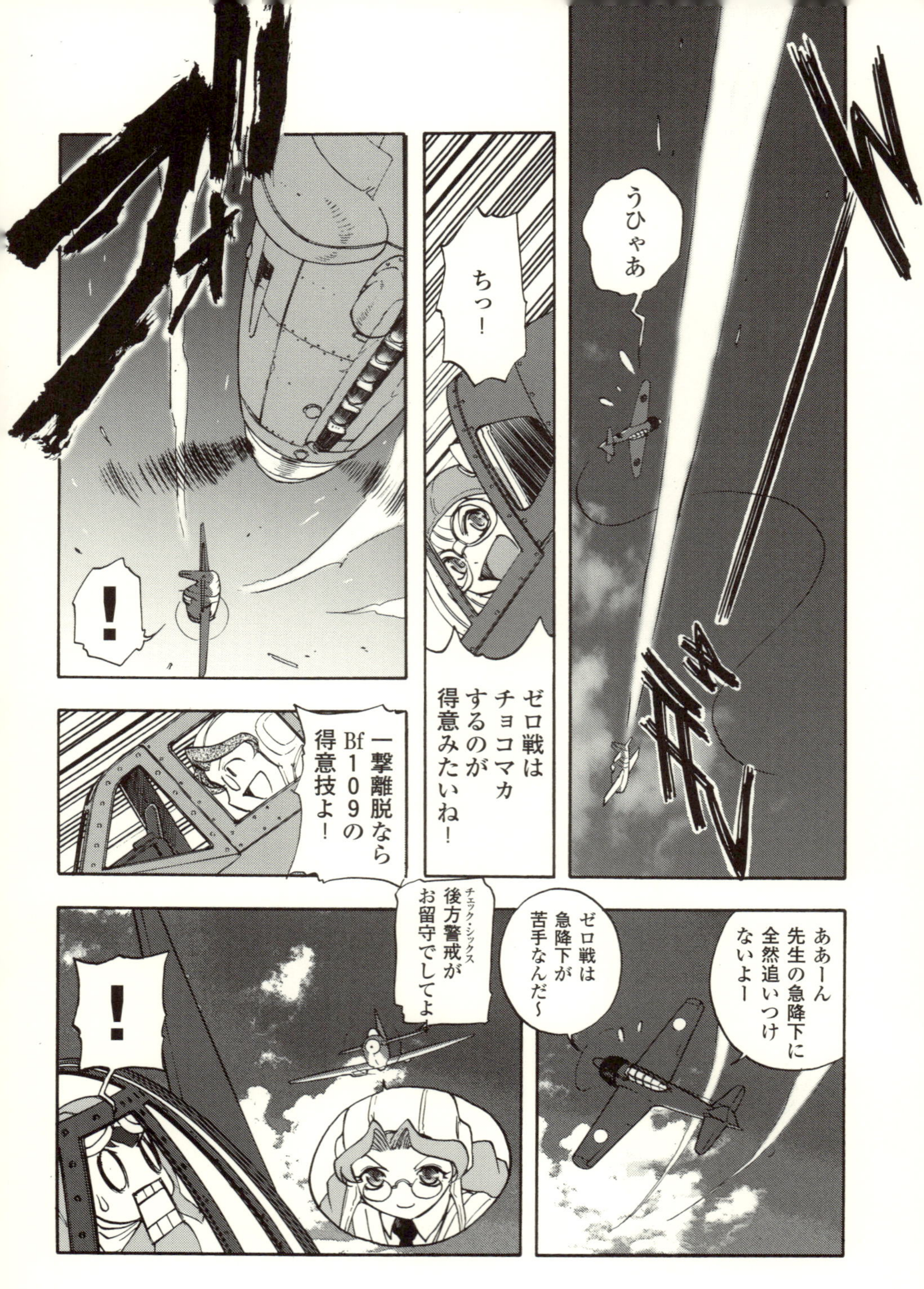
うひゃあ
ちっ!
ゼロ戦はチョコマカするのが得意みたいね!
!
一撃離脱ならBf109の得意技よ!
ああーん先生の急降下に全然追いつけないよー
ゼロ戦は急降下が苦手なんだ~
後方警戒《チェック・シックス》がお留守でしてよ
!

ど、どどど
どーしよー!?
ええい、何か
テキトーに!!
消えた!?
ど
どこ!?
!

凄いですわ
つばめちゃん！
「木の葉落とし」という
技なんですって？
えへへ…よく
分かんないや
夢中だったから
必殺！木の葉落とし！
○木の葉が舞い落ちる様な
動きからこう呼ばれる
ロールしながら
ラダーをあてて
故意に失速させる
（相手には消えた
ように見える）
○零戦の失速特性と
上昇力の高さを活かす
空戦機動である。
!?
機体が軽いので
即上昇、
相手の背後に
もぐり込める
国ごとに
戦闘機にも
個性があるのが
分かりましたか？
グォン
グォン
生まれた国に
よって要求される
ものはずいぶん
変わって来ます
お国柄は戦闘機の
デザインにも
反映されてるのよ！
あら？
そういえば
チャイカさんと
エールさんは？
そのころ
二人は…
対地支援を
重視してる
から…
ねぇ…
いい加減
空戦しない？

第二次大戦の日本戦闘機

第二次大戦のとき、日本は陸軍と海軍がそれぞれ航空部隊を持ってたんだよ。

へぇ、アメリカと同じねぇ。

みんなもよく知っていると思いますが、日本海軍の戦闘機といえばゼロ戦、つまり零戦が代表的です。驚異的な旋回性能と航続距離を持つ艦上戦闘機ですね。

ま、日本の飛行機っていったらふつうゼロ戦よね。

零戦の後継機「烈風」の開発は遅れて、また雷電や紫電改などの新型戦闘機は、航続距離が短い「局地戦闘機」だったし、生産数が少なかったの。日本海軍航空隊の戦闘機部隊はほとんど零戦一本で戦ったといえます。

だから戦争の最初のころはすごく強かった零戦も、最後のほうはやられっぱなしになっちゃったんだよ…。ううう…。

そして日本陸軍の主力戦闘機は、中盤くらいまでが一式戦闘機。愛称は隼ですね。これは零戦と同じ軽戦闘機で、格闘戦と航続距離に優れていた、日本らしい戦闘機なの。

零戦と似ているけど、機関砲2門しか積めなくて攻撃力は弱かったみたい。でもそのかわり、零戦より防御力は高かったみたいだよ。

そして終盤の主力は四式戦闘機。愛称は疾風ね。こちらは速度、火力、防御力などに重点を置いた重戦闘機でした。

戦後…アメリカでテストされ…世界でもトップクラスの戦闘機と認められた…。

そうそう！それでそのほかにも鍾馗や屠龍、飛燕や五式戦とかいろいろあったんだよ。

そうですの、日本の戦闘機は零戦だけかと思っていましたわ。そんなにいろいろありましたのね。

そんなこといったら、イギリスだって「スピットファイアだけ」って言われるわよ～。

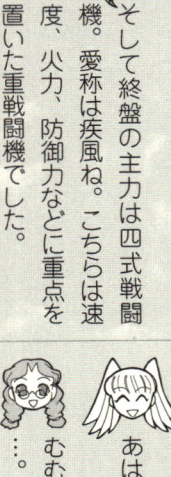

あはは、そりゃそうだわ！

むむむ、たしかにそうですわね…。

第3講 第二次大戦までの各国の戦闘機

ここでは、第二次大戦までの世界各国のおもな戦闘機を見てみよう。

●日本のおもな戦闘機

日本には独立した空軍がなく、陸海軍がそれぞれ有力な航空隊を保有していた。

第一次大戦では、商船を改造した海軍の水上機母艦「若宮」が、ドイツの植民地だった青島の攻略戦に投入されて、搭載されたフランス製の水上機が偵察などに活躍した程度で、大規模な航空戦は経験しなかった。

第一次大戦後は、ドイツの技術者をまねくなどして航空技術の発展に努め、昭和9年頃から世界レベルの国産戦闘機を開発できるようになった。

第二次大戦初め頃までの戦闘機は、速度よりも運動性を重視する傾向がとくに強く、信頼性の高い大出力の小型機用エンジンの開発で遅れをとったこともあって、軽戦闘機から重戦闘機へと向かう世界的な流れに乗り遅れた感が強い。

そして、第二次大戦後半には、陸軍を中心として新型戦闘機を投入したものの、乗員の補充能力や補給能力、地上レーダーによる早期警戒能力など各種支援能力の格差とあいまって、連合軍の新型戦闘機に圧倒されることになった。

第2次大戦の日本戦闘機開発図

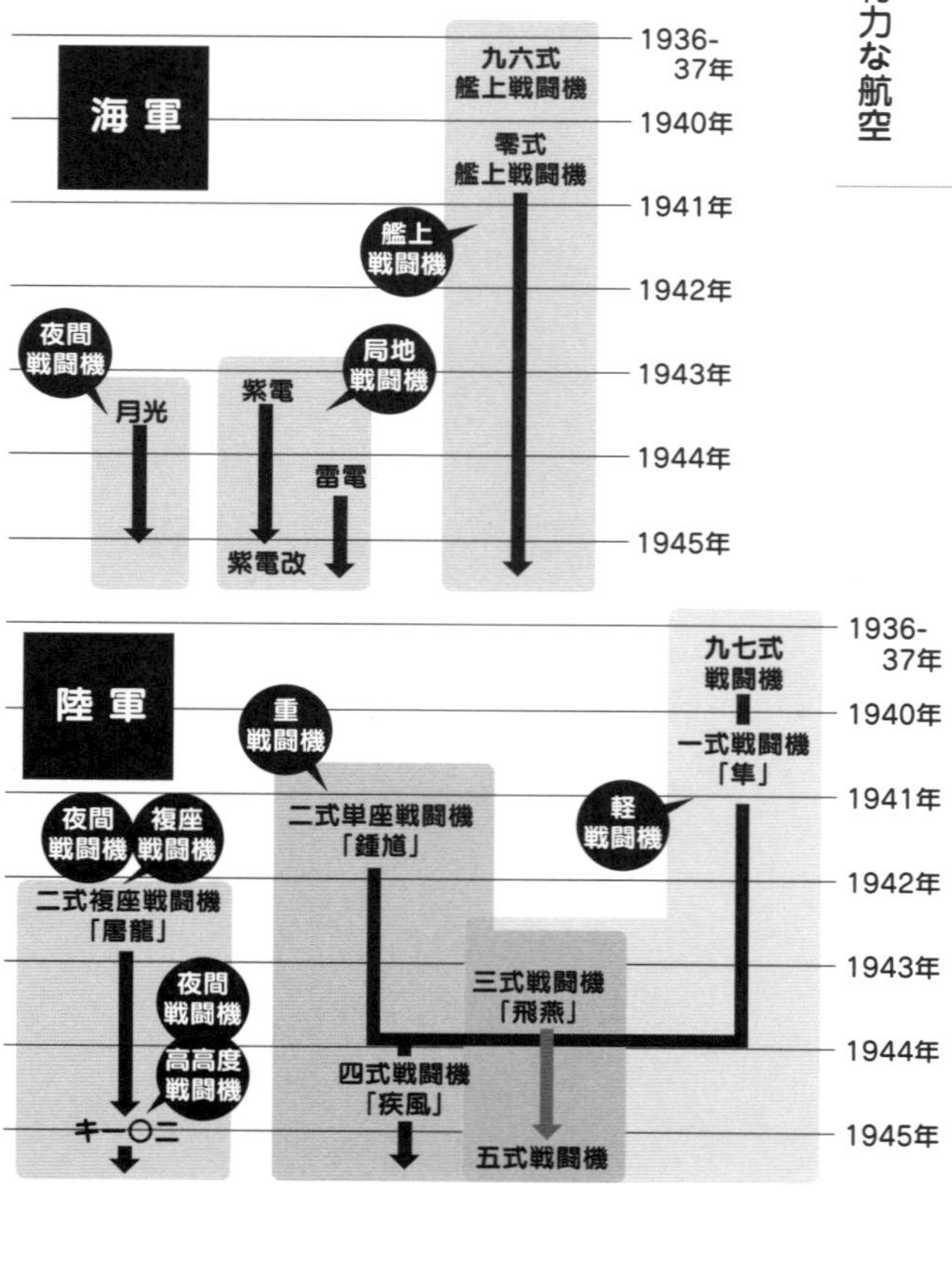

海軍
1936-37年
1940年
1941年
1942年
1943年
1944年
1945年
九六式艦上戦闘機
零式艦上戦闘機
艦上戦闘機
夜間戦闘機
月光
紫電
局地戦闘機
雷電
紫電改
陸軍
1936-37年
1940年
1941年
1942年
1943年
1944年
1945年
九七式戦闘機
一式戦闘機「隼」
軽戦闘機
重戦闘機
二式単座戦闘機「鍾馗」
夜間戦闘機
複座戦闘機
二式複座戦闘機「屠龍」
三式戦闘機「飛燕」
夜間戦闘機
高高度戦闘機
四式戦闘機「疾風」
キ一〇二
五式戦闘機

海軍

●九《きゅう》六《ろく》式《しき》艦《かん》上《じょう》戦《せん》闘《とう》機《き》

昭和9（1934）年、海軍は、三菱と中島に九試単座戦闘機の開発を命じた。

これに対して中島は、陸軍向けに開発中のキ一一の艤装を海軍式にするなどの改造を加えて提出したが、主翼の上下に張線のある単葉機だった。

一方、三菱は、支柱や張線のまったく無い近代的な片持ち式の単葉機を提出し、試験飛行で予想を上回る高速を発揮したことなどから、昭和11年に制式採用された。

ひとつ前の九五式艦戦は複葉機だったが、こちらは低翼の単葉機で、従来の鋲（リベット）や螺子（ネジ）のように外板の表面に頭が突出せず面一になる沈頭鋲や皿子螺子を採用するなど、とくに空気抵抗の減少に力が入れられている。ただし、主脚は支柱の無い片持式の固定脚、風防は一部を除いて開放式だった。

三菱に加えて、渡辺鉄工所（のちの九州飛行機）や佐世保海軍工廠でも生産され、生産数は約1000機とされている。昭和12年半ばから基地航空隊や母艦航空隊に配備され、優れた運動性を生かして支那事変から対米英蘭戦の初期まで活躍している。

3-108
3-107

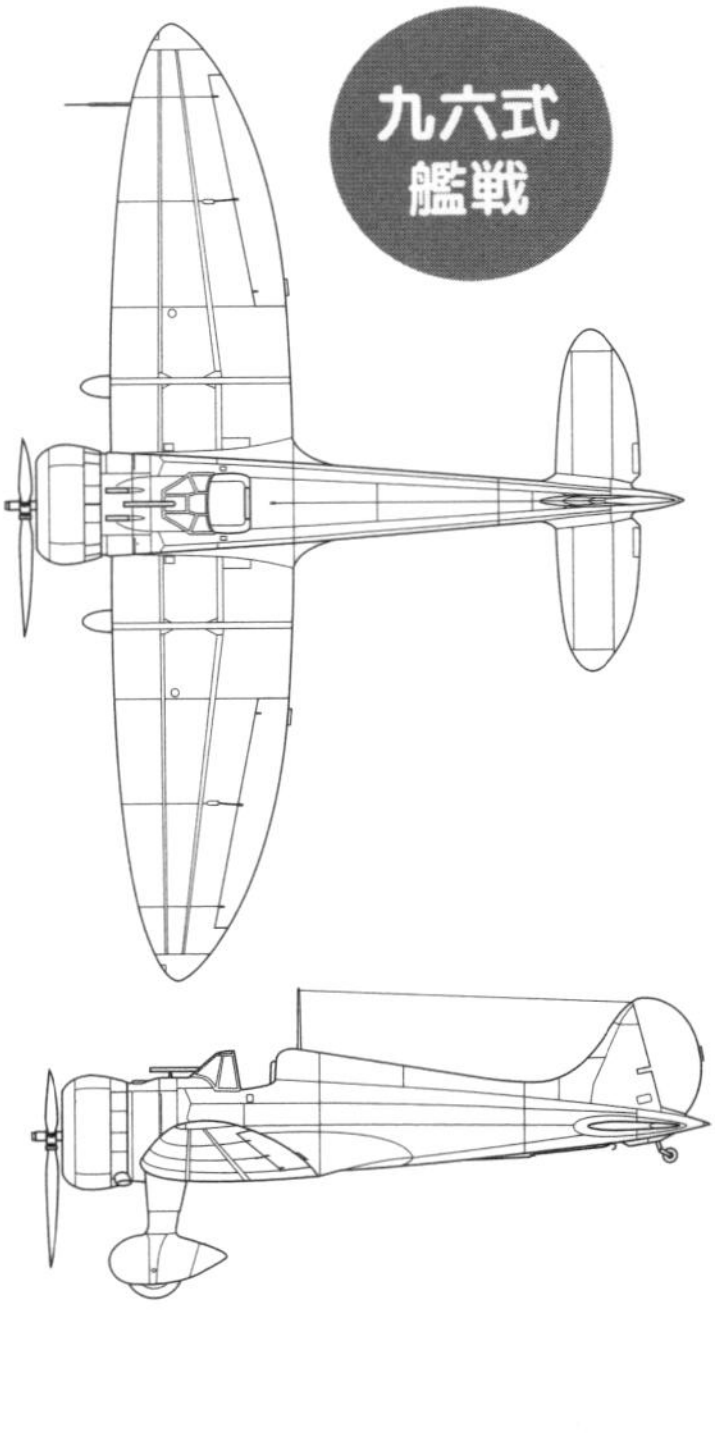
九六式
艦戦

三菱A5M4九六式艦上戦闘機四号型

全幅	11.00m
全長	7.56m
全高	3.23m
全備重量	1,671kg
エンジン	中島「寿」四型（785hp）×1
最大速度	435km/h
航続距離	1,200km
固定武装	7.7mm機銃×2
爆弾	60kg爆弾×1
乗員	1名

九六艦戦は、日本の航空技術力が欧米の航空先進国とついに肩を並べた機体だよ！

零式《れいしき》艦上戦闘機

昭和12年、海軍は、九六式艦上戦闘機の後継となる十二試艦上戦闘機の開発を三菱、中島の両社に発注したが、のちに中島が競争試作を断念したため、三菱の単独開発となった。

その要求性能は、20㎜機銃2挺を含む大火力、九六式艦戦を大幅に上回る高速、増設燃料タンクを装備して巡航で6時間以上という長大な航続力、九六式艦戦に劣らない空戦性能が盛り込まれた非常に過酷なものであった。

設計側は、開発の初期段階で海軍側に格闘戦能力、速度、航続力の優先順位をただしたが、格闘戦重視と速度や航続力重視で意見が割れて結論が出なかったという。これに対して、堀越技師をリーダーとする設計陣は、軽量化や空気抵抗の低減に力を注ぎ、要求性能の実現に努めた。

昭和14年3月、エンジンに瑞星一三型を採用した試作1号機が完成し、試作3号機から瑞星より馬力の大きい栄一二型が搭載された。そして、制式化前にもかかわらず、前線部隊からの要請に応じて昭和15年7月に十二試艦戦6機が大陸の漢口基地に進出。その直後に零式一号艦上戦闘機一型として制式採用が決まり、のちに零式艦上戦闘機一一型に改称された。

この一一型は、一部を除いて着艦拘束鈎（フック）を持たない陸上戦闘機（局地戦闘機）型だった。その後、空母上での取

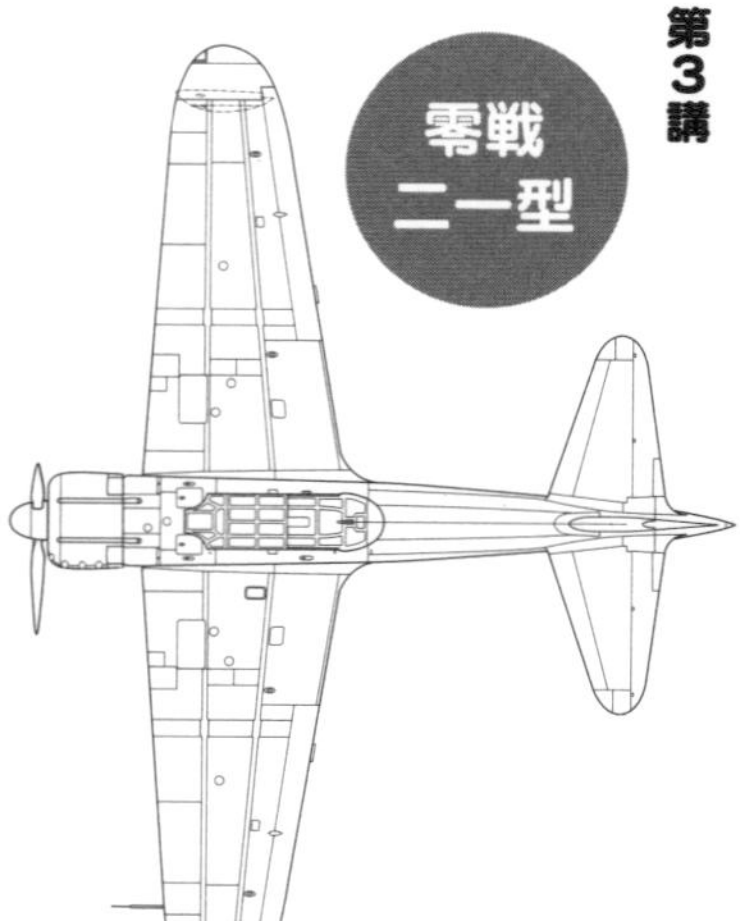

零戦
二一型

零戦のなかでもいちばん活躍したのがこの二一型。たくさんのパイロットが零戦でエースになっているけど、特に有名な人は202機撃墜の“零戦虎徹”こと岩本徹三中尉、86機撃墜の“ラバウルの魔王”こと西澤広義飛曹長、70機撃墜の杉田庄一上飛曹、64機撃墜の坂井三郎中尉、“ラバウルのリヒトホーフェン”こと笹井醇一中尉、“空の宮本武蔵”こと武藤金義少尉ってところかな。

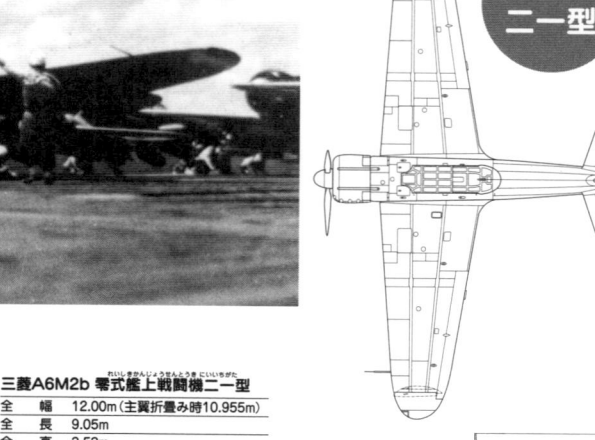

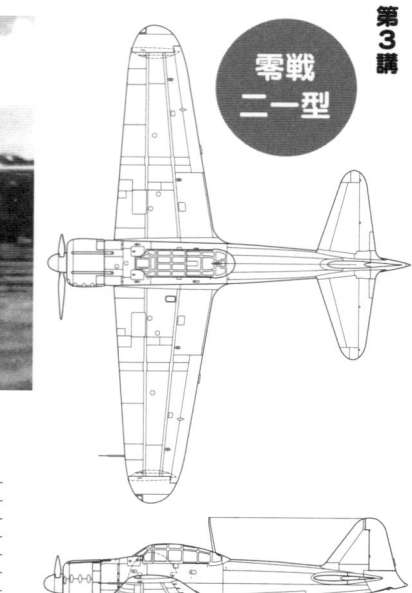

三菱A6M2b 零式艦上戦闘機《れいしきかんじょうせんとうき》二一型《にいいちがた》

全　幅	12.00m（主翼折畳み時10.955m）
全　長	9.05m
全　高	3.53m
全備重量	2,421kg
エンジン	中島「栄」一二型（940hp）×1
最大速度	533km/h
航続距離	3,500km
固定武装	20mm機銃×2、7.7mm機銃×2
爆　弾	30kgまたは60kg爆弾×2
乗　員	1名

り扱いを考えて主翼端を50㎝ずつ上に折り畳めるようにした二一型、エンジンを栄二一型に換装し主翼端の折り畳み部を短縮するなどの改良を加えた三二型、主翼幅を元に戻して翼内に燃料タンクを増設した二二型、再び主翼幅を短縮し推力式排気管を採用するなどの改良を加えた五二型、小型空母向けに艦上爆撃機を代用する「爆撃戦闘機（略して爆戦）」型の六二型などが開発されている。

生産数は三菱で約3800機、中島で約6200機、合計で約1万機を超え、基地航空隊や母艦航空隊に配備されて、大戦の全期間を通じて海軍の主力戦闘機として大きな活躍を見せた。とくに大戦前半は、長大な航続距離と優れた運動性を活かして、航空撃滅戦で大きな威力を発揮している。

●零戦の量産機型式

型式	主翼	発動機	武装（機銃）
一一型	翼端丸型・幅12m	栄一二型	20mm×2、7.7mm×2
二一型	翼端丸型・幅12m	栄一二型	20mm×2、7.7mm×2
三二型	翼端角型・幅11m	栄二一型	20mm×2、7.7mm×2
二二型	翼端丸型・幅12m	栄二一型	20mm×2、7.7mm×2
二二甲型	翼端丸型・幅12m	栄二一型	20mm×2（長銃身）、7.7mm×2
五二型	翼端丸型・幅11m	栄二一型	20mm×2（長銃身）、7.7mm×2
五二甲型	翼端丸型・幅11m	栄二一型	20mm×2（長銃身・ベルト給弾）、7.7mm×2
五二乙型	翼端丸型・幅11m	栄二一型	20mm×2（長銃身・ベルト給弾）、13mm×2
五二丙型	翼端丸型・幅11m	栄二一型	20mm×2（長銃身・ベルト給弾）、13mm×2
六二型	翼端丸型・幅11m	栄三一型甲	20mm×2（長銃身・ベルト給弾）、13mm×3（250kg爆弾搭載可能）

零戦
五二型

これは日本海軍の大戦後半の主力戦闘機・零戦五二型ね。でも米海軍はそのころF6Fヘルキャットや F4Uコルセアといった、2000馬力級のエンジンを積んだ戦闘機を実戦投入していたのに、零戦五二型はまだ1000馬力ちょっと…。これじゃ分が悪かったわね。

三菱A6M5 零式艦上戦闘機五二型《ごにいがた》

全幅	11.00m
全長	9.121m
全高	3.57m
全備重量	2,733kg
エンジン	中島「栄」二一型（出力1,130hp）×1
最大速度	565km/h
航続距離	1,920km（最大）
固定武装	20mm機銃×2、7.7mm機銃×2
爆弾	60kg爆弾×2
乗員	1名

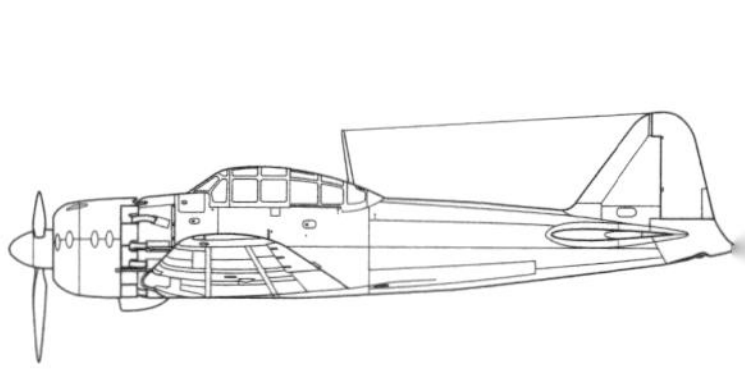

●局地戦闘機　雷《らい》電《でん》

　支那事変で中国軍の高速爆撃機の捕捉に苦労していた海軍は、昭和14年に基地防空を主任務とする十四試局地戦闘機の計画要求案を三菱に内示し、翌15年に計画要求書を正式に提示した。ところが、当時の日本には、最高速度や上昇力に重点を置いた重戦闘機的な要求性能を実現できるような大出力の小型機用エンジンがなく、直径の大きい大型機用の十三試ヘ号改（のちの火星）発動機が搭載されることになり、空気抵抗を抑えるためにプロペラ軸を延長して機首を絞り込んだ胴体が採用されることになった。

　試作1号機は昭和17年2月に完成。10月にはエンジンなどを改良した十四試局戦改が完成したが、延長軸やプロペラの絡むエンジンの振動問題に悩まされることになった。昭和18年10月には武装強化などの改良を加えた雷電改が完成し、のちに十四試局戦改が雷電一一型、雷電改が二一型とされ、さらに風防の大型化などの改良を加えた三一型、排気タービン装備の三二型、エンジンの全開高度を引き上げた三三型などが開発された。開発過程で振動や視界不良など問題が続出し、途中で紫電改の生産に重点が置かれたこともあって、生産数は500数十機にとどまった。加えて、実戦部隊への配備は昭和19年秋と遅く、大きな活躍を見せることはできなかった。

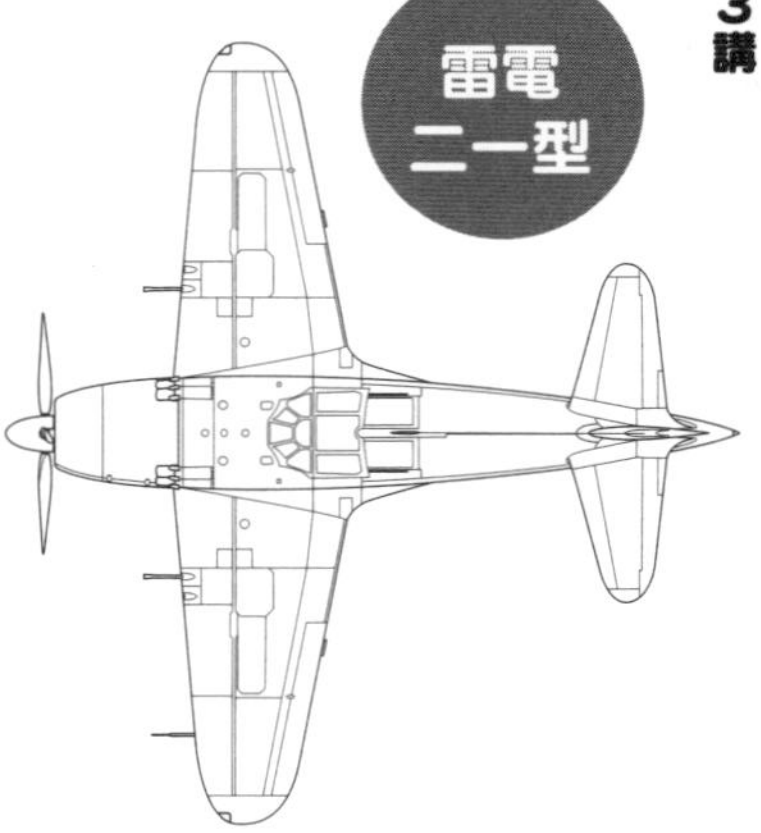

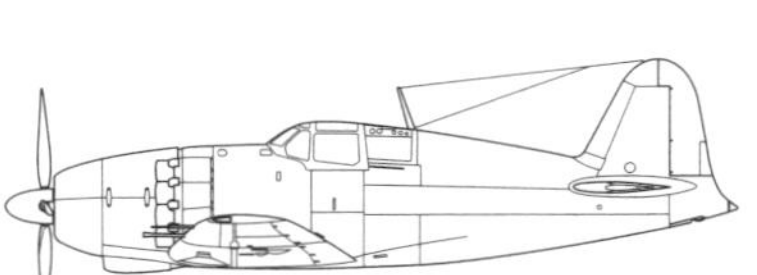

雷電は、軽戦闘機に慣れた日本海軍のパイロットには操縦が難しい機体でした。でも自称300機撃墜の（本当は30機くらいみたいだけど）赤松貞明中尉は「いい飛行機だ」と言っているのよね…。

三菱J2M3 局地戦闘機 雷電《らいでん》二一型

全幅	10.8m
全長	9.70m
全高	3.81m
全備重量	3,435kg
エンジン	三菱「火星」二三型甲（1,820hp）×1
最大速度	596km/h
航続距離	1,055km
固定武装	20mm機銃×4
爆弾	60kg爆弾×2
乗員	1名

●局地戦闘機　紫電《しでん》／紫電改《しでんかい》

昭和16年末、水上機や飛行艇を得意としていた川西は、海軍が基地航空隊を重視する兆しを見せていたこともあって、開発中の十五試水上戦闘機（のちの強風）の局地戦闘機への改造案を海軍に提示し、仮称一号局地戦闘機として開発が始められることになった。エンジンは十五試水戦の火星から十五試ル号（のちの誉）に換装され、主翼が中翼式だったので主脚を縮めてから引き込む2段式引込脚が採用された。試作1号機は昭和17年末に初飛行し、昭和19年10月に紫電一一型として制式化された。生産数は約1000機で、昭和19年2月から実戦部隊への配備が始められた。

一方、昭和18年春には、紫電の武装強化や低翼化などを盛り込んだ紫電改の計画が正式にスタートし、昭和18年末に1号機が完成。昭和20年初めに紫電二一型として制式化された。その後、胴体に13・2㎜機銃2門を追加した三一型、低圧燃焼噴射式のエンジンを搭載した三二型などが開発されている。

生産数は約400機で、その多くがベテラン搭乗員を集めた第三四三海軍航空隊に配備され、昭和20年3月19日のアメリカ機動部隊の艦載機に対する迎撃戦では大戦果を報じている。

脚が長すぎて不安定そうねぇ…。

ええ、紫電は水上戦闘機の「強風」を改造した機体だったのだけど、中翼、つまり胴体の中ほどに翼がついていたため脚が長くなり、着陸時のトラブルの元になりました。

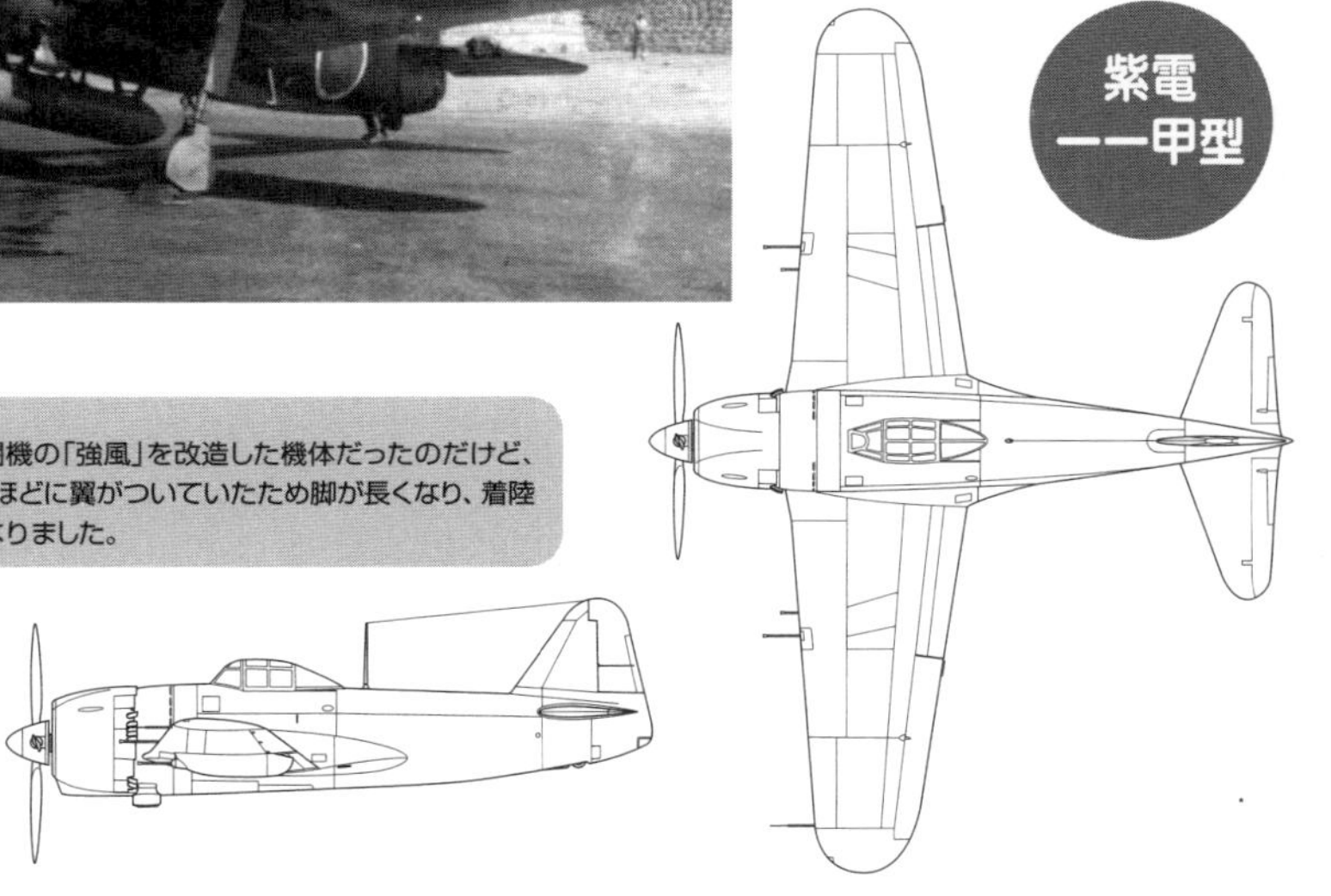

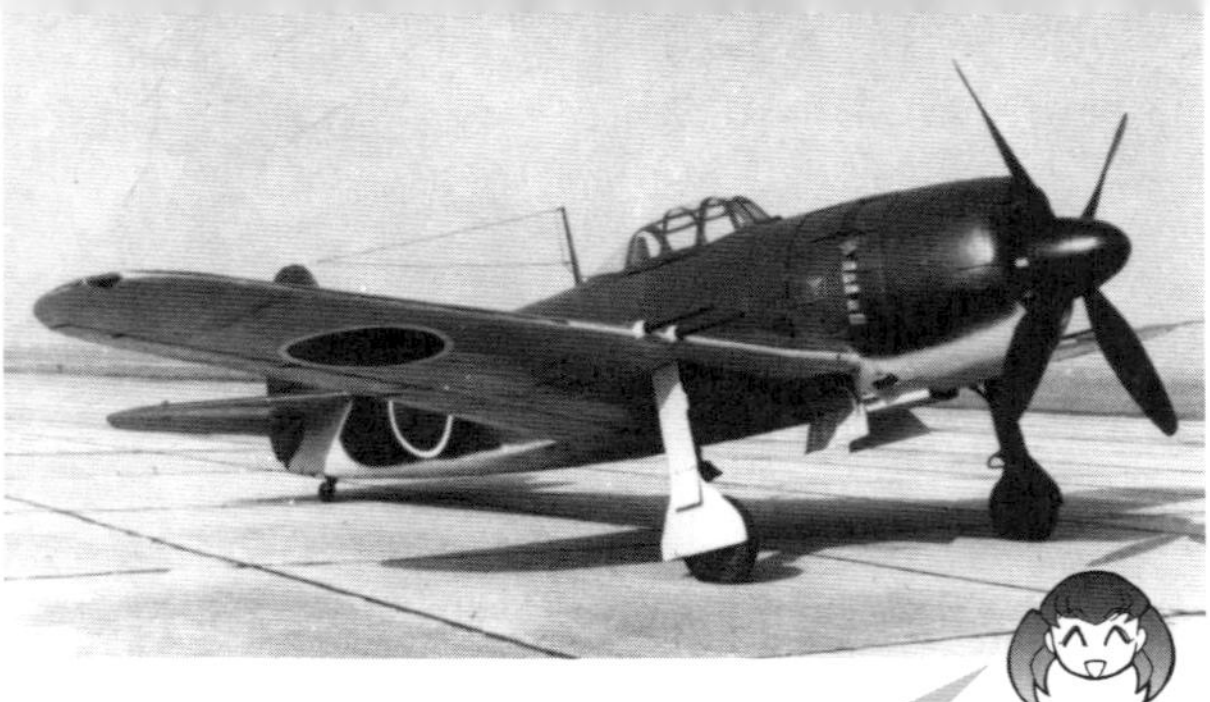

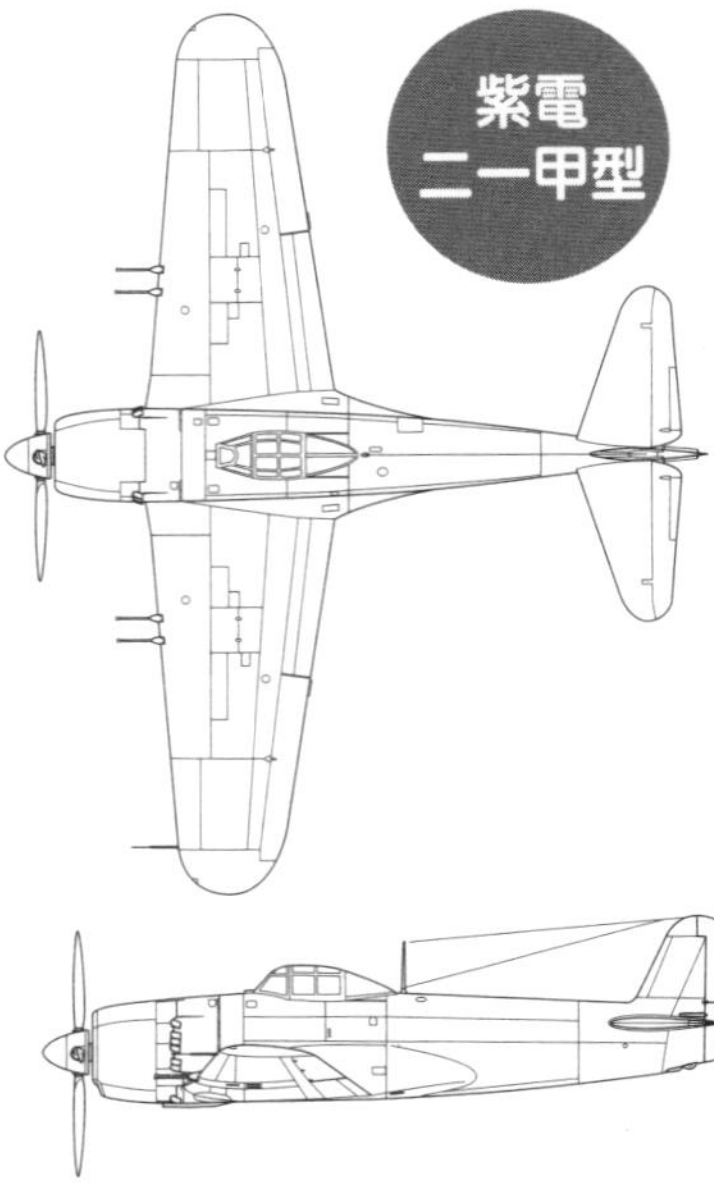

紫電
二一甲型

川西N1K2-J 局地戦闘機 紫電《しでん》二一型(紫電改《しでんかい》)

全　幅	11.99m
全　長	9.34m
全　高	3.96m
全備重量	4,200kg
エンジン	中島「誉」二一型(1,990hp)×1
最大速度	594km/h
航続距離	2,392km
固定武装	20mm機銃×4
爆　弾	250kg爆弾×2
乗　員	1名

これが紫電改！ 低翼にして脚も壊れにくくなったよ。かっこいい名前だけど、本当は紫電二一型って言うの。紫電改乗りとして有名なパイロットには、48機撃墜の"ブルドッグ"こと菅野直大尉がいるよ。

ベテランが乗っていれば、F6FやF4Uとも互角に渡り合えたらしいわ。敵ながらなかなかやるわね。

ゼロ戦ばかりじゃないんだぞ
＜海軍戦闘機烈伝＞
烈風は間に合いませんでした…
・・・・
夜間戦闘機"月光"
局地戦闘機"紫電改"
343-15
局地戦闘機"雷電"
艦上戦闘機は風 局地戦闘機は雷 夜間戦闘機には光がついているんだね
ゼロ戦はその決まりが出来る前だったので、そのまま

日本海軍の戦闘機

厳密に言うと、対戦闘機用の『甲戦闘機(艦戦、水戦含む)』は下に「風」、対爆撃機用の『乙戦闘機』は単発機は下に「電」、それ以外は下に「雷」、夜間用の『丙戦闘機』は下に「光」および明暗を示す語が付くのよ。

●夜間戦闘機　月光《げっこう》

昭和13年、海軍は、陸上攻撃機の援護や敵地上空の制圧などを主任務とする双発多座機の開発を三菱に打診したが、多忙などを理由に辞退されたため、結局は中島の単独開発になった。

昭和16年春には十三試双発陸上戦闘機の試作1号機が完成。しかし、遠隔管制銃座の不具合や運動性の不足などから戦闘機としては不採用となり、陸上偵察機に改造されて昭和17年夏に二式陸上偵察機として制式採用された。

その後、ラバウルで連合軍の夜間爆撃に悩まされていた第二五一海軍航空隊司令の小園《こぞの》安名《やすな》中佐のアイデアで、二式陸偵の胴体上下に20㎜機銃各2挺を斜め前方に傾けて搭載し、爆撃機の夜間迎撃で戦果をあげたことから、昭和18年夏に夜間戦闘機月光一一型として制式化された。この他に下方銃を廃止し上方銃を3挺とした一一甲型など多数のバリエーションがある。

二式陸偵を含む生産数は約480機。本土上空での夜間迎撃などに投入されたが、おもな迎撃対象であるアメリカ陸軍航空隊のB-29に比べると高々度性能や速度で劣っており、実用的な機上レーダーを搭載できなかったこともあって活躍は限られたものだった。

遠距離戦闘機→陸上偵察機→夜間戦闘機と、数奇な運命をたどった機体…。

有名な月光パイロットには、一晩でB-29を5機撃墜した黒鳥四郎少尉・倉本十三上飛曹ペアがいるよ。

中島J1N1-S 夜間戦闘機 月光《げっこう》一一型

全幅	16.98m
全長	12.18m
全高	4.56m
全備重量	6,900kg
エンジン	中島「栄」二一型（1,130hp）×2
最大速度	507km/h
航続距離	2,545km
固定武装	20mm機銃×4（上面2、下面2）
爆弾	250kg爆弾×2
乗員	2名

月光
一一甲型

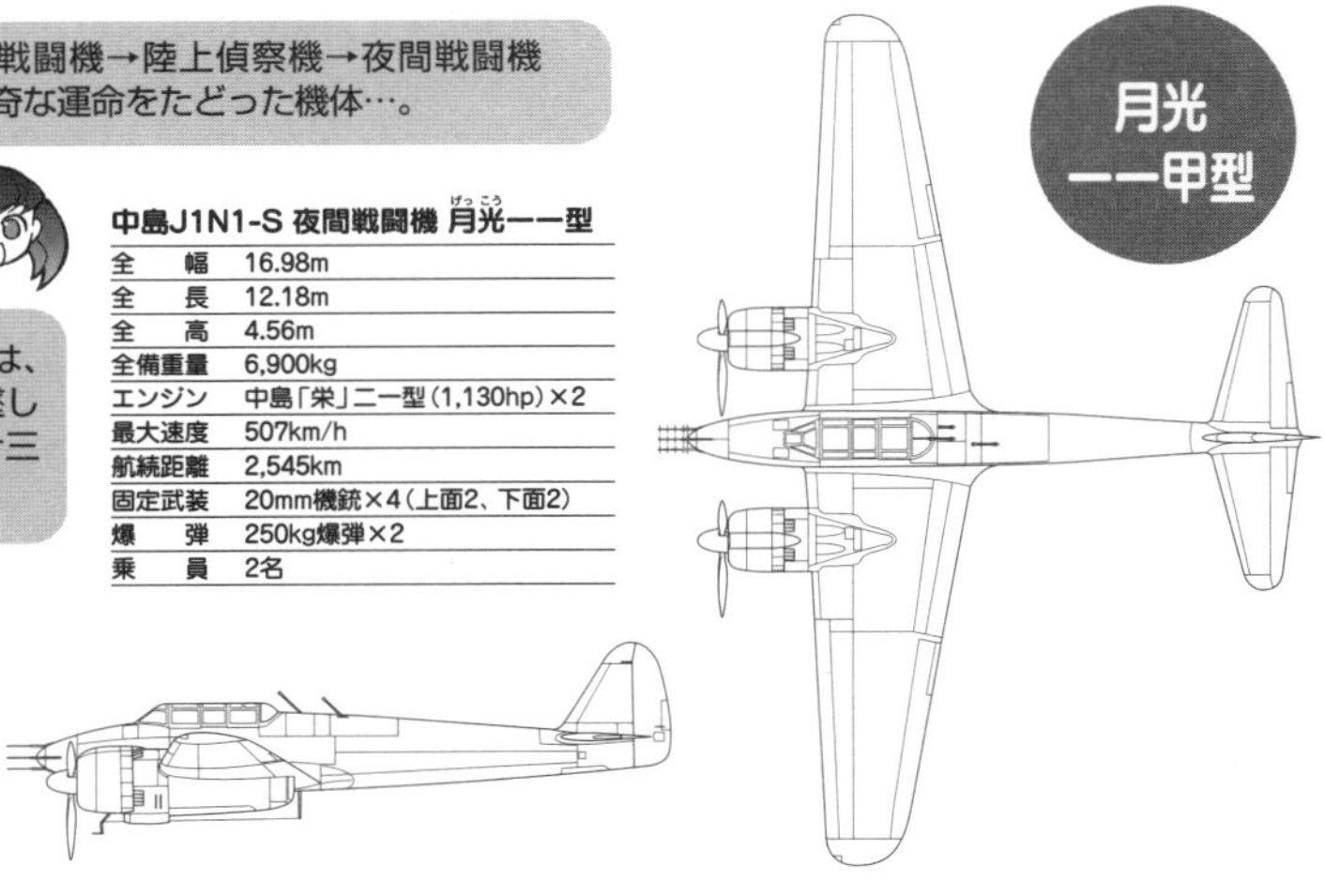

陸軍

●九《きゅう》七《なな》式《しき》戦闘機

昭和10年、陸軍は九五式戦闘機の後継となる単座戦闘機の設計研究を中島、川崎、三菱の各社に命じ、翌11年には正式に低翼単葉の単発単座戦闘機の試作を指示した。これを受けて、中島は空冷エンジンのハ一甲を搭載するキ二十七を、川崎は液冷エンジンのハ九Ⅱ甲を搭載するキ二十八を、三菱は海軍向けの九試単座戦闘機のエンジンをハ一甲に換装したキ三十三を、それぞれ開発し、このうちキ二十七が昭和12年に制式採用された。

ひとつ前の九五戦は複葉機だったが、九七戦は低翼の単葉機となった。量産機のエンジンはハ一乙で、主脚は支柱の無い片持式の固定脚、風防は密閉式だった。小さな部品にも強度の限界ギリギリまで肉抜きをほどこし、大きくて重い結合金具の無い左右一体の主翼を採用するなど、とくに軽量化に非常に大きな力が注がれている。優れた旋回性能を持ち格闘戦に強く、レシプロ・エンジンを搭載する軽戦闘機の極致ともいえる戦闘機だった。

中島に加えて、立川、満州飛行機で合わせて約3380機が生産された。昭和12年末から実戦部隊への配備が始められ、支那事変を初陣として対米英蘭戦の初期まで陸軍の主力戦闘機として大きな活躍を見せている。

1939年のノモンハン事件ではソ連軍の戦闘機を圧倒したんだって。

本当はそんなに両軍の損害の差はない…。

まぁ、どこでも自軍の戦果は過大になるものですから。有名なパイロットとしては、58機を撃墜して日本陸軍トップエースになった篠原弘道准尉がいるわね。

九七式
戦闘機

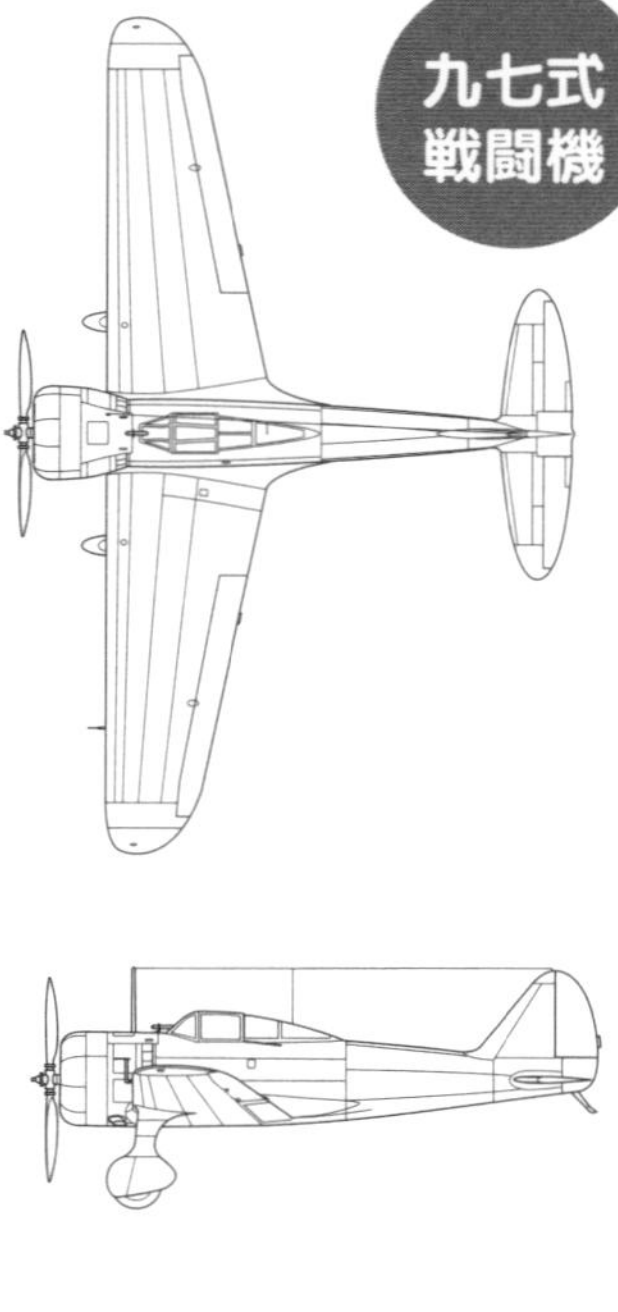

中島 キ二十七　九七式戦闘機

全幅	11.30m
全長	7.53m
全高	3.28m
全備重量	1,650kg
エンジン	ハ一乙（710hp）×1
最大速度	460km/h
航続距離	960km
固定武装	7.7mm機関銃×2
乗員	1名

●一式戦闘機「隼《はやぶさ》」

昭和12年末に九七式戦闘機の後継として、競争試作ではなく中島の単独試作としてキ四十三の開発が発注された。しかし、九七式戦闘機と同等の運動性とこれを大幅に上回る速度や航続力というきびしい要求を満たすことができず、開発は難航した。

こうした状況の中で、昭和15年夏に陸軍の作戦立案などを担当する参謀本部から、対米英蘭戦にともなう南方進攻作戦のために長大な航続力を持つ戦闘機が求められた。これを受けて、キ四十三を遠距離戦闘機として開発することになり、昭和16年に仮制式化が決定し、翌17年に制式化された。さらに一般公表に際して「隼」の愛称が付けられている。

低翼の単葉機で、主脚は引込式。量産機のエンジンは、一型がハ二十五、二型がハ一一五、三型がハ一一五Ⅱ（陸海軍統合の新名称ハ三五・三二型）だった。

武装は、一型甲が7・7㎜機関銃2挺、一型乙が12・7㎜機関砲1門と7・7㎜機関銃1挺、一型丙以降が12・7㎜機関砲2門、試作に終った三型乙だけは20㎜機関砲2門だった。

同時期の海軍の零戦と同様に運動性は良好で格闘戦に強かったが、零戦に比べて火力が小さかった反面、防弾タンクの装備など防御力では上回っていた。

中島に加えて立川や航空工廠でも生産され、生産数は一型から三型まで合わせて約5750機にのぼる。対米英蘭戦の開戦時には2個戦隊だけだったが、長い航続距離を活かして進攻船団の上空警戒や航空撃滅戦に活躍。新型戦闘機の配備開始後も第一線部隊に配備され続け、終戦まで戦い続けている。

太平洋戦争全期にわたって活躍しただけあって、51機撃墜のトップエース黒江保彦少佐、“ビルマの桃太郎”こと穴吹智曹長、坂川敏雄少佐、“ニューギニアは南郷で保つ”と言われた南郷茂男大尉、“腕の佐々木”と呼ばれた佐々木勇曹長など、たくさんのエースが誕生しています。写真の機体は飛行第二五戦隊の一式戦二型甲ですね。

一式戦闘機
一型甲

中島キ四十三 一式戦闘機「隼」二型

全　幅	10.84m
全　長	8.92m
全　高	3.08m
全備重量	2,642kg
エンジン	ハ一一五（1,150hp）×1
最大速度	515km/h
航続距離	3,000km
固定武装	12.7mm機関砲×2
爆　弾	30～250kg爆弾×2
乗　員	1名

●二式単座戦闘機「鍾馗《しょうき》」

陸軍は、昭和13年に従来の「単座戦闘機」を軽武装で格闘戦性能を重視した「軽単座戦闘機」と重武装で速度を重視した「重単座戦闘機」の2機種に分ける方針を決定した。このうち、軽単座戦闘機はキ四十三、のちの一式戦闘機「隼」として実現することになる。

一方、重単座戦闘機はキ四十四として、昭和14年に中島に正式に試作が指示された。しかし、当時の日本には戦闘機向きの小型で大出力のエンジンが無かったため、大型機用のハ四一が採用された。この辺りの事情は、海軍の雷電と良く似ている。昭和15年夏に試作1号機が完成し、昭和17年初めに制式化されて、のちに「鍾馗」の愛称が付けられている。

増加試作機とほぼ同じ一型、エンジンを換装したもっとも生産数の多い二型、さらにエンジンを換装し少数生産に終った三型がある。生産数は、エンジンの不調などの問題もあって約1180機にとどまった。

対米英蘭戦の開始時には1個中隊に配備されていただけだったが、それでも海軍の雷電に比べると、第1線部隊への配備は3年近く早い。これは、海軍より陸軍の方が重戦闘機に対する理解が早かったことを示しているといえるだろう。

二式単座戦闘機二型甲

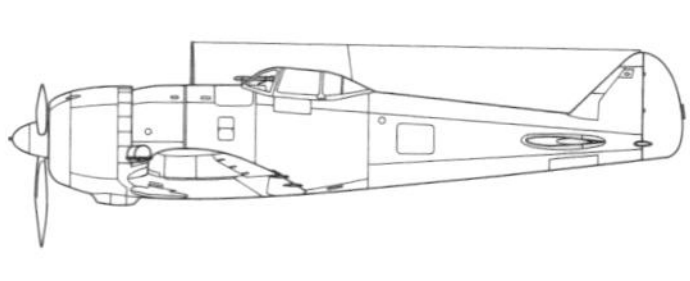

これは"赤鼻のエース""赤ダルマ"というあだ名で、中国戦線で活躍した若松幸禧（ゆきよし）少佐の二式単戦二型甲だよ！どうして赤鼻かっていうと、プロペラスピナーが赤かったから。ほかにも、B-29撃墜王・吉田好雄大尉や小川誠准尉が鍾馗エースとしては有名だよ。

中島キ四十四 二式単座戦闘機「鍾馗」二型乙

全幅	9.45m
全長	8.85m
全高	3.25m
全備重量	2,764kg
エンジン	ハ一〇九（1,450hp）×1
最大速度	605km/h
航続距離	600km＋空戦30分
固定武装	12.7mm機関砲×4
爆弾	30kg～100kg爆弾×2
乗員	1名

●二式複座戦闘機「屠《と》龍《りゅう》」

陸軍は、昭和12年に爆撃機を援護する複座戦闘機の開発を決定し、中島、川崎、三菱の各社にキ三十七、三十八、三十九の開発を指示した。

しかし、同年末には、これらの開発を中止し、川崎にキ三十八を発展させたキ四十五を開発するよう指示した。キ四十五の試作1号機は昭和14年初めに完成したが、日本初の双発複座戦闘機でそれに適した戦術が無かったこと、中島のエンジンが不調だったことなどにより、不採用となった。

その後、エンジンを換装し、さらに機体を再設計したキ四十五改が開発され、昭和16年秋に試作一号機が完成。三菱製のエンジンに換装して量産されることになった。制式化は昭和17年8月（2月という異説あり）で、のちに「屠龍」の愛称が付けられている。生産数は、試作機を含めて約1690機で、昭和17年初めから第一線部隊への配備が始められた。

前線部隊では、迎撃、襲撃、対艦攻撃、哨戒などさまざまな任務に使用され、とくに本土でのB-29に対する夜間迎撃では大きな活躍を見せている。

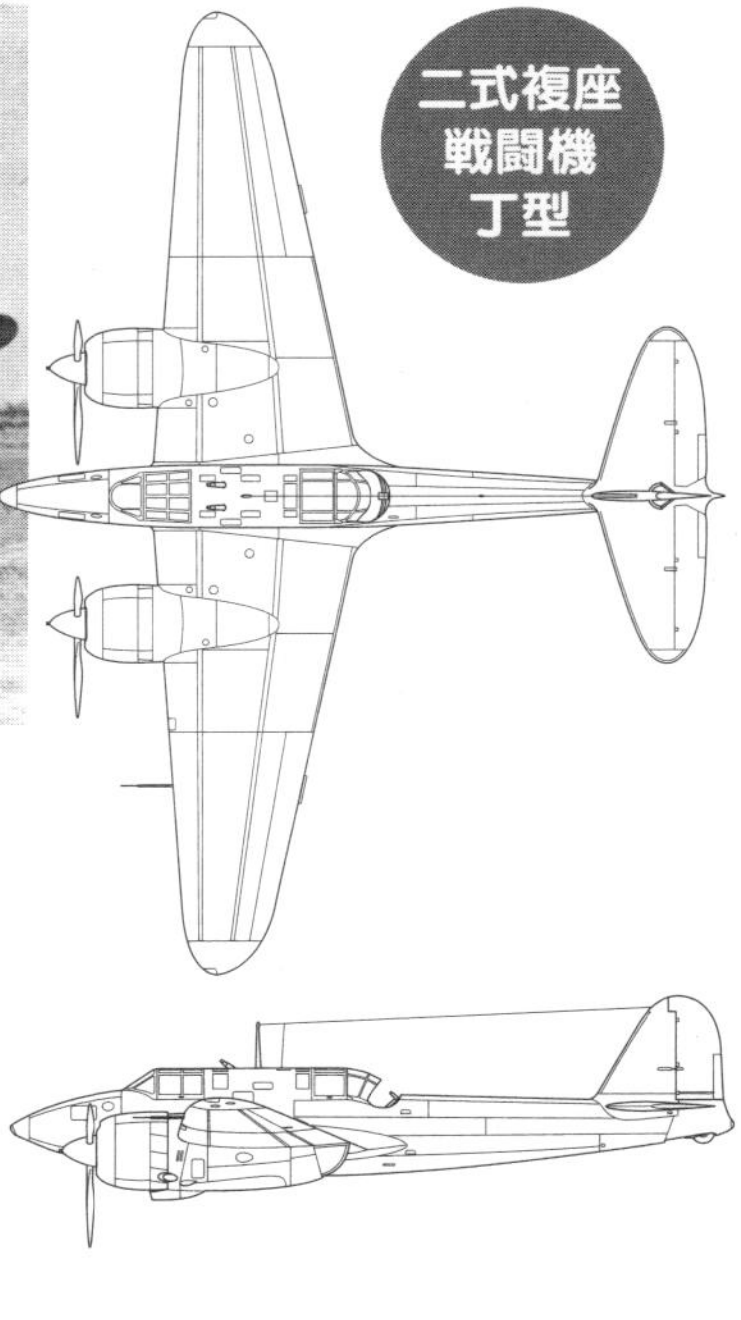
二式複座
戦闘機
丁型

二式複座戦闘機は地味な戦闘機だけど、B-29にはかなり善戦したみたい。なんといっても大きな37mm砲を積んでるもんね！

著名なエースには、多数のB-29を撃墜した樫出勇大尉や木村定光少尉がいますね。

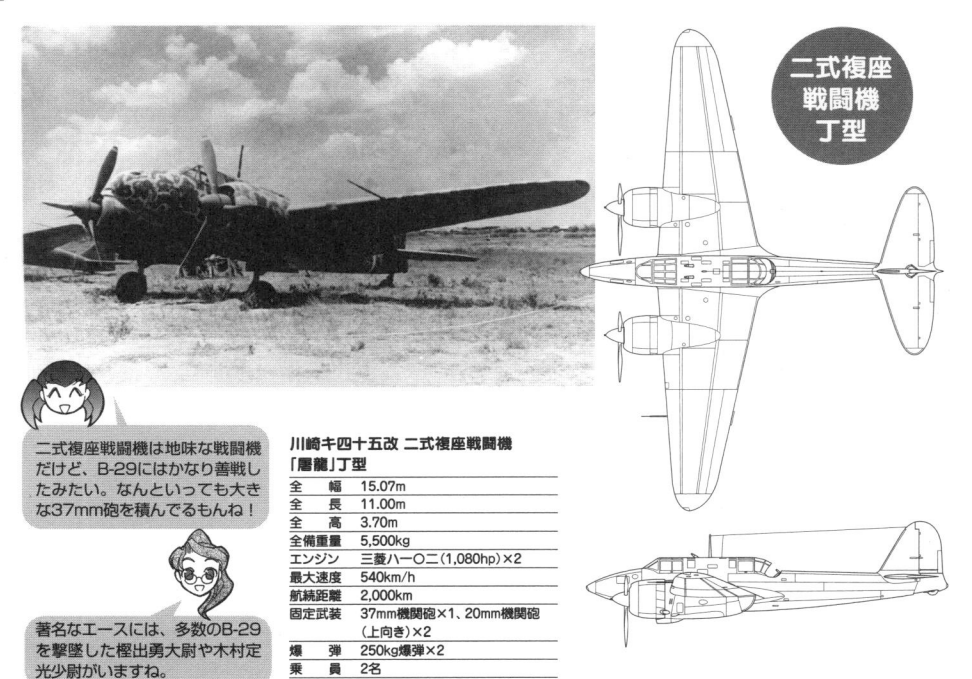

川崎キ四十五改 二式複座戦闘機「屠龍」丁型

全幅	15.07m
全長	11.00m
全高	3.70m
全備重量	5,500kg
エンジン	三菱ハ一〇二（1,080hp）×2
最大速度	540km/h
航続距離	2,000km
固定武装	37mm機関砲×1、20mm機関砲（上向き）×2
爆弾	250kg爆弾×2
乗員	2名

●三式戦闘機「飛燕《ひえん》」

昭和15年、陸軍は、液冷エンジン搭載の重単座戦闘機へのステップとなる「中間機」キ六十と軽単座戦闘機キ六十一の開発を川崎に指示した。しかし、キ六十は、一世代前の重単座戦闘機であるキ四十四（後の二式単座戦闘機）を圧倒するほどの高性能を発揮できず、開発は打ち切られることになった。一方、キ六十一の試作1号機は昭和16年末に完成し、同じエンジンを搭載するキ六十を上回る高性能を発揮して量産化が決定。三式戦闘機として制式化されて、のちに「飛燕」と名付けられた。

次いで、エンジンを換装し武装を強化したキ六十一Ⅱ（三式戦二型原型）が開発されたが、エンジンの不調などから開発は中止。さらに同じエンジンを搭載したキ六十一Ⅱ改が開発され、当時の日本戦闘機としては優れた高々度性能を発揮したことなどから、三式戦闘機二型として制式採用されることになった。ところが、エンジンの生産遅延によりエンジンを搭載できない「首無し機」が続出し、空冷エンジンを搭載するキ一〇〇が開発されることになった。生産数は、キ一〇〇に改修されたものを除く一型、二型合わせて約2850機であった。前線部隊での液冷エンジンの信頼性には問題があったものの、とくに本土防空戦では優れた高々度性能を生かして大きな活躍を見せている。

これは東京防空に活躍した飛行第二四四戦隊の隊長、小林照彦少佐の三式戦一型丙ですね。丙型にはドイツから輸入された強力な20mm機関砲、通称マウザー砲が装備されていました。

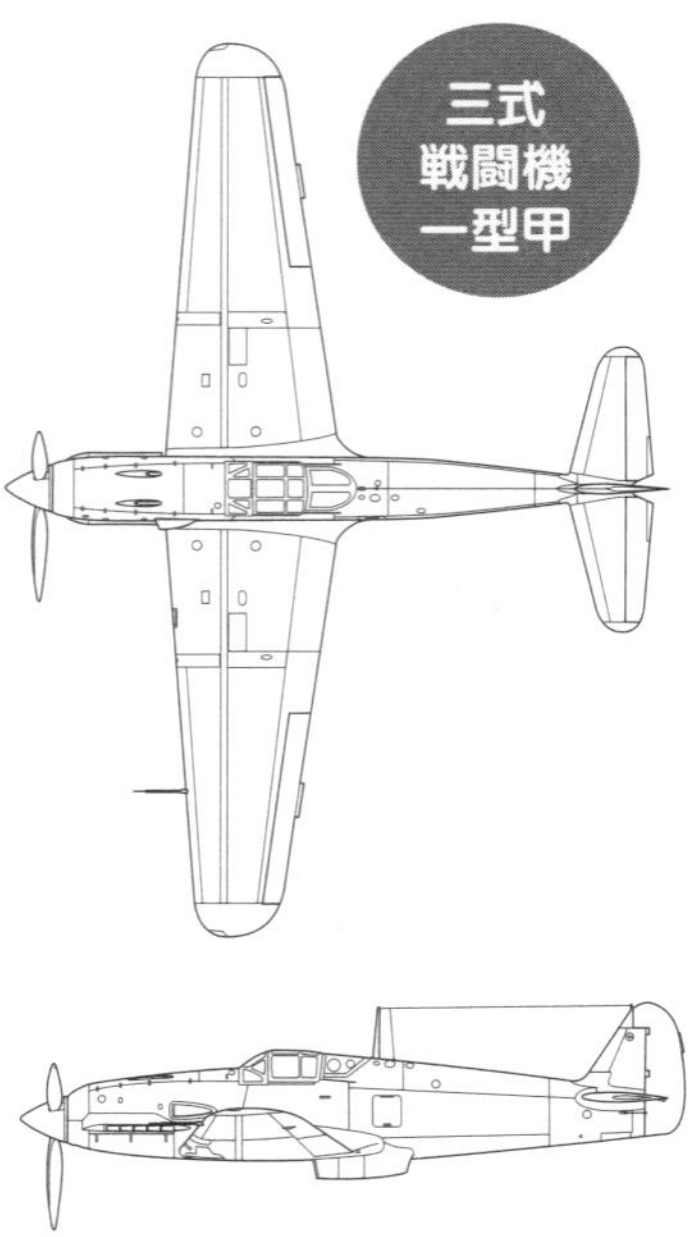

あたしとおんなじ名前の戦闘機！ちなみに、飛燕のトップエースはニューギニア戦線で頑張った竹内正吾大尉だよ。30機撃墜！

川崎キ六十一 三式戦闘機「飛燕《ひえん》」一型乙

全幅	12.00m
全長	8.74m
全高	3.70m
全備重量	3,130kg
エンジン	川崎ハ四〇（1,175hp）×1
最高速度	580km/h
航続距離	1,800km
武装	12.7mm機関砲×4
爆弾	250kg爆弾×2
乗員	1名

●四式戦闘機「疾風《はやて》」

陸軍は、液冷エンジン搭載のキ六十やキ六十一の開発を川崎で進めるとともに、平行して空冷エンジン搭載の軽単座戦闘機キ六十二と重単座戦闘機キ六十三の開発を中島で進めることを計画していた。しかし、中島はキ四十四の開発などに忙殺されて、これらの戦闘機の開発計画は具体化せず、キ四十四の第2次性能向上型（キ四十四Ⅲ）をキ六十二に切り替えることも検討された。結局、陸軍は、昭和16年末にキ四十四の第2次性能向上型に代わる重単座戦闘機としてキ八十四の開発を中島に内示し、翌17年夏に正式に指示。キ八十四の試作1号機は昭和18年春に完成し、大量の増加試作機が改修と平行して生産され、翌19年春には制式採用が決まった。

最初の量産型である甲型、武装を強化した乙型、試作に終った30㎜機関砲搭載の丙型などがある。当時の「航空超重点」政策のもと、生産数は約3420機に達した。加えて、キ八十四を全木製化したキ一〇六が少数生産されており、各部を鋼製化したキ一一三も試作されている。第1線部隊への配備は昭和19年春からが始められ、とくに陸軍が「国軍決戦」を呼号した昭和19年秋からの比島（フィリピン）戦には大量に投入された。しかし、搭載された八四五（海軍名称は誉《ほまれ》）発動機や電動式の恒速プロペラの不調に悩まされ、その実力を十二分に発揮することがなかなかできなかった。

これは四式戦の第二次増加試作機。初めて国民に「疾風」が紹介されたときの写真だって。かっこいい！

でもあんまり特徴がないわね〜。バランスのとれた優等生って感じ。

四式
戦闘機
甲型

ビルマ・中国戦線では、連合軍の地上部隊を攻撃する戦闘爆撃機としても活躍した。

故障が多かったけど、本来の力が出せれば日本最強の戦闘機だったと言われているみたい。疾風のパイロットとして有名なのは、疾風の初陣を飾った岩橋譲三少佐、P-51キラーの若松幸禧少佐、爆弾で巡洋艦を撃沈した大房養次郎准尉とかかな。

中島キ八十四 四式戦闘機「疾風」甲

全　幅	11.24m
全　長	9.74m
全　高	3.385m
全備重量	3,613kg
エンジン	中島ハ四五(1,990hp)×1
最大速度	624km/h
航続距離	2,500km
固定武装	20mm機関砲×2、12.7mm機関砲×2
爆　弾	250kg爆弾×2
乗　員	1名

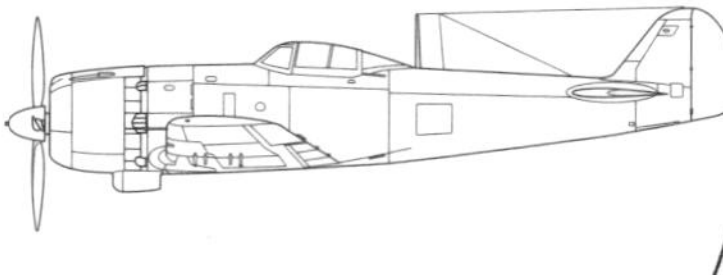

陸軍の戦闘機は
隼だけじゃなくて
たっくさん種類が
あるんだよー
名前も鳥・神・風
とか由来が色々あって
おもしろいよねー!
五式戦闘機
四式戦闘機"疾風"
三式戦闘機"飛燕"
二式戦闘機"鍾馗"
三式戦(飛燕)の
エンジンはドイツの
DB601のライセンス生産品です
<陸軍戦闘機烈伝>
一年ごとに新型機?

●五式戦闘機

昭和19年秋、陸軍は液冷エンジン搭載の三式戦闘機をベースに空冷エンジンを搭載するキ一〇〇の試作を正式に指示し、昭和20年初めに三菱のハ一一二Ⅱ発動機を搭載する試作一号機が完成した。

キ一〇〇は、エンジンの直径が大きくなって抵抗が増加したことなどから最高速度こそ三式戦二型よりも低下したが、各部の軽量化などの好影響もあって格闘戦性能は優秀で、離着陸も容易、加えて空冷エンジンの採用による信頼性の向上もあり、意外な優秀機となった。

生産数は少なく、わずか390機ほどに過ぎないが、キ一〇〇などを装備して本土防空に活躍した飛行第二百四十四戦隊の戦隊長小林照彦少佐は「キ一〇〇を以ってすれば、低空にありては絶対不敗、高位の場合には絶対的に必勝なり」と書き残している。

次いで、キ一〇〇をベースとして排気タービンを装備した高々度用戦闘機キ一〇〇Ⅱが開発された。搭載スペースの不足などから中間冷却機（インタークーラー）を持たない簡易型の高々度戦闘機だったが、量産準備中に終戦となり、試作のみに終わっている。

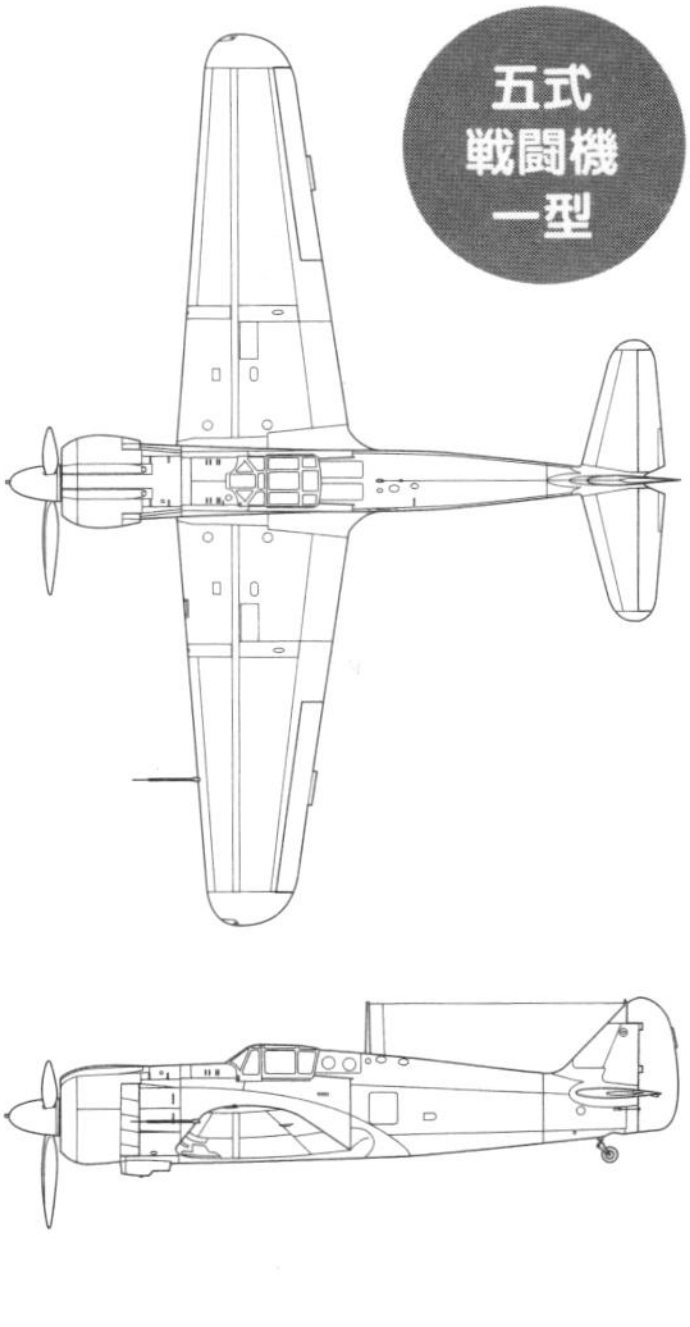

飛行第五九戦隊の五式戦闘機です。エンジンと胴体の間にちょっと段差があるのがわかるかしら？ 有名な五式戦パイロットには、義足でP-51を撃墜した檜與平(ひのきよへい)少佐がいますね。

五式戦闘機一型

川崎キ一〇〇Ⅰ 五式戦闘機一型

全幅	12.00m
全長	8.18m
全高	3.75m
自重	2,525kg
全備重量	3,495kg
エンジン	三菱ハ一一二Ⅱ(1,500hp)×1
最大速度	580km/h
航続距離	2,200km
固定武装	20mm機関砲×2、12.7mm機関砲×2
爆弾	250kg爆弾×2
乗員	1名

第二次大戦のドイツ・イタリア戦闘機

ルフトヴァッフェ（ドイツ空軍）の昼間戦闘機はBf109とFw190の2機種が大半を占めていました。

スピットファイアもそうですけれど、Bf109は開戦から終戦まで、パワーアップしながら主力機であり続けたのですね。しかも生産数3万機と、戦闘機史上最多…。

Fw190はBf109より頑丈、かつ操縦しやすい戦闘機。こちらも2万機が生産された傑作ですよ。

終盤、ジェット戦闘機のMe262が出現…、しかし時すでに遅し…。

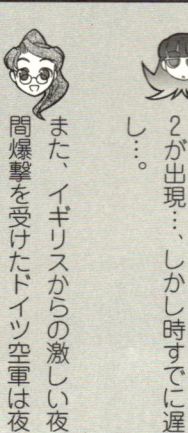

また、イギリスからの激しい夜間爆撃を受けたドイツ空軍は夜間戦闘機の開発にも熱心でした。当初は双発のBf110やJu88爆撃機などの改造機が使われましたが、専用の夜戦としてHe219ウーフーが開発されて、数は少ないながらも大活躍したの。それからMe262も夜戦に改造されていますね。

そういえば、日本やドイツの同盟国のイタリアはどんな戦闘機を使ってたの？

基本的には日本と同じく、格闘戦重視の機体が多かったようです。大出力のエンジンを開発する技術力がなく、他国と比べると速度性能に劣っていましたが、ドイツのエンジンをライセンス生産したエンジンを載せると、見違えるように性能が向上したんですよ。

あら本当。外見も格好良くなっていますわね。

あ、教官！このMe163っていうずんどうな戦闘機は何なんですか？

こ、これはロケット戦闘機っていって、すごく危険な戦闘機なのよ…。

？？危険って？

燃料（酸化剤）の過酸化水素を体に浴びると、急速に腐食する。つまり人体が溶解する…。

と、溶けちゃうの!!

しかもその燃料、ゴミが入ったり些細なことで簡単に爆発するのよね…。

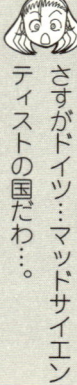

さすがドイツ…マッドサイエンティストの国だわ…。

✚ドイツのおもな戦闘機

第一次大戦中のドイツは、同調装置付き機関銃の搭載機をいちはやく配備し、戦闘機の集中運用に先鞭《せんべん》をつけるなど、戦闘機の技術面でも運用面でも他国をリードしていたが、最終的には連合国の戦闘機に数で圧倒されることになった。

第一次大戦後は、講和条約であるヴェルサイユ条約によって航空戦力の保有を禁止されたため、航空技術者の海外派遣や民間航空の育成などに力を入れ、さらにソ連と秘密協定を結んでソ連国内でひそかに新型機の開発やパイロットの育成を進めた。

そして、1935年にヴェルサイユ条約の軍備制限条項の破棄を宣言して空軍を創設。第二次大戦初期には、優秀な戦闘機を戦力化してイギリスを除くほとんどの敵国の戦闘機に対して優位に立った。

しかし、第二次大戦後半には搭乗員や機材の消耗が激しくなり、大戦末期にはジェット機を含む高性能の新型戦闘機を開発したものの、燃料不足などもあって十分な戦果をあげることはできず、敗戦を迎えることになった。

第二次大戦のドイツ戦闘機開発図

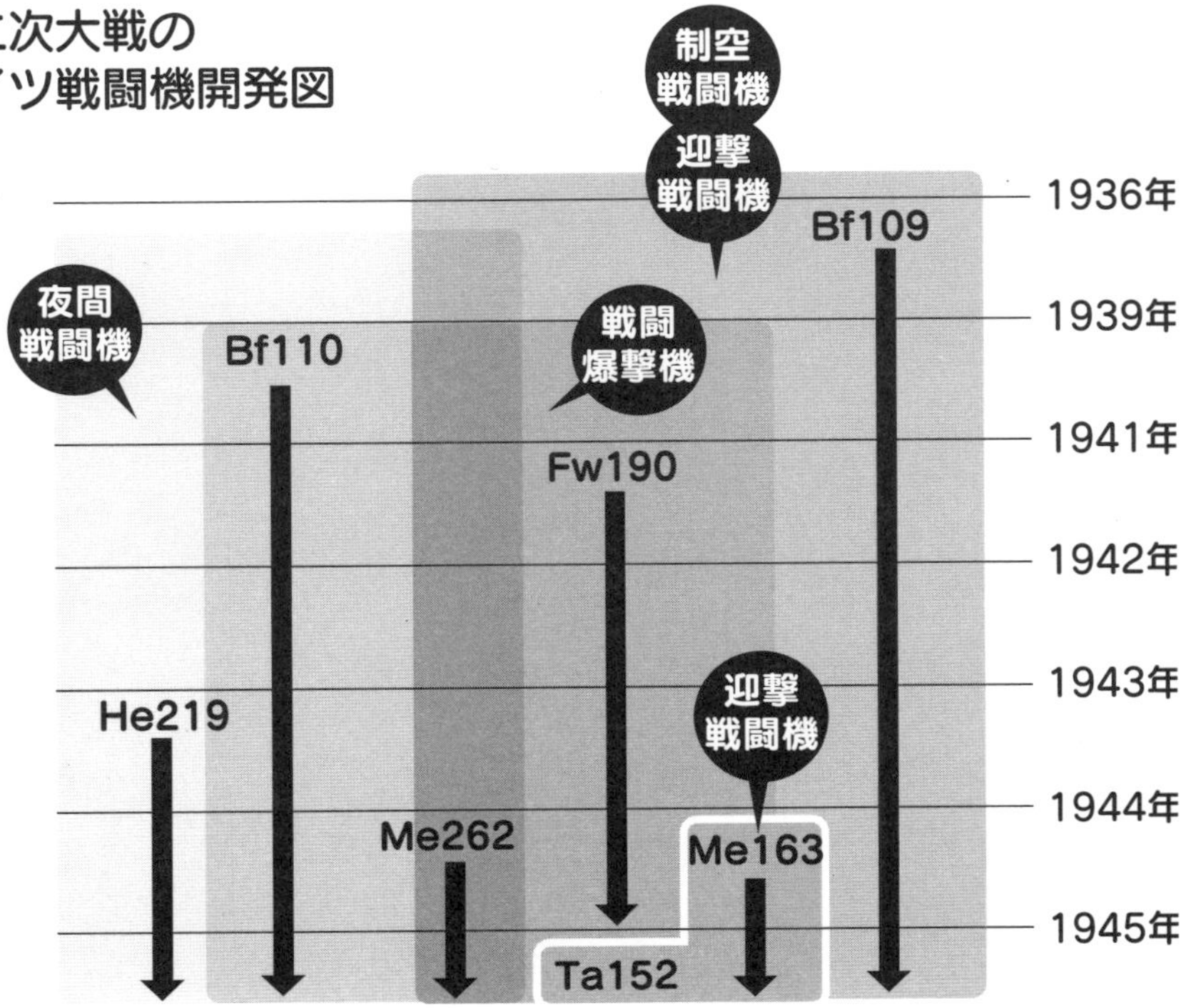
制空戦闘機
迎撃戦闘機
1936年
Bf109
夜間戦闘機
戦闘爆撃機
1939年
Bf110
1941年
Fw190
1942年
迎撃戦闘機
1943年
He219
1944年
Me262
Me163
1945年
Ta152

✚フォッカーDr.Ⅰ

1917年春、イギリス軍は三葉の新型戦闘機ソッピース・トリプレーンを前線に本格投入し、その高い運動性や上昇力でドイツ軍の戦闘機に大打撃を与えた。これに対してドイツ軍は、同じく三葉のフォッカーDr.Ⅰを開発して対抗した。

当初、原型となった機体は複葉機だったが、これを三葉に改めてさらに改良を加えた量産型がDr.Ⅰだ。1917年夏に320機（原型機を含む）が発注され、秋から量産型の実線部隊への引渡しが始められた。

優れた運動性と上昇力を誇った反面、安定性が低くて技量の低いパイロットには乗りこなすのがむずかしく、主翼の強度不足などの問題もあったことなどから、生産機数は少なく活躍期間も短かった。

しかし、高い技量を持つパイロットに操られたDr.Ⅰは、とくに格闘戦で非常に高い戦闘力を発揮し、大きな戦果をもたらしている。その代表例といえるのが、真っ赤に塗られたDr.Ⅰに乗った大エースのリヒトホーフェン大尉だ。

驚異的な運動性と上昇力を備え、かつ操縦が難しいという、まさにエース専用機です。第１次大戦でいちばん有名な戦闘機といえるでしょうね。

フォッカーDr.Ⅰ

全幅	9.05m
全長	5.77m
全高	2.95m
全備重量	590kg
エンジン	オーベルウルゼルURⅡ（出力110hp）×1
最大速度	165km/h
航続時間	1.5時間
固定武装	7.92mm機関銃×2
乗員	1名

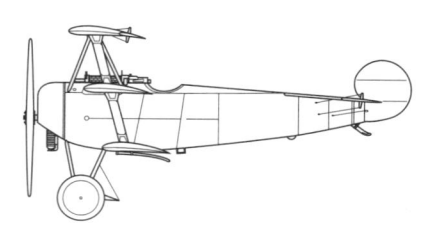

✚メッサーシュミットBf109

1935年のドイツの再軍備宣言を前にして、BFW（メッサーシュミット社の前身）社ではひそかに新型戦闘機の設計が進められていた。そして、試作1号機のBf109V1は優れた性能を発揮し、ハインケルHe112など並み居るライバル機の中で開発契約を獲得した。

第二次大戦前のスペイン内乱では、試作機の実戦テストを経て、最初の量産型であるB型が投入された。

このB型からD型までのエンジンは出力680hpのユンカースJumo210系列だったが、E型から出力1100hpのダイムラーベンツDB601系列が搭載されるようになり、最高速度が約100km/hも向上するなど各種の性能が一挙に向上した。1940年のイギリス本土上空での航空戦、いわゆる「バトル・オブ・ブリテン」では、このE型が主力戦闘機として活躍している。

次のF型では機体各部の設計が改められ、F-4型から出力1350hpのDB601Eが搭載されるようになり、さらに各種の性能が向上している。このF型は、1941年のソ連進攻作戦「バルバロッサ」の開始と相前後して配備が始められ、多数

写真の機体はBf109G-6型。Bf109は世界トップのエーリッヒ・ハルトマン大尉をはじめとして、ゲルハルト・バルクホルン少佐、ギュンター・ラル少佐など300機、200機オーバーの撃墜数を持つウルトラエースを多数輩出しています。歴史上最も多く敵機を撃墜した戦闘機でしょう。

Bf109
E-4

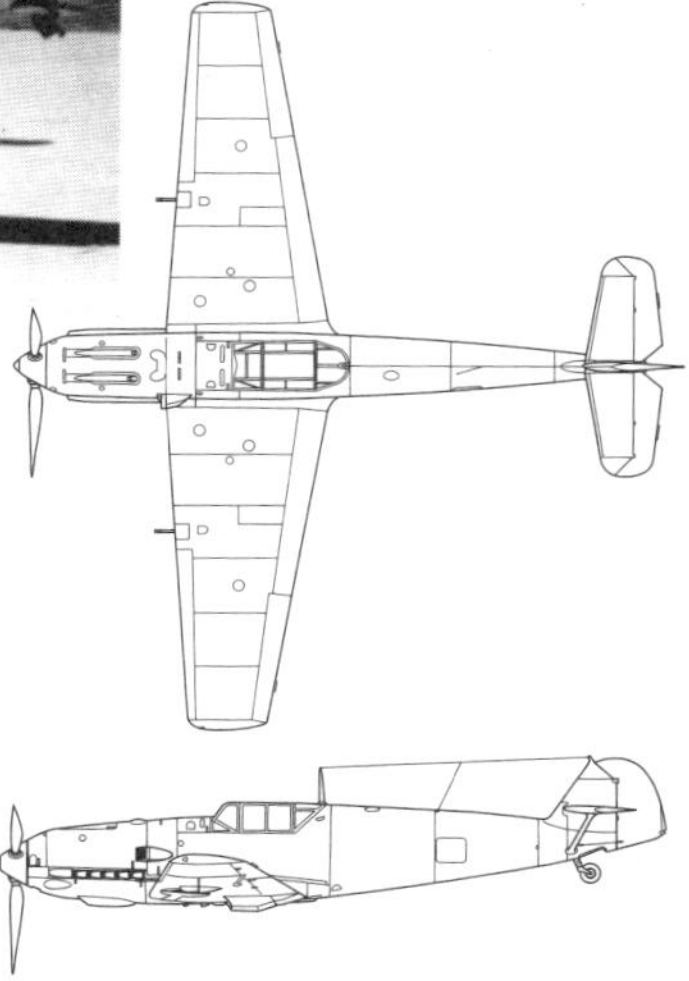

メッサーシュミットBf109E-3

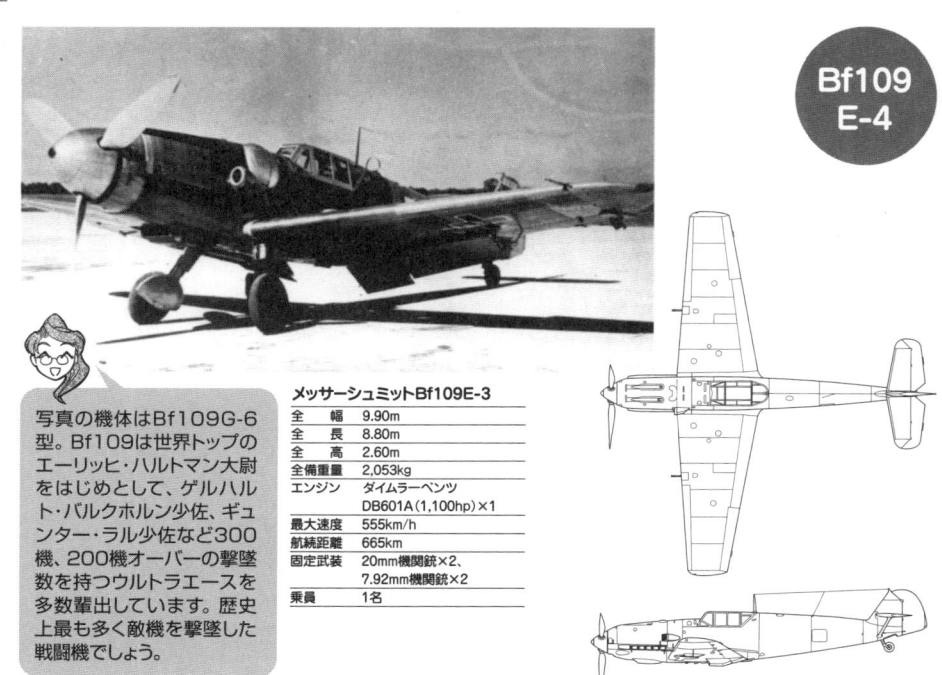

全幅	9.90m
全長	8.80m
全高	2.60m
全備重量	2,053kg
エンジン	ダイムラーベンツ DB601A（1,100hp）×1
最大速度	555km/h
航続距離	665km
固定武装	20mm機関銃×2、7.92mm機関銃×2
乗員	1名

のソ連機を撃墜して多くのエースを輩出している。

次のG型では、F型をベースにエンジンをさらに出力の大きいDB605系列に換装したもので、重武装を施した爆撃機迎撃型なども開発されている。G型系列は、各型の中でもっとも生産数が多く、大戦中期以降の主力戦闘機となっている。

最後の量産型となったK型は、G-10型とほぼ同様の仕様で、生産数はそれほど多くない。

生産数は合計で約3万3000機にも達し、スペイン内乱から大戦終結までの全期間を通じてドイツ空軍の主力戦闘機として大きな活躍を見せている。とくに大戦前半は、ユンカースJu87急降下爆撃機とともに、空地一体の機動戦である「電撃戦」を成功にみちびく原動力のひとつとなった。

Bf109 G-6

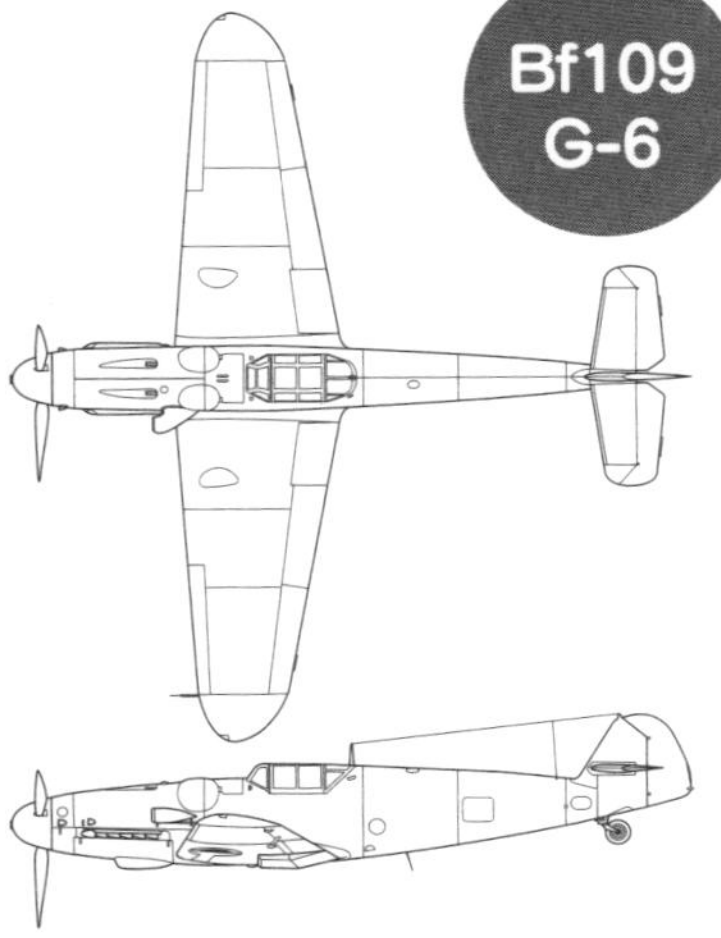

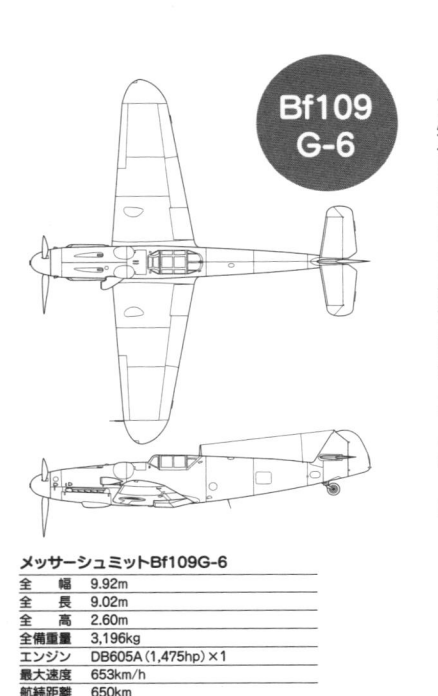

メッサーシュミットBf109G-6

全幅	9.92m
全長	9.02m
全高	2.60m
全備重量	3,196kg
エンジン	DB605A（1,475hp）×1
最大速度	653km/h
航続距離	650km
固定武装	13mm機関銃×2、20mm機関銃×1
乗員	1名

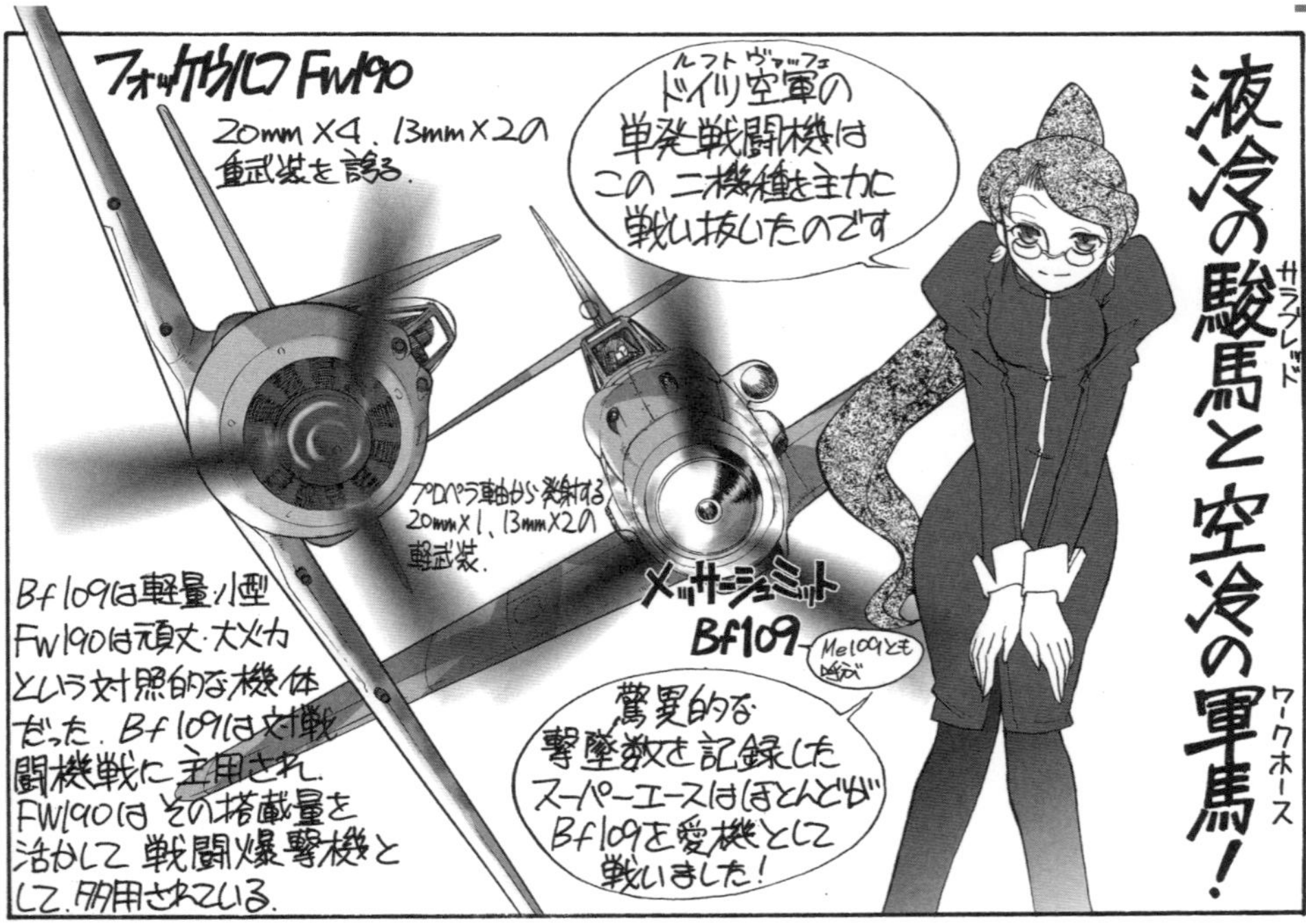
液冷の駿馬《サラブレッド》と空冷の軍馬《ワークホース》！
ドイツ空軍《ルフトヴァッフェ》の単発戦闘機はこの二機種を主力に戦い抜いたのです
フォッケウルフFw190
20mm×4、13mm×2の重武装を誇る。
プロペラ軸から発射する20mm×1、13mm×2の軽武装。
メッサーシュミットBf109
Me109とも呼ぶ
驚異的な撃墜数を記録したスーパーエースはほとんどがBf109を愛機として戦いました！
Bf109は軽量・小型
Fw190は頑丈・大火力
という対照的な機体だった。Bf109は対戦闘機戦に主用され、Fw190はその搭載量を活かして戦闘爆撃機として多用されている。

ドイツ空軍の戦闘機２傑

✚メッサーシュミットBf110

メッサーシュミットBf110は、第二次大戦前に各国で流行した双発多座戦闘機の一つだ。

当時は、多発機ならばエンジンの数を増やすことで速力などを向上させられるし、双発機ならば胴体機首部に機関砲などを容易に搭載できる。また、機内容積の余裕も大きく、カメラを搭載すれば偵察機、爆弾やロケット弾を搭載すれば爆撃機や攻撃機としても使える、高性能で重武装あるいは多用途の機体を比較的簡単に実現できると考えられていた。

ところが、多発機はエンジンなどの重量物が重心位置から離れて慣性モーメントが大きくなり、とくに多用途性を重視して乗員数を多くして高速重武装に徹することのできなかったものは、単発戦闘機に比べると運動性が低くなりがちだった。

実際、メッサーシュミットBf109とほぼ並行して開発されて「駆逐機(Zerstörer/ツェルシュテーラー)」と呼ばれたBf110は、「バトル・オブ・ブリテン」でイギリス空軍の単発単座戦闘機であるホーカー・ハリケーンやスーパーマリン・スピットファイアに歯が立たず、大きな損害を出している。

しかし、その後は多用途性を生かして戦闘爆撃機や偵察機などとして活躍し、とくに夜間戦闘機として大きな活躍を見せている。

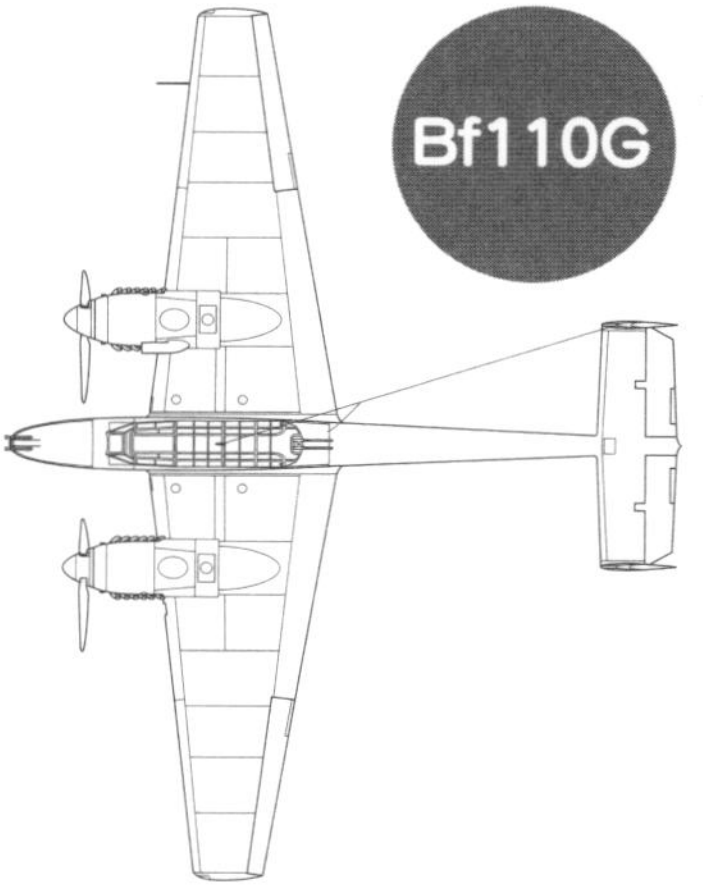

これは戦闘爆撃機タイプのBf110D。主翼の下に搭載しているのは落下燃料タンクね。

Bf110は夜間戦闘機としても活躍していて、中でも夜戦トップエースのハインツ＝ヴォルフガング・シュナウファー少佐は、一晩で９機のランカスター４発爆撃機を撃墜しています。あだ名は「サン・トロンの幽霊」！

メッサーシュミットBf110G-2

全　幅	16.20m
全　長	12.07m
全　高	4.12m
全備重量	9,390kg
エンジン	ダイムラーベンツ DB605-B1（1,475hp）×2
最大速度	547km/h
航続距離	900km
固定武装	7.92mm機関銃×4、20mm機関銃×2
爆　弾	500kg爆弾×2
乗　員	2名

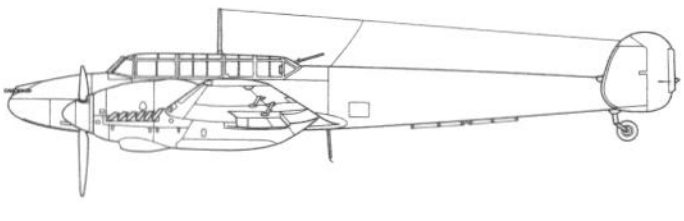

✚フォッケウルフFw190

フォッケウルフFw190の試作1号機は1938年に初飛行した。もともとは主力戦闘機であるメッサーシュミットBf109の不足に備えた補助戦闘機として開発されたが、主任設計者のクルト・タンク技師の設計思想を反映して耐久性や実用性に富んだ頑丈でパワフルな高性能機となり、Bf109と並ぶ主力機として大量生産されることになった。

量産されたおもな形式のうち、A型やD型は戦闘機型、F型やG型は戦闘爆撃機型となっている。

エンジンは、試作1号機のV1が空冷式のBMW139、試作3号機のV3からBMW801C、量産途中のA-3型からBMW801Dが搭載された。D型だけは液冷式のユンカースJumo213系列が搭載されたが、機首部に環状のラジエーターが収容されているので一見すると空冷式に見える。なお、このD型は、のちにフォッケウルフTa152に発展することになる。

D型を含むFw190の生産数は約2万機に達し、1941年秋から終戦まで活躍した。とくに戦闘高度の低かった東部戦線では低空性能と搭載能力の大きさを生かして空戦だけでなく対地支援にも大きな活躍を見せている。

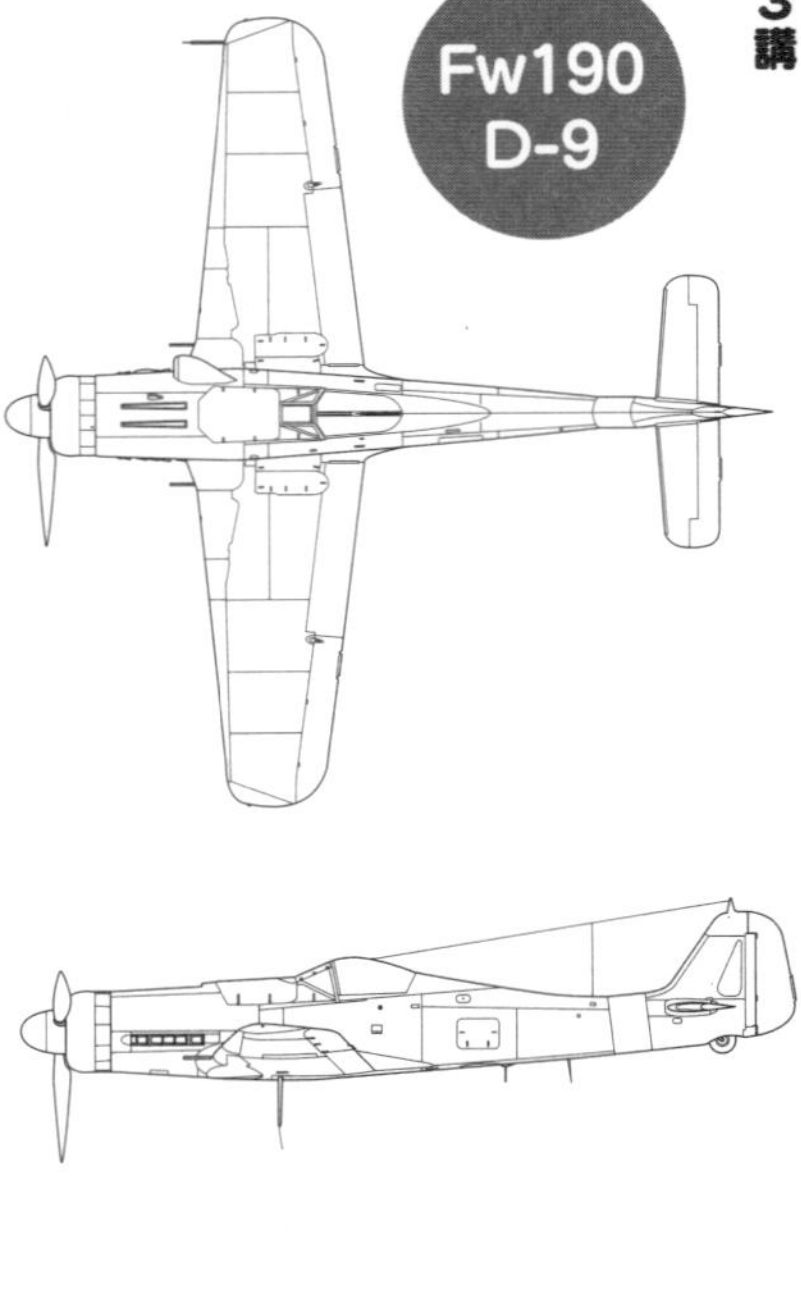

これはFw190A-4型ね。著名なFw190乗りには、267機を撃墜してドイツ4位、つまり世界4位のエースになったオットー・キッテル中尉がいます。ちなみにFw190に対する兵士からの愛称はヴュルガー（モズ）でした。

フォッケウルフ Fw190A-8

全幅	10.5m
全長	9.00m
全高	3.95m
全備重量	4,460kg
エンジン	BMW801D-2（1,700hp）×1
最大速度	640km/h
航続距離	805km
固定武装	20mm機関銃×4、13mm機関銃×2
爆弾	500kg爆弾×1
乗員	1名

メッサーシュミットMe262シュヴァルベ

ドイツでは、第二次大戦勃発直前の１９３９年８月にジェット・エンジンを搭載するハインケルHe１７８が初飛行していた。

その後、ハインケル、メッサーシュミット両社で双発のジェット戦闘機が設計され、ハインケル社でHe２８０、メッサーシュミット社でMe２６２が開発された。Me２６２の最初の試作機であるV１は、当初はジェット・エンジンが未完成だったためにレシプロ・エンジンのユンカースＪｕｍｏ２１０を搭載して１９４１年に初飛行し、翌１９４２年にレシプロ・エンジンに加えてジェット・エンジンのＢＭＷ００３を搭載して初飛行した。

しかし、ＢＭＷ００３は予定された推力を発揮できず、試作３号機のV３からユンカースＪｕｍｏ００４が搭載されて高性能を発揮し、量産化が決定。さらにV６から改良型のＪｕｍｏ００４Ｂが搭載された（ちなみにHe２８０は、一旦は量産化が決まったもののキャンセルされた）。

ところが、連合軍による工場の空襲やヒトラーのゴリ押しといわれる戦闘爆撃機化などによって、戦闘機部隊での戦力化は遅れに遅れた。終戦も間近になってようやく戦力化された頃には、すでに連合軍に圧倒的な航空優勢を握られており、戦力化された２００機程度では戦局に大きな影響を与えることはできなかった。

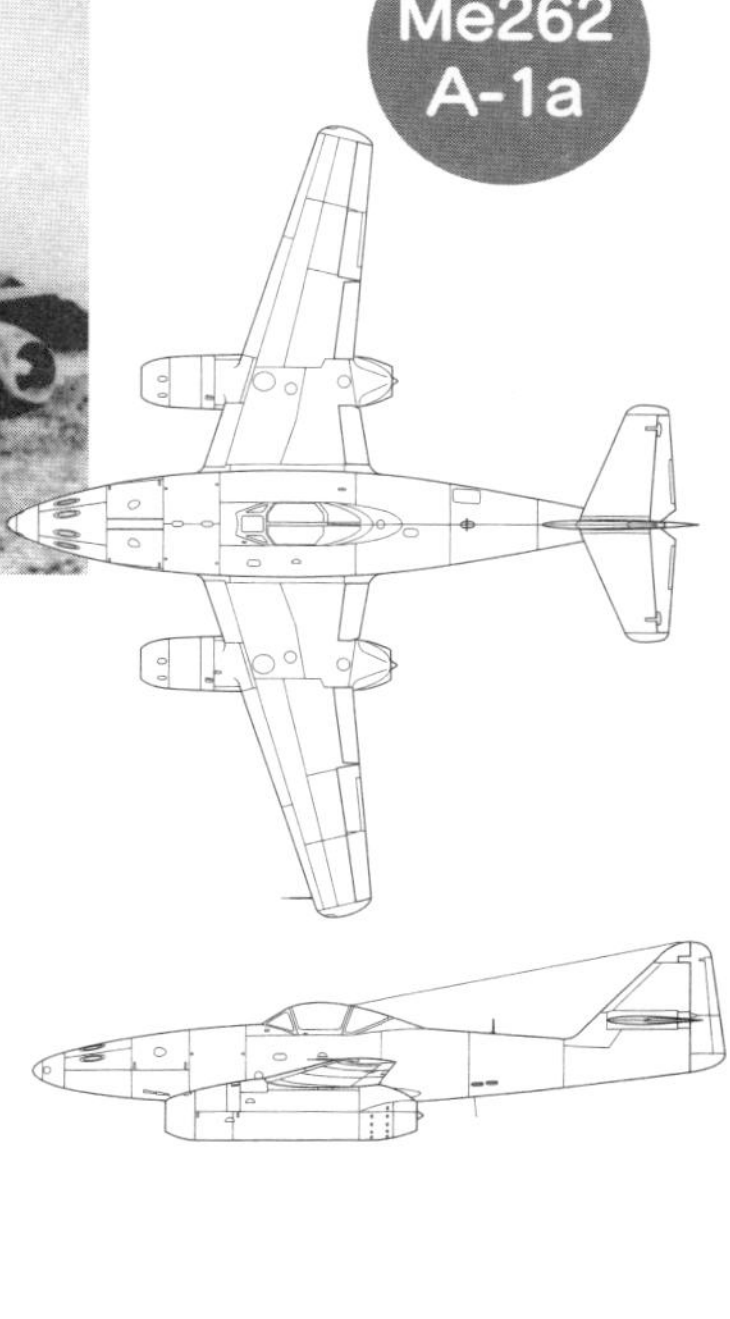

この機体は戦闘爆撃機型のMe262A-2a。Me262の愛称はシュヴァルベ（ツバメ）ですが、戦闘爆撃機型はシュツルムフォーゲル（ミズナキドリ）とも呼ばれました。有名なパイロットには、史上初のジェット戦闘機隊・262実験隊の隊長ヴァルター・ノヴォトニー少佐が挙げられます。少佐は258機撃墜、世界5位のエースでした。

メッサーシュミットMe262A-1a シュヴァルベ

全幅	12.50m
全長	10.60m
全高	3.83m
全備重量	6,775kg
エンジン	ユンカース・ユモ004B-1（推力900kg）×2
最大速度	868km/h
航続距離	845km
固定武装	30mm機関砲×4
爆弾	500kg爆弾×1
乗員	1名

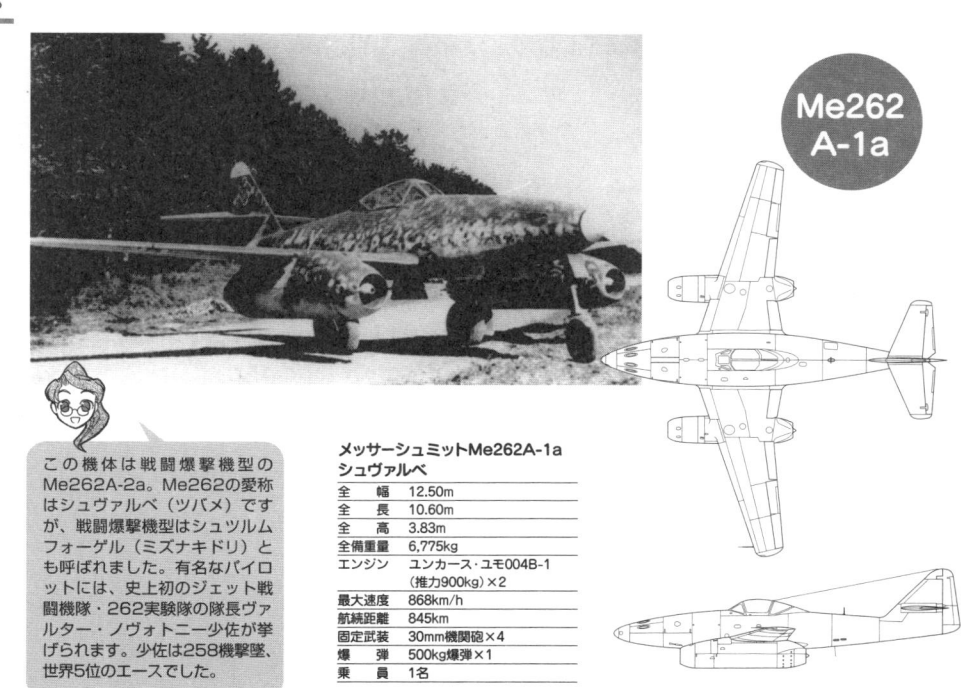

✚メッサーシュミットMe163コメート

DSF（ドイツ滑空研究所）では、アレクサンダー・リピッシュ博士により各種の無尾翼機やデルタ翼機などの研究が進められていた。そして、1939年に後退翼を持つ無尾翼機にロケット・モーターを搭載したDFS194が完成。次いでリピッシュはメッサーシュミット社に移籍し、これを発展させたMe163A（当初はリピッシュP01）V1からV3が製作され、1941年夏にロケット・エンジンを搭載して初飛行した。

しかし、エンジンの生産遅延などから、量産型のMe163Bを装備する戦闘機部隊が戦力化したのは、大戦後半の1944年春のことだった。

強力なロケット・エンジンにより、通常のレシプロ・エンジン機とは比較にならない驚異的な速力と上昇力を誇ったものの、航続時間が極端に短く、燃料に危険な過酸化水素が含まれていたことなどから事故が多く、撃墜機数よりも事故による喪失機数の方が多かったほどで、戦局にほとんど影響を与えることはできなかった。

生産数ははっきりしないが、航続時間を延ばしたC型や練習機型のS型などをあわせて400～500機程度といわれている。

Me163 B-1a

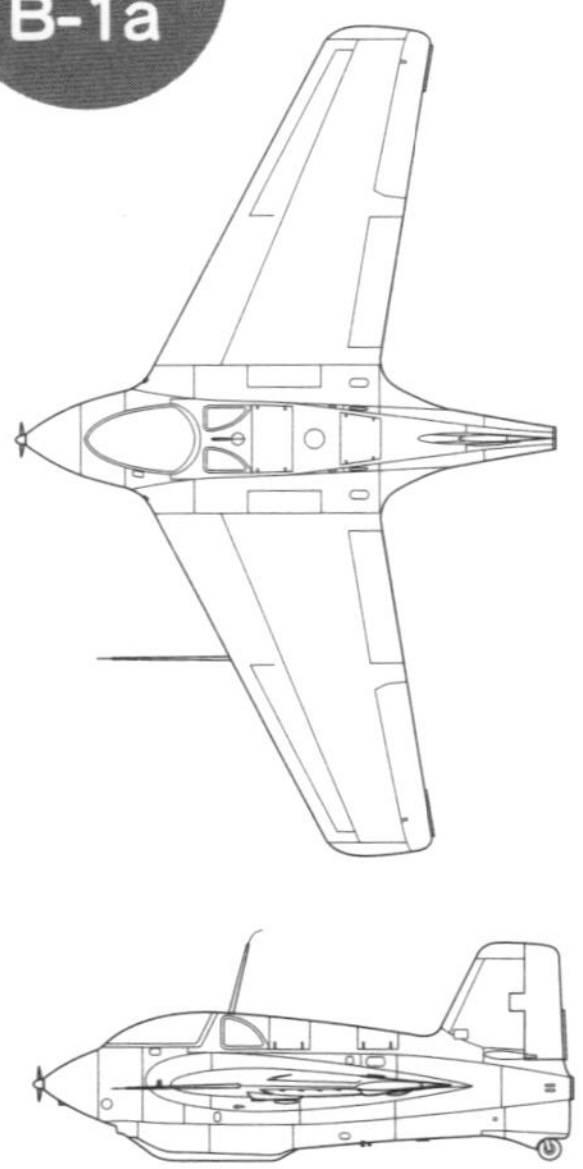

これは量産型のMe163B。上昇力と最大速度はすごいんだけど、航続距離はあってないようなもの。車輪は離陸したら落下して、着陸はソリで行うの。コメート（彗星）って名前はきれいだけど…。

最初は連合軍の爆撃機編隊も驚いたけど、航続距離が極端に短いことを見抜いて、Me163の基地を迂回して飛行することに。ますます迎撃は難しくなったらしいわ。

メッサーシュミットMe163B コメート

全幅	9.30m
全長	5.75m
全高	3.06m
全備重量	3,885kg
エンジン	ヴァルターHWK109-509A-2（推力1,700kg）×1
最大速度	950km/h
航続距離	80km（ロケット燃焼時間6～8分）
固定武装	30mm機関砲×2
乗員	1名

✚ハインケルHe219ウーフー

ハインケルHe219は、1941年に夜間戦闘機隊総監のヨーゼフ・カムフーバー大佐の働きかけによって、ハインケル社が計画していた双発多用途機をもとに夜間戦闘機として開発が始められた。

試作1号機は1942年冬に初飛行し、翌1943年春には同じ夜間戦闘機のドルニエDo217NやユンカースJu188Rと比較テストが行われ、優れた成績を残した。

そして、6月11～12日の夜には、ヴェルナー・シュトライブ大尉の操縦する先行量産機がイギリス空軍の4発爆撃機アブロ・ランカスターを一晩で5機撃墜するなど、早くも優秀性を証明した。

乗員は2名で、操縦手とレーダー手が背中合わせに射出座席に座る。機首には機上レーダーが搭載され、胴体下部や主翼の機関銃／機関砲に加えて、一部を除いて胴体後部に「シュレーゲ・ムジーク（直訳すると「斜めの音楽」＝ジャズ）」と呼ばれる斜めに固定された機関砲が搭載され、爆撃機への近接射撃に威力を発揮した。

しかし、量産工場の準備不足やアルミの不足などもあって、生産数は原型機を除いて270機にも満たずに終った。

He219 A-0

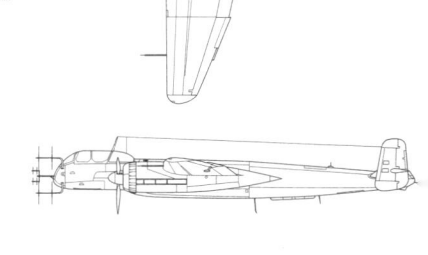

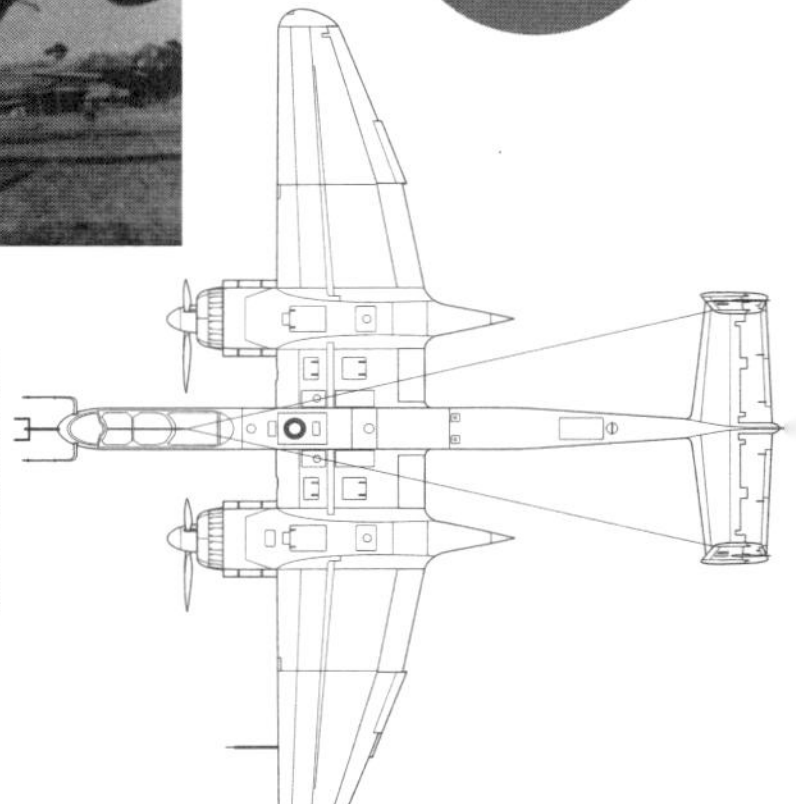

この機体は英軍に鹵獲されたHe219A-5、あるいはA-7ですね。強力な火力を持つHe219の迎撃戦は“固め撃ち”が多いのが特徴。シュトライブ少佐のほかにも、モールロック曹長は12分間に6機のランカスターを撃墜するという神業を見せています。ちなみにウーフーとは猛禽のワシミミズクという意味よ。

ハインケルHe219 A-7/R-1 ウーフー

全幅	18.5m
全長	15.52m
全高	4.10m
全備重量	15,300kg
エンジン	ダイムラーベンツDB603G（1,900hp）×2
最大速度	670km/h
航続距離	2,000km
固定武装	30mm機関砲×4、20mm機関銃×4
乗員	2名

イタリアのおもな戦闘機

第一次大戦参戦時のイタリアは、輸入機やライセンス生産機を使用していた。しかし、大戦後半には、独自の戦闘機の開発に着手し、優れた戦闘飛行艇も開発している。

1923年には陸軍から空軍が正式に独立し、第二次大戦前のスペイン内乱では複葉固定脚の軽戦闘機が活躍した。その影響もあって、第二次大戦初期は速度よりも運動性を重視する傾向が強く、日本と同様に信頼性の高い小型で大出力のエンジンの開発に遅れをとったこともあって、軽戦闘機から重戦闘機へと向かう世界的な流れに若干乗り遅れた感がある。

大戦後半には、ドイツで開発された大出力の液冷エンジンが国内メーカーでライセンス生産されるようになり、これを搭載する強力な新型機が開発された。しかし、登場時期がやや遅く、イタリア降伏までに大きな活躍を見せることはできなかった。

第2次大戦のイタリア戦闘機開発図

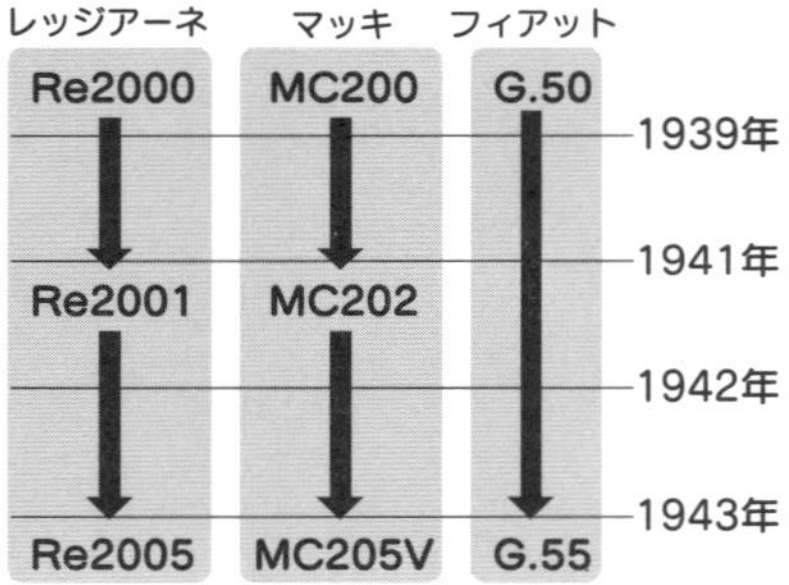

レッジアーネ
マッキ
フィアット
Re2000
MC200
G.50
1939年
1941年
Re2001
MC202
1942年
1943年
Re2005
MC205V
G.55

“ヘタリア”なんて言わせないッ！
202の前身. MC200“サエッタ”
○視界を良くするために胴体上部が盛り上がっている.
エンジンって取り替えられるんだね――
航空戦力の近代化に出遅れたイタリアでしたが
同盟を結んだドイツからの技術供与で英米と互角に戦えるだけの機体を手に入れます
MC.200の胴体を改修エンジンを
DB601へと換装している.
マッキMC202“フォルゴーレ”
○空冷から水冷への換装は珍しい例.
他には

イタリア空軍の戦闘機

フィアットG50フレッチア／G55チェンタウロ

フィアットＧ50フレッチアは、第二次大戦参戦時のイタリア空軍の主要な戦闘機の一つで、合計で約７８０機が生産された。

開発は１９３５年に始まり、原型機は１９３７年に初飛行した。先行量産機の一部は実戦テストを兼ねてスペイン内乱に投入され、操縦席を密閉式から開放式に改めるなどの変更が加えられた。１９４０年９月には、航続距離を延長するなどの改良を加えたＧ50ｂｉｓが初飛行したが、速力の不足や武装の弱さは否めず、性能向上は限界に達しつつあった。

そこで、Ｇ50をベースに主翼の設計を改めるなどの改良を加え、ドイツ製のダイムラーベンツＤＢ６０５をライセンス国産して搭載するＧ55チェンタウロが開発された。原型機は１９４２年４月に初飛行し、イタリア降伏までに１００機余りが生産された。

写真はG55の試作2号機。フレッチアは「矢」…チェンタウロは「ケンタウロス」という意味…。

フィアット G55チェンタウロ

全幅	11.85m
全長	9.39m
全高	3.77m
自重	2,700kg
全備重量	3,672kg
エンジン	フィアットRA1050RC（1,475hp）
最大速度	630km/h
航続距離	1,200km
固定武装	12.7mm機関銃×2、20mm機関砲×3
爆弾	320kg
乗員	1名

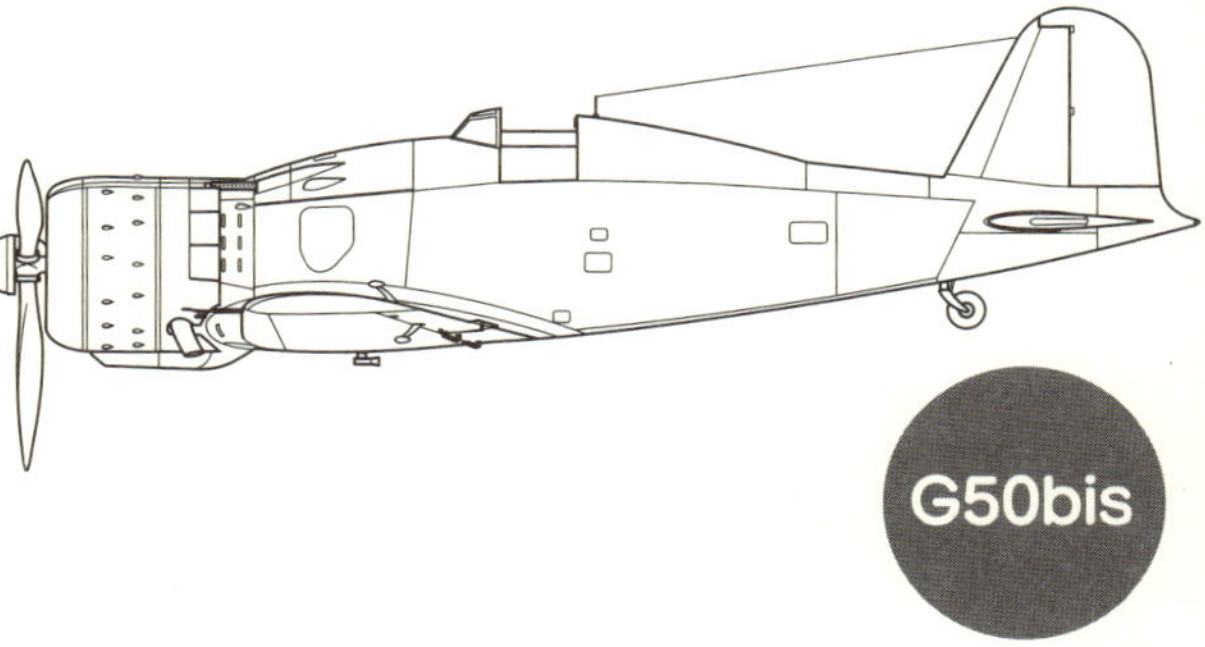

G50bis

マッキMC200サエッタ／MC202フォルゴーレ／MC205Vヴェルトロ

マッキMC200サエッタは、1936年の空軍の「R」計画に基づいて開発され、1937年末に試作1号機が初飛行した。しかし、弱武装で速度も遅く、イギリス空軍の戦闘機ホーカー・ハリケーンなどにも十分に対抗できなかった。それでもフィアットG50やレッジアーネRe2000よりは優れており、これらの中でもっとも多い約1150機が生産された。

次いで、MC200にダイムラーベンツDB601（のちにライセンス生産）を搭載するMC202フォルゴーレが開発された。1940年夏に原型機が初飛行し、約1300機が生産されたものの、相対的な弱武装が完全に解消されたわけではなかった。

さらにMC202を発展させて、ダイムラーベンツDB605（のちにライセンス生産）を搭載するMC205Vヴェルトロが開発され、1942年4月に原型機が初飛行した。生産数は約250機といわれており、イタリアで最優秀の戦闘機と評価されている。

また、武装を強化し高々度性能を向上させたMC205Nオリオーネも開発されたが、こちらは試作のみに終わった。

この機体はアフリカ仕様のMC202ASですね。MC202は、26機を撃墜したイタリアトップエースのフランコ・ルッキーニ大尉や、同じく26機撃墜のアドリアーノ・ヴィスコンティ少佐などが愛機としていました。

ちなみにサエッタは稲妻、フォルゴーレは雷電、ヴェルトロは猟犬のグレイハウンドという意味よ。

マッキMC202フォルゴーレ

全幅	10.58m
全長	8.85m
全高	3.50m
全備重量	2,940kg
エンジン	アルファロメオRA1000RC41-1 モンソーニ（1,175hp）
最大速度	600km/h
航続距離	760km
固定武装	12.7mm機関銃×2、7.7mm機関銃×2
乗員	1名

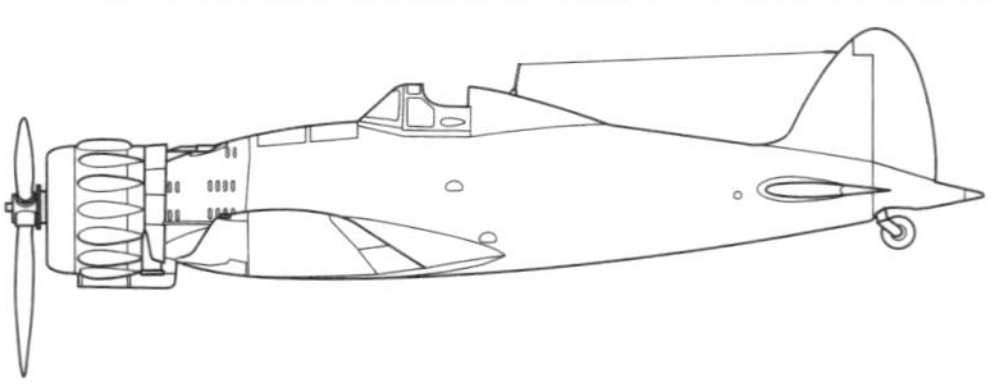

MC200

レッジアーネRe2000ファルコ／Re2001ファルコII／Re2005サジタリオ

レッジアーネRe2000ファルコは、1936年の空軍の「R」計画に基づいて開発され、1938年に原型機が初飛行した。エンジン出力が大きかったこともあって、フィアットG50やマッキMC200よりも高速だったが、燃料タンクの構造を不安視されたことなどから、空軍には採用されなかった。ただし、海軍にカタパルトで発進し陸上基地に帰還する艦上戦闘機や通常の陸上戦闘機として少数が採用されたほか、スウェーデンやハンガリーに輸出された。また、ハンガリーでは、国産エンジンに換装した上でライセンス生産されている。

次いで、Re2000をベースにダイムラーベンツDB601あるいはそのライセンス国産版を搭載するRe2001ファルコIIが開発された。しかし、同じエンジンを搭載するマッキMC202よりも劣っていたため、生産数は約240機にとどまった。なお、Re2001は、夜間戦闘機型のRe2001Nなど各種のバリエーションが開発されている。さらにダイムラーベンツDB605のライセンス国産版を搭載するRe2005サジタリオが開発されて1942年9月に初飛行したが、登場時期が遅かったこともあって少数生産に終っている。

Re2000ファルコ。ファルコは「隼」という意味です。でも野暮ったい機体ですわね〜。

ふふ、イギリスの飛行機も人のこと言えないでしょ…。

何か言いまして？

レッジアーネRe2001ファルコII

全幅	11.00m
全長	8.36m
全高	3.15m
全備重量	3,040kg
エンジン	アルファロメオ RA1000RC41（1,175hp）
最大速度	545km/h
航続距離	1,100km
固定武装	12.7mm機関銃×2、7.7mm機関銃×2
乗員	1名

これはRe2005サジタリオ（サジタリウス）ね。

うわ、すごくかっこよくなってる！

第二次大戦のアメリカ戦闘機

さあ、次は我がステイツの戦闘機の番ね！

アメリカも日本と同じく、陸軍と海軍、それに海兵隊もそれぞれ航空部隊を持っていました。ただ陸軍のは「航空軍」といって独立性の強い組織だったのよ。

海軍、海兵隊の大戦前半の主力戦闘機はグラマンF4Fワイルドキャット。後半はF4Fの後継のF6Fヘルキャットと、逆ガル翼が個性的なF4Uコルセアが主力だったわ。

このあたりはイギリス海軍にも多くが供与されていますわね。

で、グラマン系とコルセアの2ラインで乗り切った海軍と比べ、陸軍はたくさんの戦闘機を運用してたのよ！

大戦序盤の主力はやや旧式なP-40ウォーホークでしたが、中盤以降からP-38ライトニング、P-47サンダーボルト、P-51ムスタングといった新鋭機が続々実戦に投入され、枢軸軍を圧倒していきました。

しかもみんな大馬力エンジンを搭載して、高速で大火力、重防御な「空のキャデラック」みたいな戦闘機たちよ♥

しかも恐ろしいのが、F6FもF4UもP-40もP-47もP-51も、余裕で1万機以上作ってることよね。双発のP-38も1万機弱だし。

性能が低かったためソ連に多くが供与されたP-39エアラコブラも、1万機近くが生産されている…。

はうぅ、日本は零戦がやっと1万機、隼が6000機近くってところなのに…。

最後は夜戦専用のP-61まで作っちゃったし。これはさすがに700機くらいだけど。でも、このほかに4発の爆撃機なんかもたっくさん作ってたんだから、アメリカにケンカ売るのがどれだけ無謀か分かるでしょ？

ううう……ビンボーは辛いよぉ…。

まぁまぁ、ああいう「数に任せて」って無神経女はスルーしときなさいよ。

にゃにおぅ～？

こら～、ケンカはやめなさ～い！

アメリカのおもな戦闘機

アメリカは、第一次大戦の途中から連合国側で参戦し、おもに陸軍の航空部がフランス製の戦闘機を主力として戦ったが、第一次大戦後は航空機産業が急成長し、国産戦闘機が主力となった。

第二次大戦時には、独立した空軍が存在せず、陸軍と海軍（海兵隊を含む）が別々に航空隊を保有していた。

太平洋戦線では、大戦初期には陸海軍の戦闘機ともに、格闘戦能力に優れた日本軍の戦闘機に苦戦を強いられたが、大戦後半には信頼性の高い小型で大出力のエンジンを搭載した新型戦闘機に加えて物量や支援能力などの格差が加わって、日本軍の戦闘機を圧倒した。

欧州戦線では、陸軍の戦闘機が主力となって枢軸国の戦闘機と激しい戦闘を繰り広げたが、大戦末期には数的な優位を背景に枢軸軍の戦闘機を圧倒し、対地攻撃にも大きな活躍を見せた。

米陸軍航空部隊の変遷

1904年～ 陸軍通信軍団 航空部 （Aeronautical Division, U.S. Signal Corps）
1914年～ 陸軍通信軍団 飛行班 （Aviation Section, U.S. Signal Corps）
1918年～ 軍事航空部 （Division of Military Aeronautics）
1918年～ 陸軍航空隊 （U.S. Army Air Service）
1926年～ 陸軍航空軍団 （U.S. Army Air Corps）
1941年～ 陸軍航空軍 （U.S. Army Air Force）

海軍

グラマンＦ４Ｆワイルドキャット

１９３５年、グラマン社は、海軍の新型艦上戦闘機の競争試作で複葉のＸＦ４Ｆ-１、中翼単葉のＸＦ４Ｆ-２を開発したが、ブリュースター社のＸＦ２Ａ-１に敗れた。次いで発展型のＸＦ４Ｆ-３が開発されて１９３９年に初飛行し、最初の量産型となったＦ４Ｆ-３が発注された。

大戦前半のアメリカ海軍の主力戦闘機となったＦ４Ｆワイルドキャットは、直接のライバルとなった日本海軍の零戦に格闘戦で歯が立たなかったが、「サッチ・ウィーブ」と呼ばれる編隊空戦戦術の導入や日本軍搭乗員の練度の低下等により、最終的

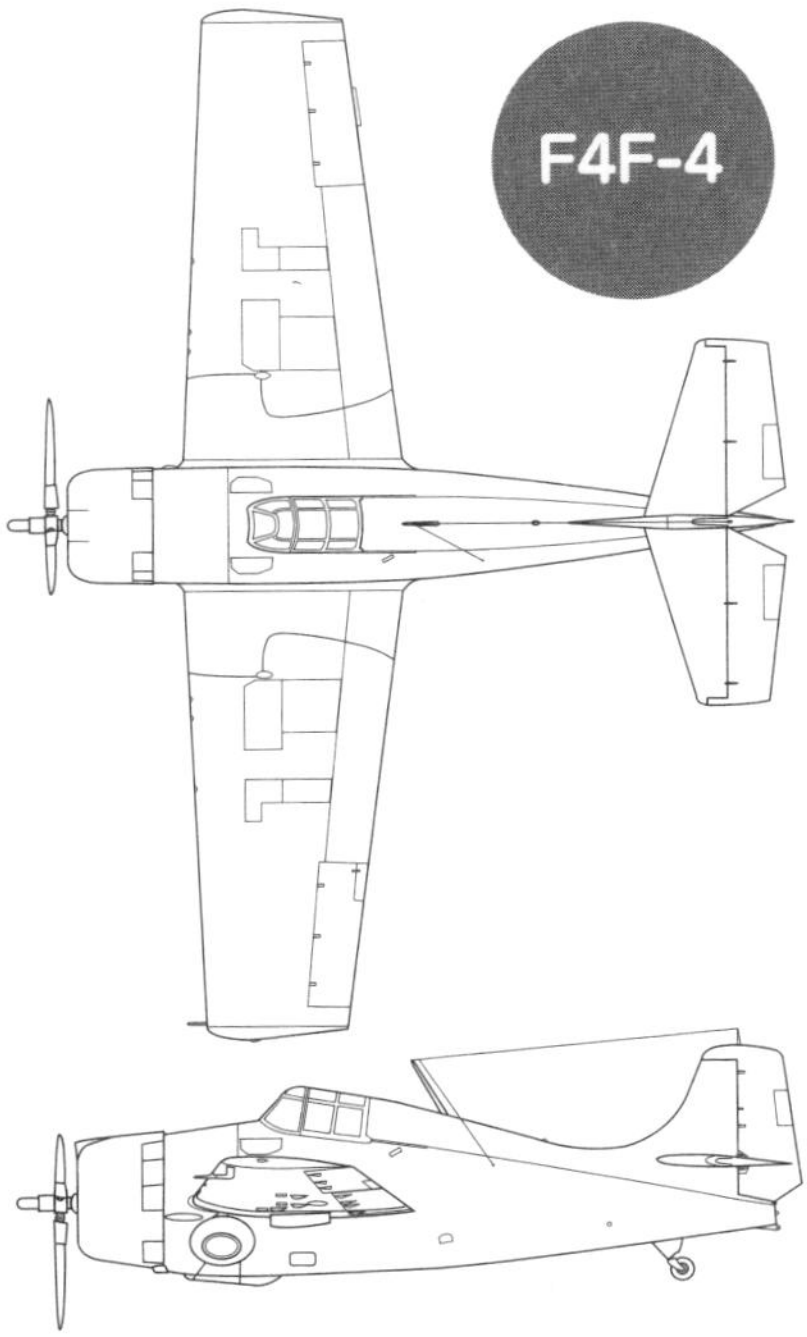

アメリカ海軍の
グラマンとコルセアは
手強いぜ、ジム
ニヤッ
ビヤ樽の山猫
○宿敵グラマンは
F4Fワイルドキャットから
正常進化したF6Fヘルキャット、さらに対ゼロ戦用に
設計されたF8Fベアキャット
へと続いてゆく
←直径4mの
大直径
プロペラ
ヴォートF4U"コルセア"
時速600km以上の快速を誇るが
視界不良から空母ではあまり使われなかった
濃紺の海賊
なぜか日本では
「シコルスキー」と
呼ばれていた
主翼が
折れ曲がっている分、主脚の
位置が下がる
特徴的な逆ガル翼は
大きなプロペラが地面に
当たらないように、主脚の
取り付け位置を下げるための工夫

アメリカ海軍の戦闘機２傑

これは主生産型のF4F-4ね。機体の性能そのものじゃ零戦にかなわなかったけど、戦争は個人競技じゃないわ。有名なF4Fエースには海兵隊のジョセフ・フォス大尉がいるわね。

でもお世辞でも「カッコいい」とは言えない戦闘機ねえ…。

グラマンF4F-4ワイルドキャット

全　幅	11.58m
全　長	8.76m
全　高	2.81m
全備重量	3,607kg
エンジン	プラット＆ホイットニー R-1830-86（1,200hp）×1
最大速度	512km/h
航続距離	1,239km
固定武装	12.7mm機関銃×6
爆　弾	100ポンド（45kg）爆弾×2
乗　員	1名

には互角以上の撃墜比率（キル・レシオ）を残している。

大戦後半には、自動車メーカーのジェネラル・モータース社のイースタン航空機事業部でＦ４Ｆ−４がＦＭ−１として、ＸＦ４Ｆ−８がＦＭ−２として生産された。総生産数は約７７００機で、もっとも多く生産されたのはグラマン社製ではなくＧＭ社製のＦＭ−２であった。

アメリカ以外では、イギリスに加えて、フランスやギリシャからも発注を受けたが引渡し前に降伏したため、イギリスでマートレット（途中からワイルドキャットと呼称）として使用されている。

グラマンF6Fヘルキャット

1940年、グラマン社でライトR-2600エンジンを搭載する艦上戦闘機として社内名称G-50の開発が始められた。1941年には、海軍がXF6F-1の名称で試作を発注し、1942年に初飛行したが、これに先立って量産型のF6F-1が発注されていた。次の試作機であるXF6F-2はターボチャージャー付きのR-2600を搭載する予定だったが、完成前にF4Uコルセアと同じプラット&ホイットニーR-2800エンジンに変更されてXF6F-3となった。また、1942年に発注済みだったF6F-1もR-2800エンジンを搭載するF6F-3に切り替えられ、同年中にXF6F-3が初飛行するとともに最初の量産型となったF6F-3の生産が始められた。

F6Fは、F4Uとは対照的に、堅実な設計で航空母艦上でも扱いやすく、第二次大戦後半のアメリカ海軍の主力艦上戦闘機として活躍した。他国の新型戦闘機と比べてとくに抜きん出た高い飛行性能を持っていたわけではなかったが、「グラマン・アイアンワークス（鉄工所）」製と呼ばれるほどの頑丈さと高い稼働率を生かして、日本機に対して圧倒的な撃墜比率を記録している。生産数は約1万2300機で、大戦中はイギリスに供与されたほか、戦後はフランス、アルゼンチン、パラグアイでも使用されている。

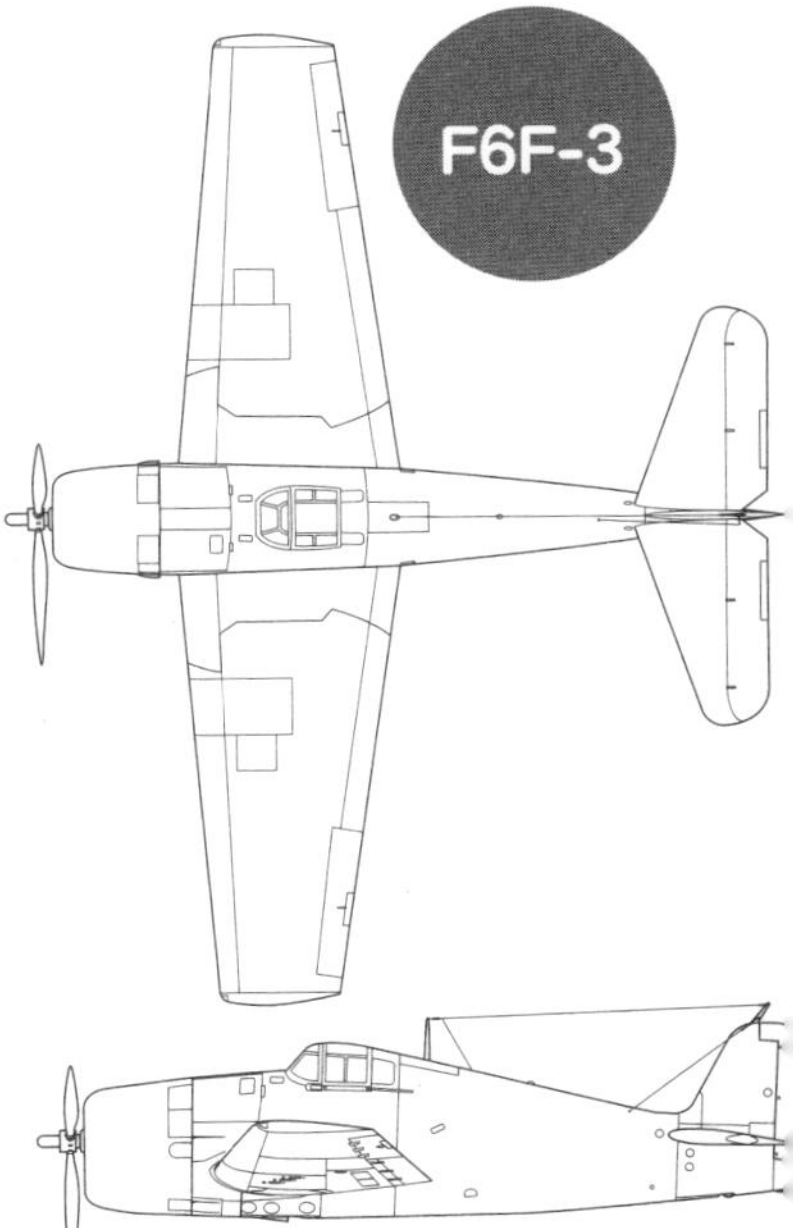

グラマンF6F-3 ヘルキャット

全幅	13.06m
全長	10.24m
全高	3.99m
全備重量	5,528kg
エンジン	プラット&ホイットニー ダブルワスプ 2800-10（2,000hp）×1
最大速度	605km/h
航続距離	1,745km
固定武装	12.7mm機関銃×6
爆弾	2,000ポンド（908kg）
乗員	1名

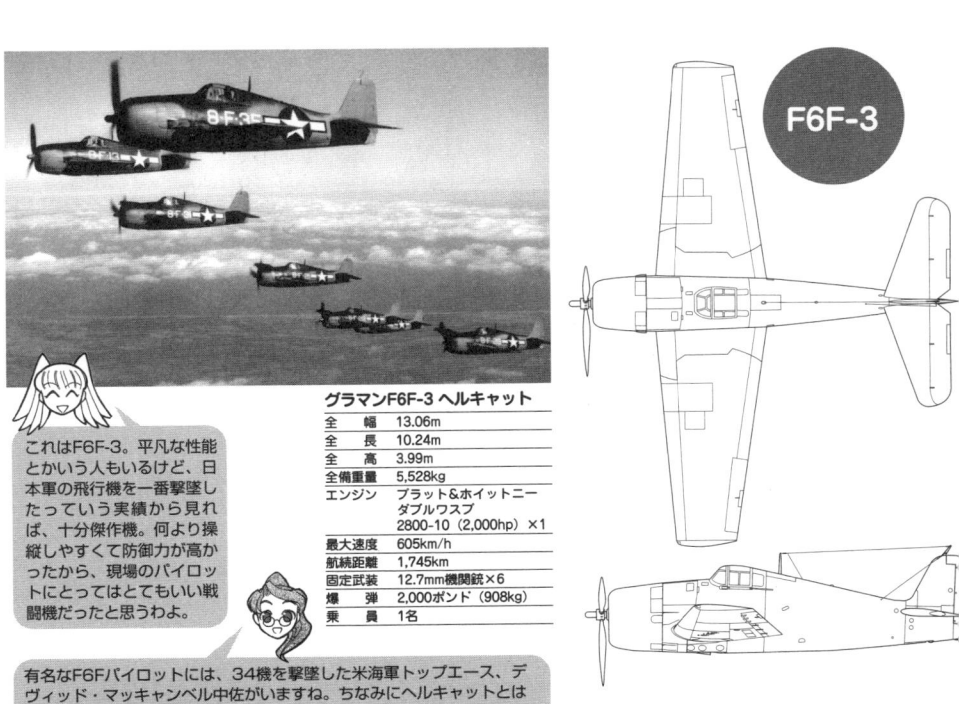

これはF6F-3。平凡な性能とかいう人もいるけど、日本軍の飛行機を一番撃墜したっていう実績から見れば、十分傑作機。何より操縦しやすくて防御力が高かったから、現場のパイロットにとってはとてもいい戦闘機だったと思うわよ。

有名なF6Fパイロットには、34機を撃墜した米海軍トップエース、デヴィッド・マッキャンベル中佐がいますね。ちなみにヘルキャットとは魔女、性悪女という意味よ…。

✪ヴォートF4Uコルセア

1938年の海軍の要求仕様に応じて開発された艦上戦闘機。XF4U-1として試作が発注され、1940年に初飛行した。大出力のプラット&ホイットニーR-2800エンジンと大直径プロペラ、逆ガル翼を組み合わせたユニークな設計で、のちに海軍の指示で胴体内に燃料タンクが増設されて操縦席の位置が後方に下げられるなどの変更が加えられた。

1942年には最初の量産型となったF4U-1が初飛行したものの、離着陸時の前方視界の悪さなどから空母には搭載されず、当初は海兵隊に配備されて陸上基地で運用された。その後、前方視界を改善したF4U-1A、さらに主脚を改良した戦闘爆撃機型のF4U-1Dなどが開発されて、ようやく空母にも搭載されるようになった。ヴォート社に加えて、ブリュースター社でF3Aとして、グッドイヤー社でFG、F2Gとして生産されている。生産は戦後も続けられ、生産数は約1万2600機とされている。第二次大戦末期には対地攻撃にも活躍し、朝鮮戦争でも対地攻撃で大きな活躍を見せている。第二次大戦中はイギリス、ニュージーランドで使用されたほか、戦後はフランス、ホンジュラス、エルサルバドル、アルゼンチンでも使用されている。

なお、コルセア(Corsair)の英語の発音は「コーセア」に近い。

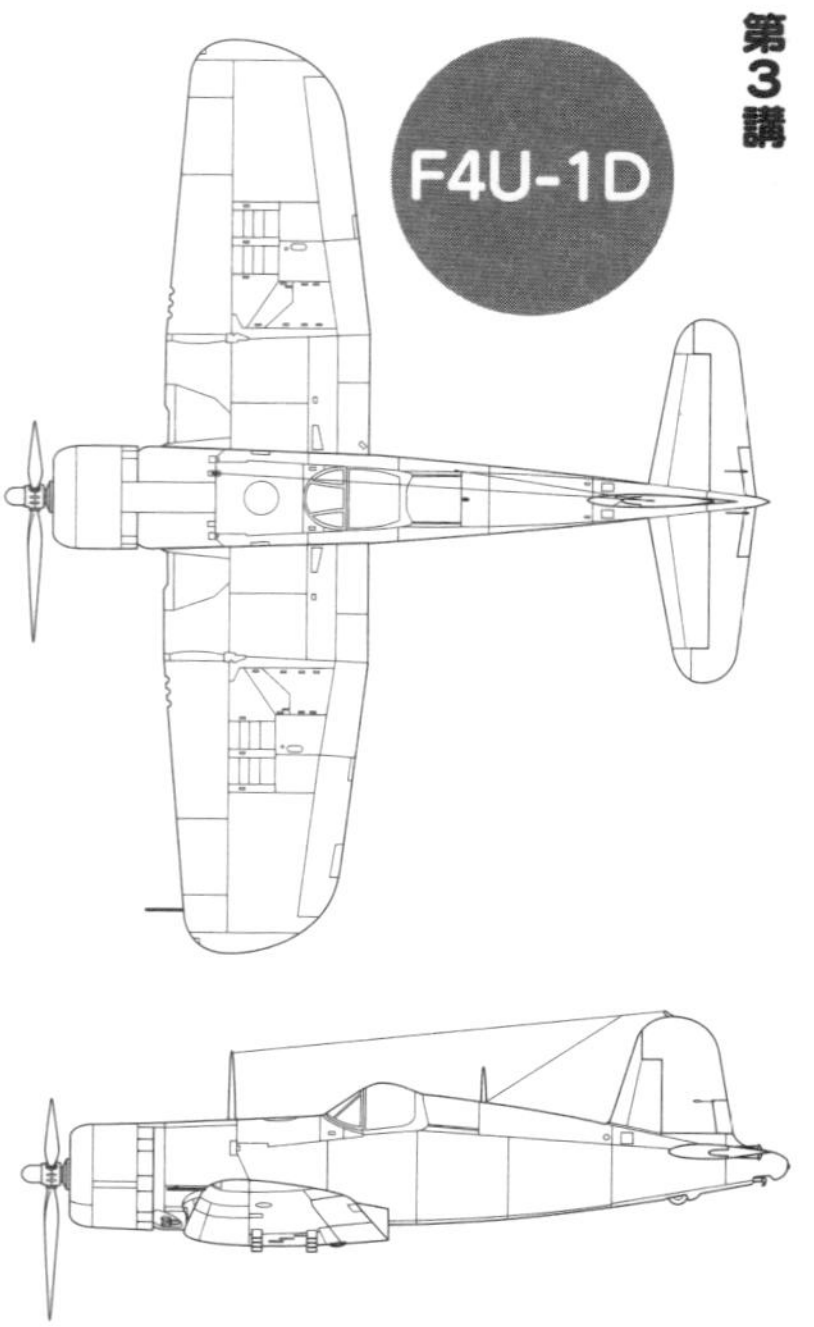

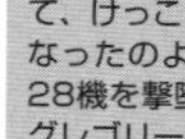

コルセアはアメリカ海軍の本命だったはずなのに、ヘルキャットに主力戦闘機の座をとられちゃったんだよね。

でも戦後もたくさん使われて、けっこう息が長い戦闘機になったのよ。コルセア乗りとしては、28機を撃墜した海兵隊トップエース、グレゴリー・ボイントン少佐が有名ね。ちなみにコルセアとは「(中東の)海賊」という意味。

ヴォートF4U-1D コルセア

全幅	12.49m
全長	10.16m
全高	4.50m
全備重量	6,400kg
エンジン	プラット&ホイットニー ダブルワスプ R-2800-8(2,200hp)×1
最大速度	635km/h
航続距離	1,633km
固定武装	12.7mm機関銃×6
爆弾	2,000ポンド(908kg)
乗員	1名

ロッキードP-38ライトニング

1937年、ロッキード社は陸軍の高々度用迎撃戦闘機の要求仕様に応じて双胴双発機案を提出し、XP-38として試作が発注されて1939年に初飛行した。次いで増加試作型のYP-38が発注され、続いて量産型のP-38が発注されて、第二次大戦参戦直前の1941年から引渡しが始められた。

太平洋戦線では、大戦初期は日本軍の戦闘機に格闘戦を挑んで簡単に撃墜されることも少なくなかったが、やがて高速を活かした一撃離脱に徹するようになり手ごわい相手となった。連合艦隊司令長官山本五十六大将（死後、元帥）らの乗る一式陸上攻撃機を撃墜したのもこのP-38だった。

欧州戦線では、高速と長大な航続距離を生かして爆撃機の護衛に活躍したほか、対地攻撃にも活躍した。

生産数は約9900機で、イギリスやフランスからも発注を受けたが、フランスが引き渡し前に降伏したため、一旦はイギリスが全機を引き受けることになった。しかし、これらの輸出型は、エンジンからターボチャージャーが外されたことなどから特に高高度性能が悪く、結局イギリスは受け取りを拒否している。

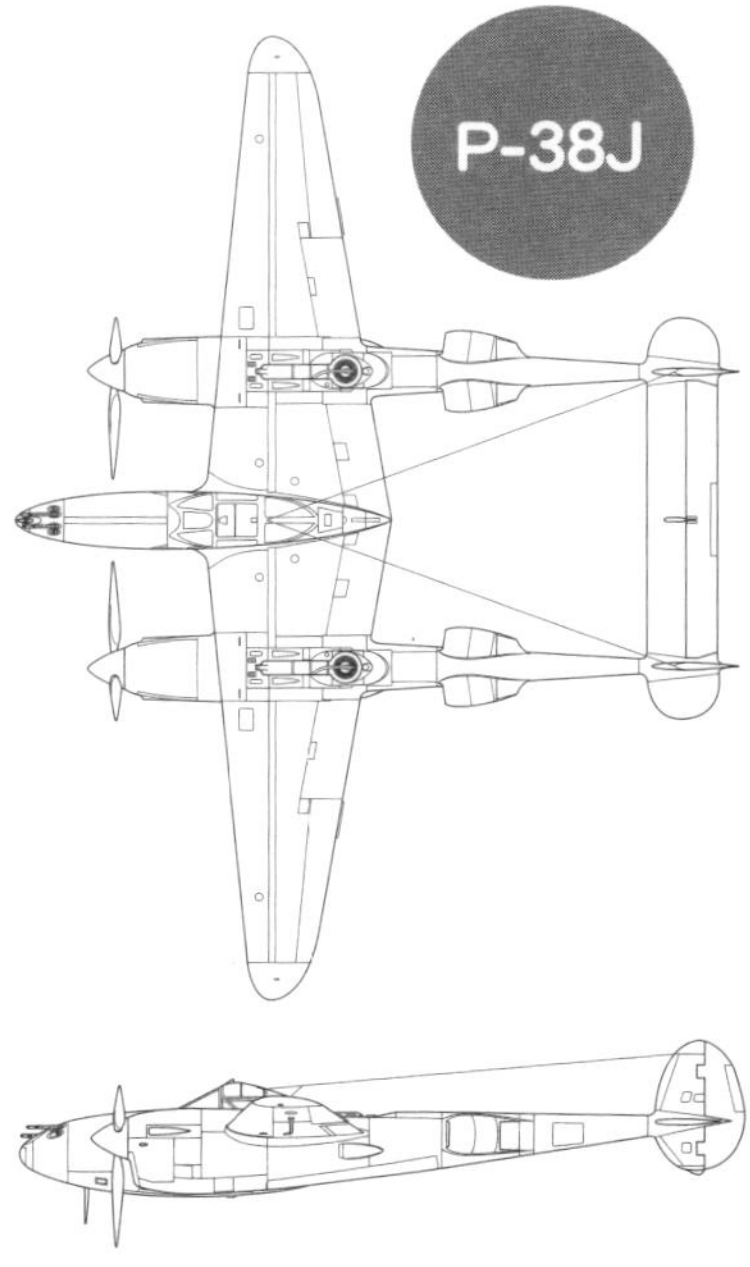

性能ダウンモデルを売りつけようとしたり、イギリスとも因縁がある機体ですが…これは試作型のYP-38ですね。

まぁまぁ…。ちなみに、有名なP-38パイロットには40機撃墜のリチャード・ボング少佐、38機撃墜のトーマス・マクガイア少佐がいるわ。二人は米軍内でも1位と2位のトップエース。

ロッキードP-38J ライトニング

全幅	15.85m
全長	11.53m
全高	3.91m
全備重量	7,808kg
エンジン	アリソンV-1710-89/91（1,425hp）×2
最大速度	666km/h（高度7,620m）
航続距離	2,817km
固定武装	20mm機関砲×1、12.7mm機関銃×4
爆弾	4,000ポンド（1,816kg）
乗員	1名

✪カーチスP-40ウォーホーク

1938年、カーチス社は、陸軍からP-36ホーク（輸出名称ホーク75）のエンジンを空冷式から液冷式のアリソンV-1710に換装したXP-40の試作発注を受けた。XP-40は同年に初飛行して改良が加えられ、1940年から量産型のP-40の引渡しが始められた。F型とL型はイギリスのロールスロイス・マーリンをライセンス生産したパッカードV-1650を、それ以外はアリソンV-1710を搭載している。

同じ陸軍のP-38やP-39に比べると堅実な設計で、飛行性能もとくに優れていたわけではないが、頑丈で実用性が高かったことなどから、大戦末期の1944年まで生産が続けられた。生産数はイギリス仕様のトマホーク、キティホークを含めて約1万3700機にのぼる。

大戦初期にはアメリカ陸軍の主力戦闘機として活躍したほか、正式な参戦前から日本軍と戦っていたアメリカ義勇航空群（American Volunteer Group略してAVG）いわゆる「フライング・タイガース」でも使用された。また、イギリス、カナダ、オーストラリア、ニュージーランド、ソ連などさまざまな国で使用されている。

大戦前半の米陸軍の主力戦闘機。機首のラジエーターによくシャークマウスが描かれていたことでも有名よ。これはP-40Eね。

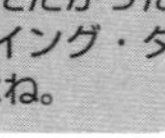

中国に進出して日本軍とたたかった米軍の義勇飛行隊、フライング・タイガースも使ってたんだよね。

カーチスP-40N ウォーホーク

全　幅	11.37m
全　長	10.15m
全　高	3.76m
全備重量	4,014kg
エンジン	アリソンV-1710-99（1,200hp）×1
最大速度	608km/h
航続距離	547km
固定武装	12.7mm機関銃×6
爆　弾	500ポンド（227kg）爆弾×3
乗　員	1名

✪リパブリックP-47サンダーボルト

1939年、セバスキー社は液冷式のアリソンV-1710を搭載する戦闘機を計画し、陸軍からXP-47として試作発注を受けた。翌1940年、リパブリック（セバスキーから社名変更）社は、エンジンをターボチャージャー付きのプラット&ホイットニーR-2800に変更することを提案し、陸軍からXP-47Bとして試作発注を受けた。XP-47Bは1941年に初飛行したが、それに先立って最初の量産型となったP-47Bの発注が決まった。

当時の単発戦闘機としては異例の大型機で、ターボチャージャーによる優れた高々度性能と高速、重武装が特徴の典型的な重戦闘機だった。欧州戦線では1943年春から、太平洋戦線では1943年半ばから実戦に本格投入され、大戦末期には対地攻撃でも大きな活躍を見せた。

生産は、リパブリック社に加えて、カーチス社でも行われ、生産数は約1万5700機に達した。大戦中はアメリカ陸軍のほか、イギリス、自由フランス、ソ連などでも使用され、戦後もアメリカ空軍に加えて、フランスやラテンアメリカ各国などで広く使用されている。

P-47D

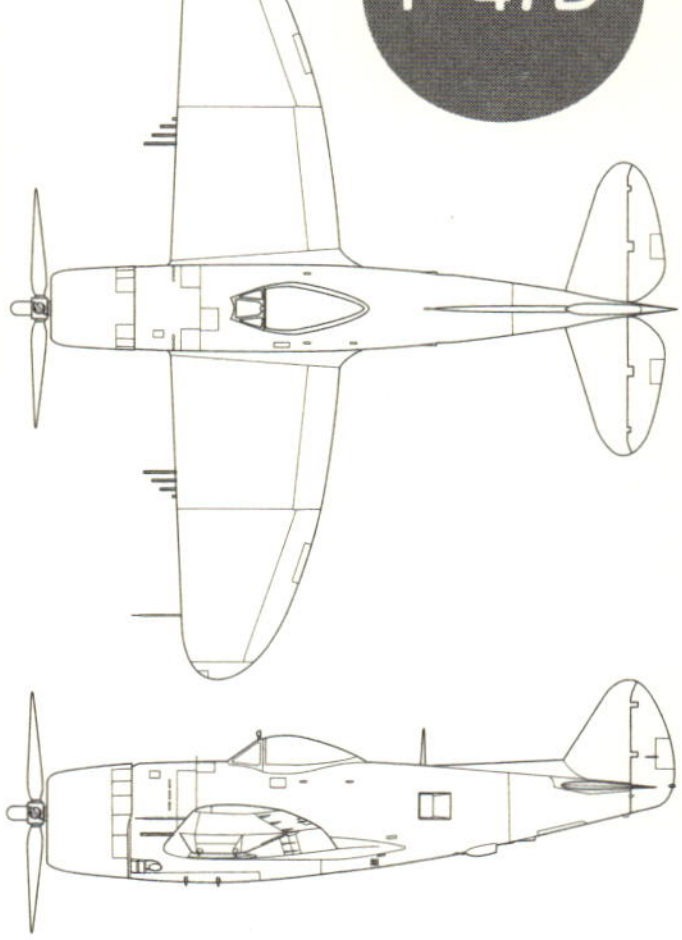

12.7mm機関銃を8挺も装備していたのはP-47くらいですね。これはもっとも代表的なP-47D型です。

P-47パイロットとしては、欧州戦線で「ゼムケズウルフパック」を率いたヒューバート・ゼムケ大佐や、その部下で28機を撃墜して欧州トップエースになったフランシス・ガブレスキー中佐が有名よ。

リパブリックP-47D サンダーボルト

全幅	12.42m
全長	10.99m
全高	4.44m
全備重量	7,900kg
エンジン	プラット&ホイットニー R-2800-59ダブルワスプ（2,300hp）×1
最大速度	689km/h
航続距離	1,344km
固定武装	12.7mm機関銃×8
爆弾	1,000ポンド（454kg）爆弾×3
乗員	1名

ノースアメリカンP-51ムスタング

1940年4月、イギリスの兵器購入委員会からカーチスP-40のライセンス生産をもちかけられたノースアメリカン社は、これを断る代わりにライセンス生産の立ち上げと同じ期間で自社製の新型戦闘機を開発することを提案し、同年9月末には約束した発注後120日以内に実機の完成にこぎつけた。1941年からイギリスに到着したムスタングは、高々度性能の低いアリソンV-1710エンジンを搭載しており、おもに対地攻撃に使われた。

一方、アメリカ陸軍は、大戦参戦後の1941年末にイギリス向けのムスタングをP-51として採用し、次いでノースアメリカン社から提案を受けた急降下爆撃型をA-36攻撃機として発注した。1942年には、エンジンを高々度性能に優れたロールスロイス社製のマーリンをライセンス生産したパッカードV-1650-3に変更したP-51Bが開発され、一挙に性能を向上させた。

次いで、さらに改良を加えたパッカードV-1650-7を搭載するP-51Dが開発され、長大な航続力と軽快な運動性、優れた高々度性能を兼ね備えた「第二次大戦中最高の戦闘機」と呼ばれるほどの傑作機となった。

生産数は約1万5600機に達し、とくに欧州戦線では航続

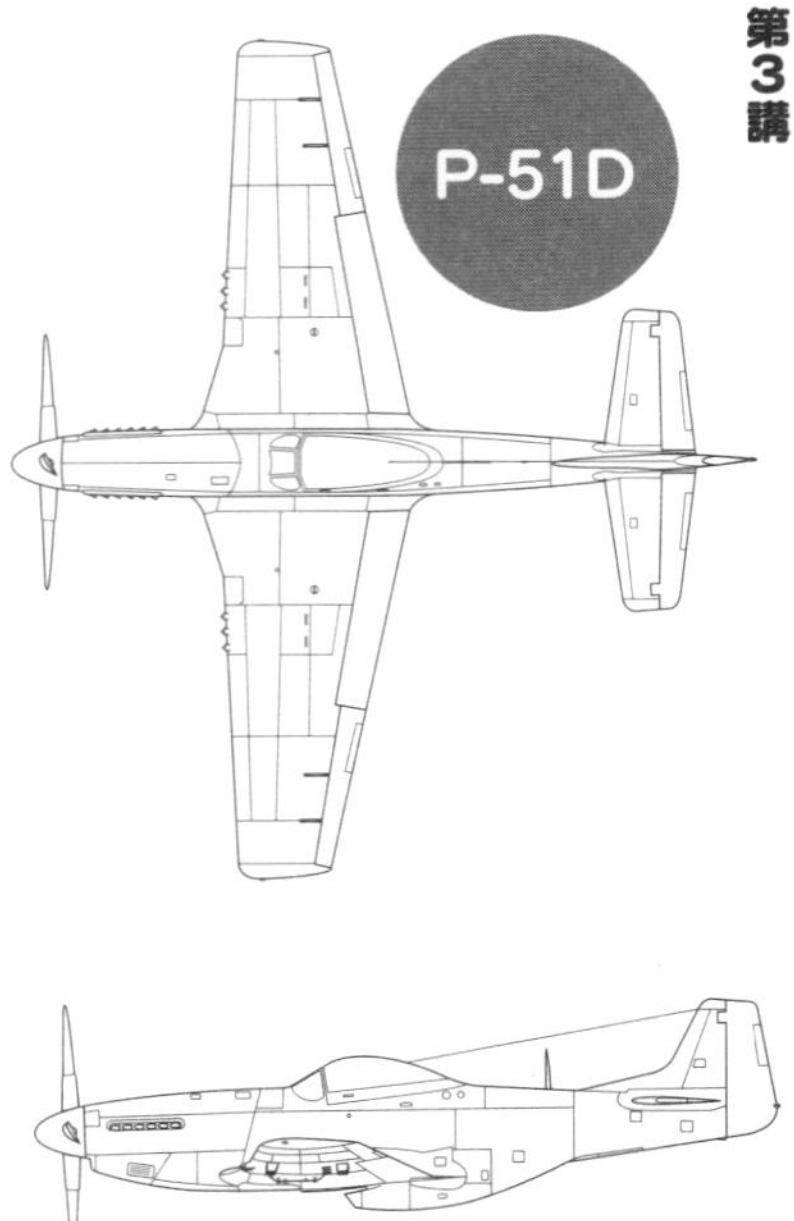

ノースアメリカンP-51D ムスタング

全　幅	11.28m
全　長	9.84m
全　高	3.71m
全備重量	4,585kg
エンジン	パッカード マーリン V-1650-7（1,490hp）×1
最大速度	703km/h
航続距離	3,700km
固定武装	12.7mm機関銃×6
爆　弾	1,000ポンド（454kg）爆弾×2、HVARロケット弾×6〜10
乗　員	1名

この機体はもっともたくさん生産されたP-51Dね。ムスタングは欧州、太平洋どちらの戦線でも大活躍しました。

有名なP-51パイロットには、26.83機撃墜のジョージ・プレディ少佐がいるわ。この人は6分間に6機のBf109を撃墜したっていう凄腕なの。

距離の長さを生かして爆撃機の護衛に活躍した。決定版といえるP-51Dは、欧州戦線では1944年半ばから、太平洋戦線では1944年冬から、前線に本格投入されて猛威を振るった。また、大戦後も、朝鮮戦争で滞空時間の長さを生かして対地攻撃に活躍している。

USAF
FF-525

ムスタングはアメリカNo.1の人気レシプロ戦闘機。今でもエアショーや空軍の基地祭にフライアブル機が登場してるの。これはF-15と一緒に飛んでいるところね。ムスタングは野生馬という意味よ。

“P”は追撃機《パーシューター》のP!
米陸軍はWWIIの頃から、戦闘機を各種とりそろえてるのよ!
微妙なのもあるけどね
重戦闘機
P-47“サンダーボルト”
その中でもP-51“ムスタング”はWWIIの最優秀戦闘機ね!
エンジンは英マーリンのライセンス生産だけど…
護衛戦闘機
P-51“ムスタング”
双発戦闘機
P-38“ライトニング”
ペロハチって言うな!
あーペロ8だー

米陸軍の戦闘機群

ノースロップP-61ブラックウィドー

P-61ブラックウィドーは、１９４０年秋に陸軍が提示した夜間迎撃機の要求仕様に応じて、ノースロップ社で開発が始められた。最初から機上レーダーを搭載する夜間戦闘機として計画、量産された米軍機は、このP-61が初めてだ。

原型機のXP-61は、１９４１年初めに陸軍からの試作発注を受け、１９４２年5月に初飛行した。そして、１９４３年末には、最初の量産型となったP-61Aの引渡しが始められている。

双胴双発で乗員は3名。当時の中型爆撃機並みの大きさを持つ常識破りの超大型戦闘機で、中央胴体前部に機上レーダーを搭載していた。武装は、中央胴体下部に20ミリ機関砲4門を固定装備し、中央胴体後部上面に12・7ミリ機関銃4挺装備の旋回銃塔を搭載していた。

生産数は約７４０機で、太平洋戦線、欧州戦線とも１９４４年半ば頃から前線に本格投入され、優秀な機上レーダーと強力な武装を生かして夜間の制空権確保に大きな貢献を見せた。また、大戦末期には重武装を生かして夜間の対地攻撃にも使用されている。

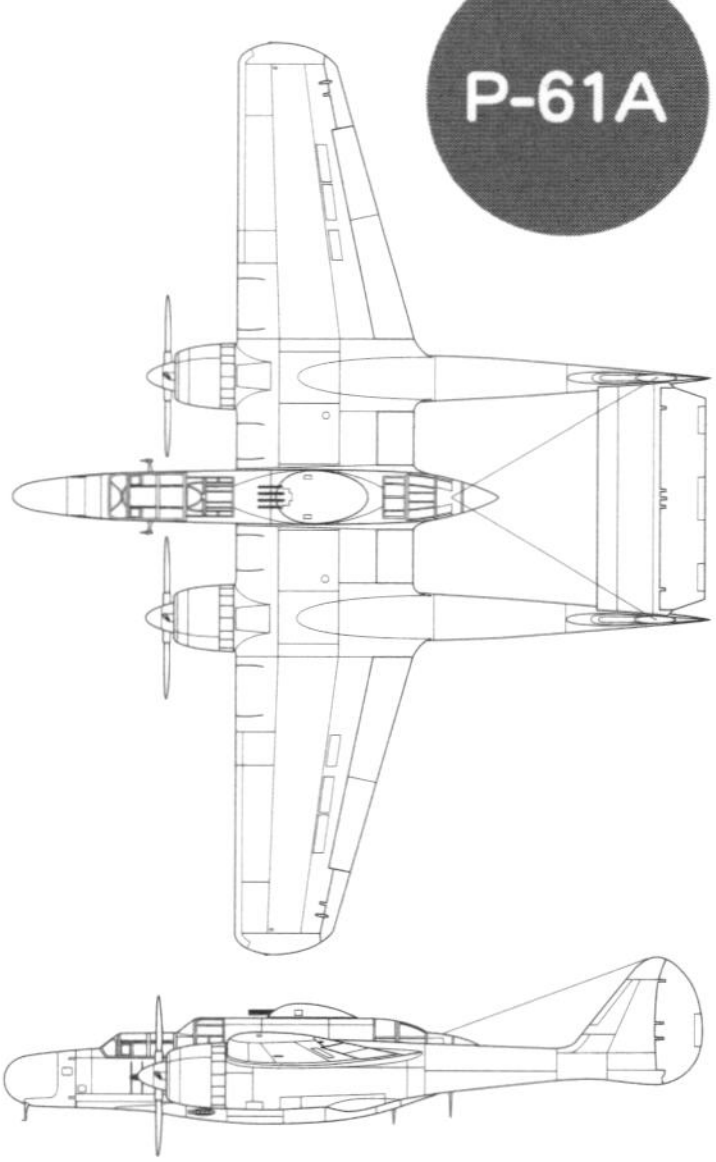

ノースロップP-61A-1
ブラックウィドー

全幅	20.13m
全長	14.92m
全高	4.47m
全備重量	12,480kg
エンジン	プラット&ホイットニー R-2800-10（2,000hp）×2
最大速度	577km/h
航続距離	2,349km
固定武装	20mm機関砲×4、12.7mm機関銃×4
乗員	3名

P-61は大柄な機体に似合わず、運動性と操縦性は良好だったらしい…。

ブラックウイドーとは「黒衣の未亡人」、あるいは獰猛な毒蜘蛛の「クロゴケグモ」という意味です。物騒ね〜。

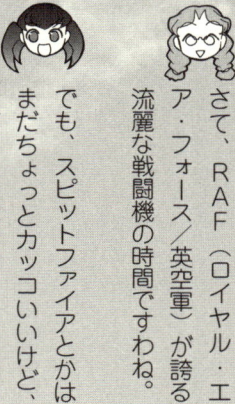

第二次大戦のイギリス戦闘機

さて、RAF（ロイヤル・エア・フォース／英空軍）が誇る流麗な戦闘機の時間ですわね。

でも、スピットファイアとかはまだちょっとカッコいいけど、イギリスの飛行機って変な形のが多いね。

そうね～。ハリケーンは羽布張りが変だし、タイフーンはインテークがキモいし、雷撃機のバラクーダは地球人には理解不能なデザインだし、デファイアントに至っては戦闘機のくせに旋回銃座しかないし。

（耳をふさいで）あ～！あ～！聞こえませんわ～!!

こらっ！イギリスはイギリスで一生懸命だったんだから、そんなこと言っちゃいけませんよ！

は～い。

（何か腑に落ちませんわ…）ま、まぁ、気を取り直して説明いたしますが、昼間戦闘機として主力だったのはやはりスピットファイアですわね。開戦から終戦まで、幾度も改良されて常に主力の座にありました。

ライバルといわれるBf109と比べると、加速力、上昇力では劣りますが、旋回性能などでは勝っていました。ほぼ互角ね。

もうひとつの主力戦闘機はハリケーン。こちらは主に爆撃機の迎撃に活躍したのです。

その後継としてタイフーンやテンペストも開発されたが、あまり目立たない存在…。

あの2機ってやっぱぶさいくよね～（笑）。

（無視して）また、RAFはドイツ空軍との熾烈な夜間航空戦を交えていました。前半はボーファイター、後半はモスキートが夜間戦闘を担当しましたのよ。とくに大戦末期の夜戦型モスキートは、同時期の米陸軍P-61やドイツのHe219をレーダーの性能や最高速度で大きく上回っており、最強の夜間戦闘機と言われていますわ。

へぇ～。でもそんなにすごいのに名前は「蚊」なんだね…。

たしかに…。イギリス人の頭の中はよく分かんないわ…。

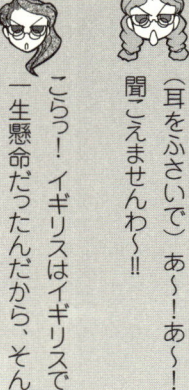

⊙イギリスのおもな戦闘機

イギリスは、フランスに比べると航空機産業の発展で出遅れ、第一大戦中はドイツ軍の戦闘機に何度か優位に立たれた。しかし、とくに大戦後半には高性能の新型戦闘機を次々と投入し、最終的にはフランス軍などの戦闘機とともにドイツ軍の戦闘機を圧倒した。

また、大戦末期の１９１８年には、世界初の独立空軍を誕生させている。この時、陸軍航空隊と海軍航空隊を合併したために艦載機部隊が海軍の指揮下から外れたが、１９３７年にはふたたび海軍の指揮下に戻って海軍航空隊となった。

第二次大戦の欧州戦線では、１９４０年のイギリス本土上空での航空戦、いわゆる「バトル・オブ・ブリテン」でドイツ空軍の航空攻撃をはね返し、敵の制空権の確保を阻止することでイギリス本土への上陸作戦を阻止した。また、大戦後半には、アメリカ軍の戦闘機とともに枢軸軍の戦闘機を数で圧倒し、対地攻撃でも大きな活躍を見せている。

一方、第二次大戦の太平洋戦線では、大戦初期には格闘戦能力に優れた日本軍の戦闘機に苦戦を強いられたが、大戦後半には弱体化した日本軍の戦闘機部隊をアメリカ軍とともに圧倒した。

第2次大戦のイギリス戦闘機開発図

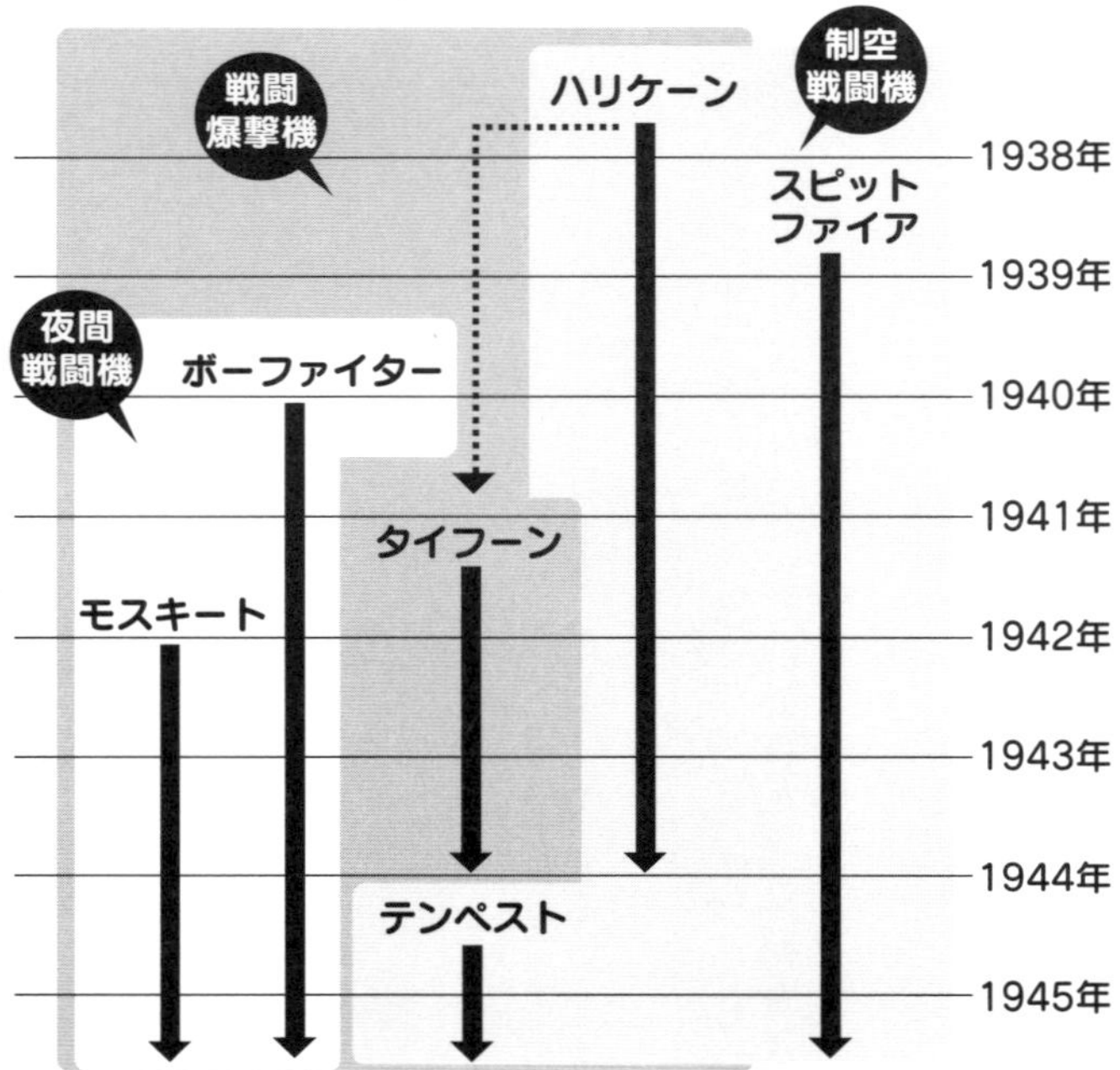
戦闘
爆撃機
ハリケーン
制空
戦闘機
スピット
ファイア
夜間
戦闘機
ボーファイター
タイフーン
モスキート
テンペスト
1938年
1939年
1940年
1941年
1942年
1943年
1944年
1945年

本文では省略していますが、ハリケーンの後継機として開発されたものの性能が低くて対地攻撃に回されたタイフーン、その改良型で制空・対地攻撃に活躍したテンペスト、またモスキートの前任の夜間戦闘機であるボーファイターなども、イギリス戦闘機としては有名ですわ。

⊙ソッピースF.1/2F.1キャメル

第一次大戦の中頃、ソッピース社は、成功作となったパップやトリプレーンに続いて、パップを発展させた複葉戦闘機を開発した。原型機は1916年末に初飛行し、量産型は1917年春に海軍航空隊から引き渡しが始められた。

F.1は陸上戦闘機型、2F.1は艦上戦闘機型で、アメリカ、ベルギー、ギリシャ、カナダなどでも使われている。ロータリー・エンジン（回転式エンジン）の反トルク（回転方向と逆方向に働く駆動力）が大きく、操縦は非常にむずかしかったが、これをうまく生かすと非常に優れた旋回性能を発揮し、数々のエース・パイロットを生み出した。

原型機を除いて5490機が発注されているが、これに2F.1が含まれているかどうかはわからず、キャンセル分も含まれているので、最終的な生産数はハッキリしない。なお、「キャメル」は、軍の制式名称ではなく非公式の愛称で、機関銃のカバー部分の盛り上がりがラクダのこぶのように見えたところからきている。

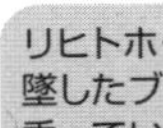

リヒトホーフェンを撃墜したブラウン大尉が乗っていたのがF.1キャメル。フォッカーDr.Iと並んで、第一次大戦でもっとも有名な航空機ですわ。

コミックの「スヌーピー」に出てくることでも有名ね。

ソッピースF.1キャメル	
全幅	8.53m
全長	5.73m
全高	2.60m
全備重量	659kg
エンジン	クレジュ回転式（130hp）
最大速度	182km/h
航続時間	約2時間30分
武装	7.7mm機関銃×2
乗員	1名

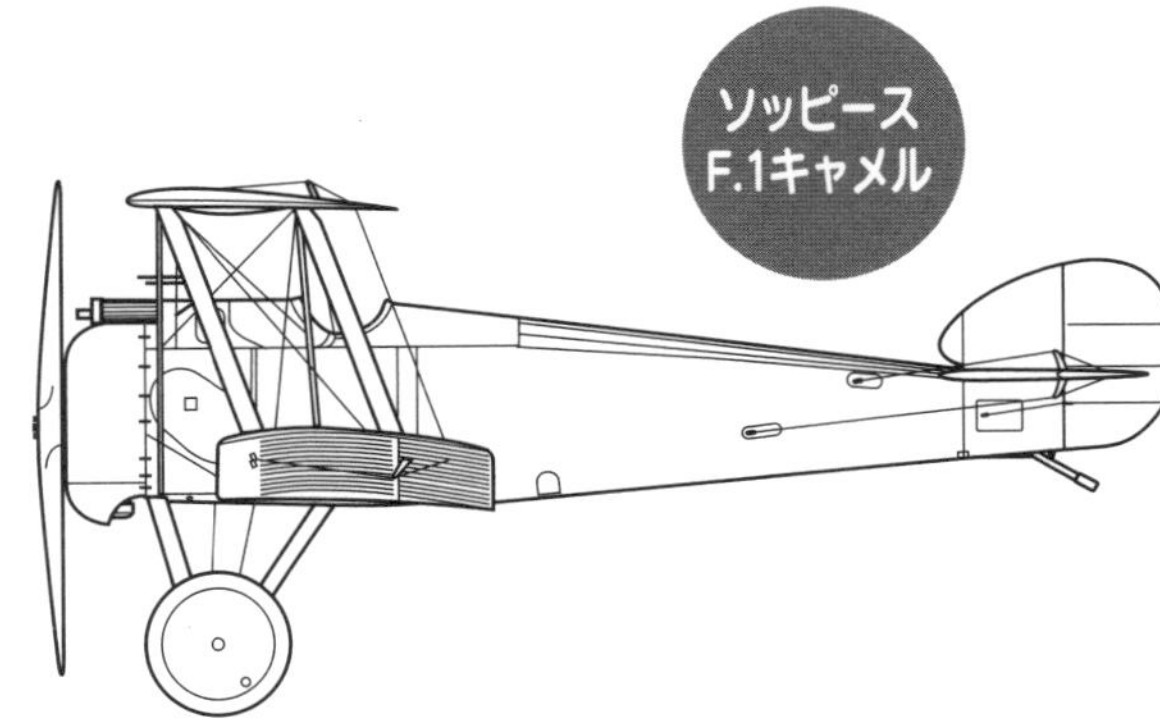

◎ホーカー ハリケーン

ホーカー社は、1934年決定(1935年改定)の空軍の次期戦闘機の設計仕様に沿った、ロールス・ロイス社製のPV-12(Private Venture/自社開発の略。のちにマーリンとなる)エンジンを搭載する単葉単座戦闘機を設計した。1935年に試作発注を受けて同年に原型機が初飛行し、1936年に量産型が発注され、1937年から引渡しが始められた。

羽布張りの鋼管フレーム構造の胴体など古臭い構造で、飛行性能はドイツ軍のメッサーシュミットBf109に比べるとやや劣っていたが、生産性が高く、修理も容易だったことから、スピットファイアとともに大戦前半の主力戦闘機として活躍した。とくに1940年の「バトル・オブ・ブリテン」では、おもに爆撃機の迎撃に振り向けられて大きな活躍を見せている。

また、艦上戦闘機型のシーハリケーンも開発されたが、初期型(別名ハリキャット)は着艦フックを持たずカタパルト搭載の商船(CAMシップ)から発進するため使い捨てだった。

生産は1944年9月まで続けられ、オーストラリア、インド、エジプト、ギリシャなど各国で使用された。

生産数はシーハリケーンを含めて、ホーカー社で1万30機、グロスター社で2750機、計1万2780機に達した。また、カナダのカナディアン・カー&ファウンドリー社でも1450機が生産された。

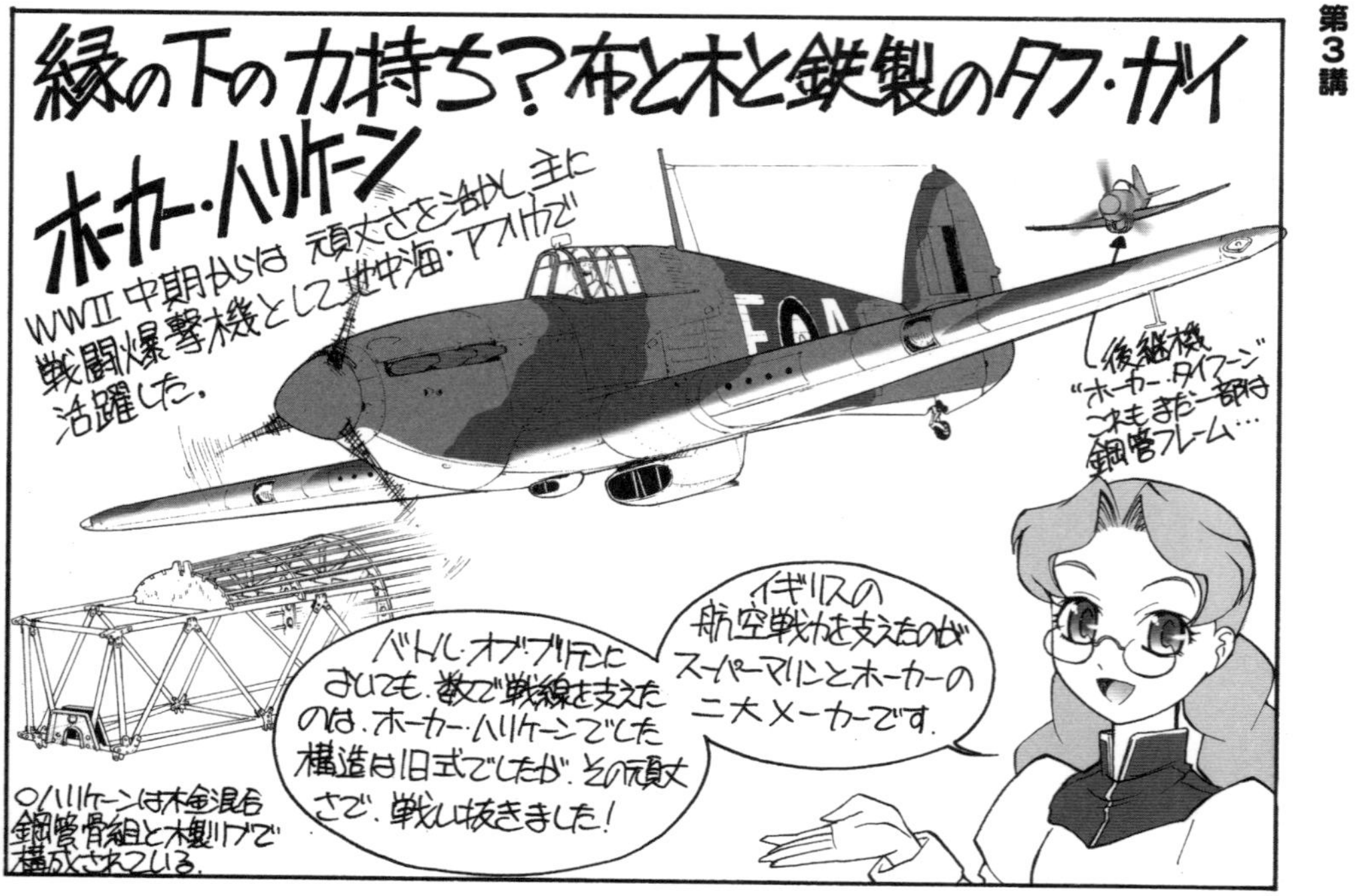
縁の下の力持ち?布と木と鉄製のタフ・ガイ
ホーカー・ハリケーン
WWII中期からは 頑丈さを活かし主に戦闘爆撃機として地中海・アフリカで活躍した。
後継機 "ホーカー・タイフーン" これもまだ一部は鋼管フレーム…
イギリスの航空戦力を支えたのがスーパーマリンとホーカーの二大メーカーです。
バトル・オブ・ブリテンにおいても、数で戦線を支えたのは、ホーカー・ハリケーンでした 構造は旧式でしたが、その頑丈さで、戦い抜きました!
○ハリケーンは木金混合 鋼管骨組と木製リブで構成されている。

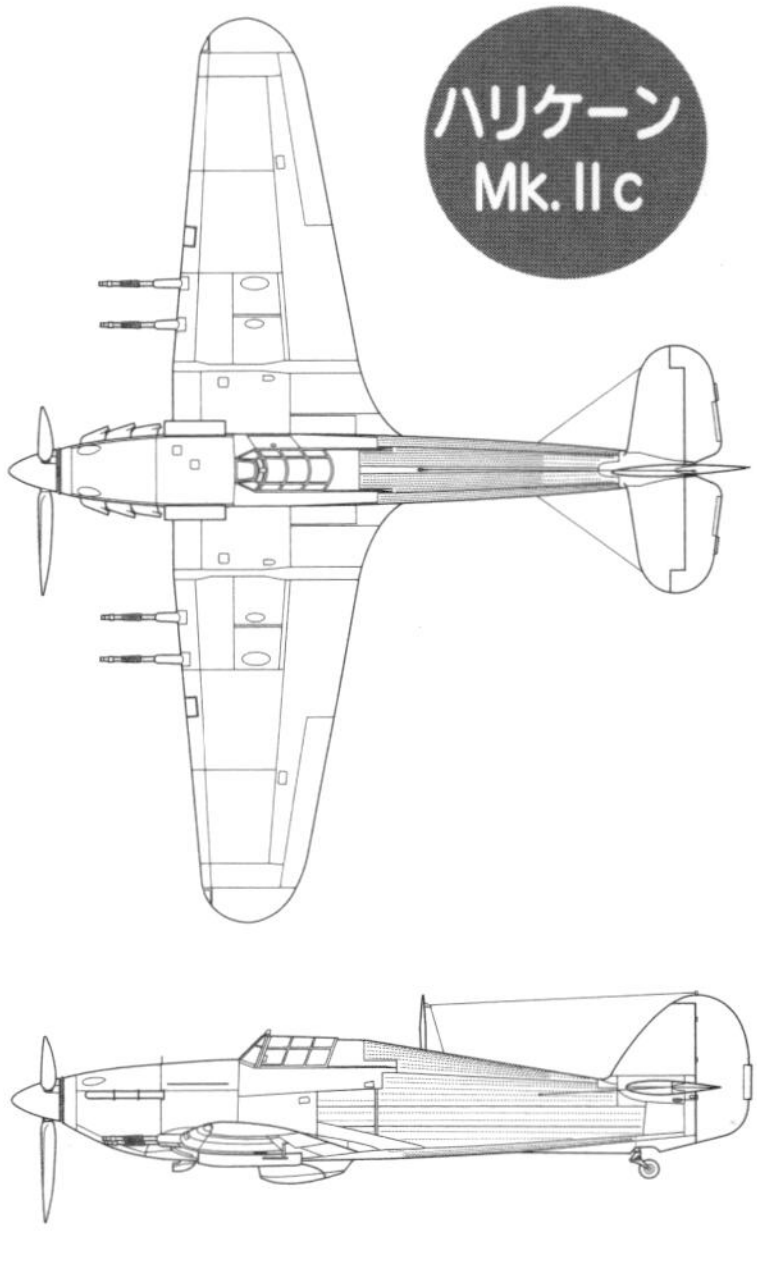

バトル・オブ・ブリテンでは、戦闘機はスピットに任せてハリケーンは爆撃機を迎撃。これこそ「適材適所」です。ハリケーンパイロットとしては、両足義足でエースとなったダグラス・バーダー大佐が有名ですわね。

ホーカー　ハリケーンMk.ⅡC

全幅	12.20m
全長	9.81m
全高	3.98m
全備重量	3,425kg
エンジン	ロールスロイス マーリン XX（1,260hp）
最大速度	531km/h
航続距離	740km
固定武装	20mm機関砲×4
爆弾	1,000ポンド（454kg）
乗員	1名

◉スーパーマリン スピットファイア

第二次大戦前に、有名なスピード・レースの「シュナイダー・トロフィー」に参加して高い技術力を見せていたスーパーマリン社は、この経験を生かして1934年からロールス・ロイス社製のPV-12（のちのマーリン）エンジンを搭載する新型戦闘機の開発を進めていた。そして、同年末に同社の設計案をもとにして空軍の次期戦闘機の設計仕様が作成され、1935年に空軍から試作機の発注を受けて、1936年に原型機のK5054が初飛行した。このK5054は、金属製のモノコック構造を採用するなどハリケーンよりも進んだ構造を持ち、同じくマーリン・エンジンを搭載するホーカー・ハリケーンよりも優れた性能を発揮したため、すぐに量産型のスピットファイアが発注されて、1938年夏から引渡しが始められた。

そして、1940年の「バトル・オブ・ブリテン」では、ドイツ軍の主力戦闘機だったメッサーシュミットBf109Eと死闘を演じ、ドイツ空軍による制空権の確保を阻止する原動力となった。

その後、スピットファイアは、エンジンを改良型のマーリン45に変更したMk.Ⅴ、新型のグリフォン・エンジンを搭載するMk.ⅦやMk.ⅩⅣ、主翼を設計し直したMk.ⅩⅪなど、さまざまなバリエーションが次々と開発されて大戦末期まで主力戦闘機として活躍

を続けた。また、写真偵察型のPRや艦上戦闘機型のシーファイアも開発された。

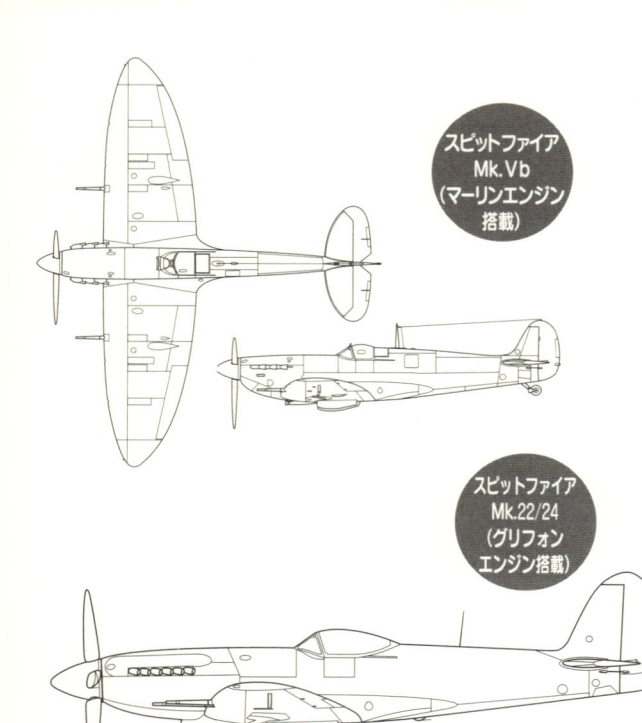

　また、第二次大戦後も、イギリス空軍はもちろん、インド、アイルランド、エジプト、イスラエル、トルコなど多くの国々で使用されている。

　生産は大戦後まで続けられ、生産数は陸上機型のスピットファイアだけで2万351機にも達する。

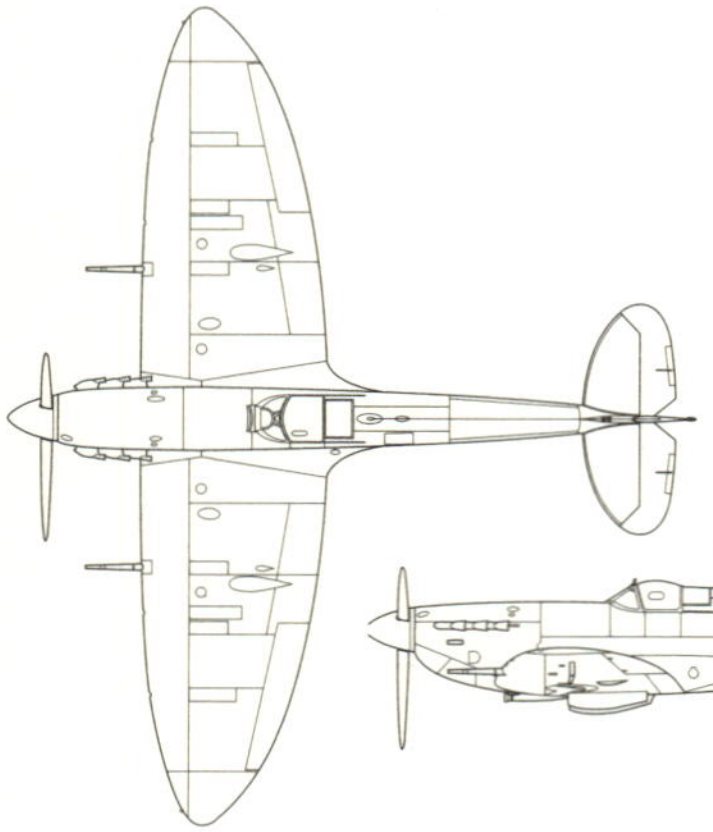

スピットファイア Mk.Vb（マーリンエンジン搭載）

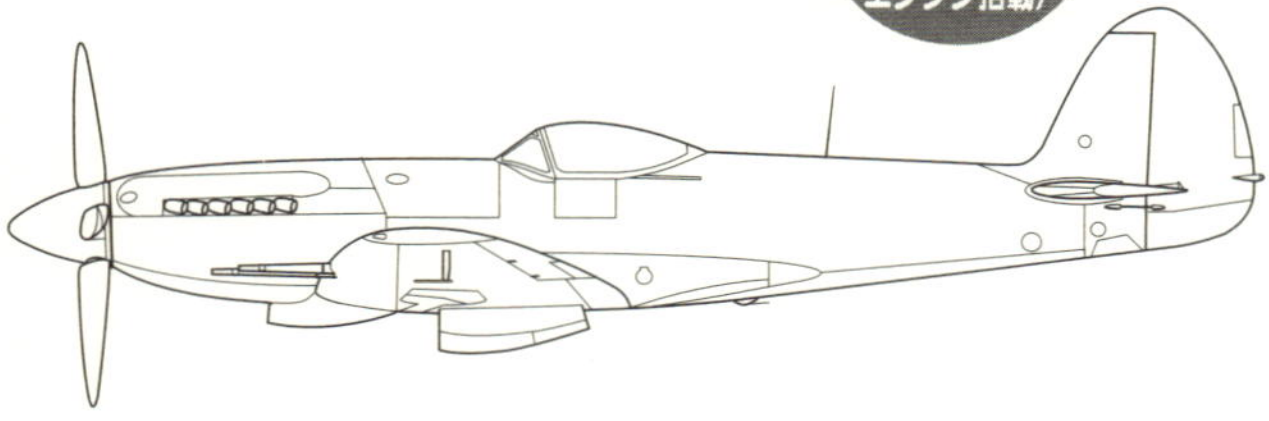

スピットファイア Mk.22/24（グリフォンエンジン搭載）

Bf109や零戦と並んで、第二次大戦期を通じて常に主力だった名戦闘機ですね。これはMk.V。

強く美しい戦闘機といえばスピットですわ！ スピットパイロットは38機を撃墜した英国トップエースのジョニー・ジョンソン大佐、32機を撃墜したNo.2のアドルフ“セイラー”・マラン大佐などが有名です。マラン大佐は「空戦十則」という教則でも名が知られていますわ。

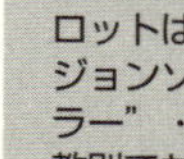

でもスピットファイアって「かんしゃく女」とか「鉄火女」とかいう意味なんだよね…。こわ〜い。

スーパーマリン スピットファイア Mk.Vb

全　幅	11.234m
全　長	9.124m
全　高	3.472m
全備重量	3,010kg
エンジン	ロールスロイス マーリン45（1,185hp）
最大速度	598km/h
航続距離	636km
固定武装	7.7mm機関銃×4、20mm機関砲×2
爆　弾	500ポンド（227kg）
乗員	1名

◎デ・ハヴィランド モスキート

1938年、デ・ハヴィランド社は木製の双発高速爆撃機の自社開発に着手し、1940年には空軍から偵察／爆撃機として量産発注を受け、次いで戦闘機型の開発を指示された。爆撃機型の原型機は1940年11月に初飛行し、戦闘機型の原型機は1941年5月に初飛行した。

当初、戦闘機型は夜間戦闘機として量産が始められ、夜間防空や夜間爆撃を行う爆撃機の護衛に活躍したが、高速と重武装を生かして夜間の侵攻作戦や昼間戦闘にも使用された。次いで昼間用の戦闘爆撃機型も開発されて、対地攻撃や対船舶攻撃に活躍した。

一般に木製機は重くなりがちで飛行性能も低くなりがちだが、モスキートは木製機ながら異例の高速を誇った。また、もともと爆撃機として開発されたにもかかわらず、第二次大戦前に各国で流行した双発多座戦闘機の数少ない成功例になった。

デ・ハヴィランド モスキートFB.Mk.Ⅵ

全　幅	16.51m
全　長	12.55m
全　高	5.31m
全備重量	10,124kg
エンジン	ロールスロイス マーリン25（1,640hp）
最大速度	611km/h
航続距離	1,940km（増槽付き/2,745km）
固定武装	20mm機関砲×4、7.7mm機関銃×4
爆　弾	500ポンド（227kg）×4
乗　員	2名

すごいねぇ、どうして木なのにこんなに性能が高いの…？

ふふふ、これこそウドゥン・ワンダー（木製の脅威）です！ 夜間戦闘機型モスキートの有名なエースとしては、「キャッツアイ」ことジョン・カニンガム大佐がいますわ。写真の機体はMk.Ⅵですね。

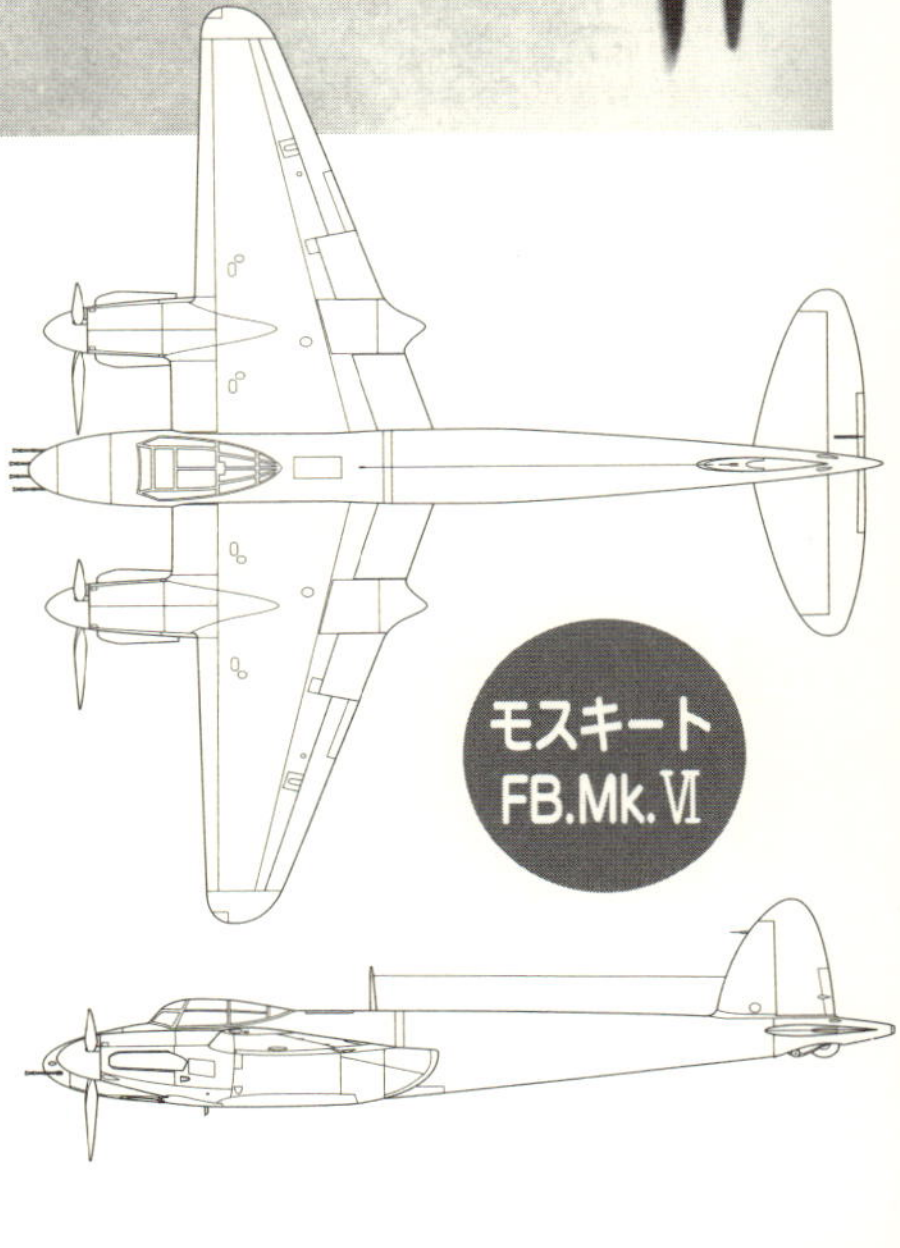

第二次大戦のソ連・フランス戦闘機

さぁ、第三講の最後は第二次大戦までのソ連、フランスの戦闘機を学びましょう。まずはソ連から。チャイカさん、簡単に説明できますか?

ソ連の大戦機? 地味ね〜。

(気にせず)大戦序盤の主力戦闘機は、I-15系列とI-16。どちらも登場した時点では世界レベルの戦闘機だったが、第二次大戦では通用しなかった…。

零戦がデビュー戦でカモったのがI-152とI-16だね。

時代が違うから性能差があるのは当然…。

5年くらい違うからねぇ(苦笑)

その後はヤコヴレフ系、ラヴォーチキン系の2系列の戦闘機を大量産して、ドイツ空軍を圧倒していった…。ソ連戦闘機は、航続距離が短く、低空での戦闘能力を重視しているのが特徴。

基本的に陸軍国の飛行機だから、地上支援が念頭にあるのよね。

あとはフランス? こっちもあんまり聞いたことないわね。

くっ…第一次大戦のときはフランスもニューポール、スパッドって名戦闘機をたくさん開発したのよ! エースパイロットだってギヌメールとか綺羅星のごとく…。

…でも第二次大戦のときは、フランスの戦闘機はほとんど戦局に寄与できなかったでしょう?

あ、あれはすぐ総崩れになった陸軍の責任で、空軍の責任じゃないわよ…。たしかに主力のMS406は性能低かったけど、新鋭戦闘機のD520は、Bf109Eともほぼ互角のキルレシオだったんだから!

でもそのあと続いてないわよね。最強の戦闘機がBf109Eと同性能? さびしい〜。

何ですってぇ‼

と、まあどちらも第二次大戦中はあまり振るわなかったソ連とフランスの戦闘機ですが、戦後、彼らの航空技術は大きく花開くことになるのです。

うまくまとめましたわね…。

★ロシア・ソ連のおもな戦闘機

第一次大戦中のロシアの航空機産業は、航空機用エンジンを自力で量産することができず、輸入に頼っていたほどレベルが低かった。このため、戦闘機に関しては、他国の機体をコピーした程度で終わった。

ロシア革命後のソ連は、重工業の発展や軍備の増強に力を注ぎ、さらにドイツと秘密条約を結んで軍用機の近代化を進め、他国の戦闘機を部分的に凌駕するほどの戦闘機を自力で開発するようになった。また、1933年には、陸海軍が別々に保有していた航空隊のうち、陸軍の航空隊が半ば独立した航空軍団となった。

しかし、第二次大戦では、1941年にドイツ軍によるソ連進攻作戦が始まった時には、大戦前のスペイン内戦やノモンハン事変で活躍した戦闘機も旧式化しており、開戦時に奇襲を受けて大損害を出したこともあって、枢軸軍の戦闘機に制空権を握られてしまった。

その後は、米英から各種戦闘機の供与を受けながら新型戦闘機の開発を進めるとともに枢軸国の戦闘機に消耗を強いて、大戦後半には圧倒的な数を背景に制空権を奪取した。

これは自由フランス空軍からソ連に派遣されたパイロットたちが編成した、「ノルマンディー・ニエメン」のヤコヴレフYak-3よ。この隊の敵機撃墜スコアは、自由フランス空軍のスコアの8割近くを占めていたの。

★ポリカルポフＩ-15/152/153 ポリカルポフＩ-16

ポリカルポフＩ-15は、同設計局のＩ-5を発展させた複葉戦闘機で、原型機のＴｓＫＢ-3は1933年に初飛行した。次いで上翼をＩ-15のガル翼からパラソル翼に改めてエンジンを強化するなどの改良を加えたＩ-152（Ｉ-15ｂｉｓ）、複葉機ながら引き込み脚を採用した高速のＩ-153（Ｉ-15ｔｅｒ）が開発され、スペイン内戦やノモンハン事変で活躍した。しかし、独ソ戦の開戦時にはすでに旧式化しており、Ｉ-15の多くは第一線を退いていたが、Ｉ-152やＩ-153の多くは第一線にあって大損害を出した。

ポリカルポフＩ-16は、世界初の引き込み脚を備えた低翼単葉の実用戦闘機で、原型機のＴｓＫＢ-12は1933年末に初飛行した。その後、エンジンや武装の強化などの改良が重ねられ、練習機型も含めて約8600機が生産された。しかし、独ソ戦の開戦時にはすでに旧式化しており、こちらも大損害を出した。

写真の機体はI-15。なお「I-15」などのIは、「アイ」ではなく「イ」と発音する。「イスティリビーチェルィ（戦闘機）」の略。

I-15のあだ名はチャイカ。「かもめ」っていう意味ね～。

………

ポリカルポフI-152

全幅	10.2m	最大速度	346km/h
全長	6.27m	航続距離	800km
全高	3.0m	武装	7.62mm機関銃×4
全備重量	1,834kg	爆弾	100kg
エンジン	M-25B（750hp）	乗員	1名

I-153

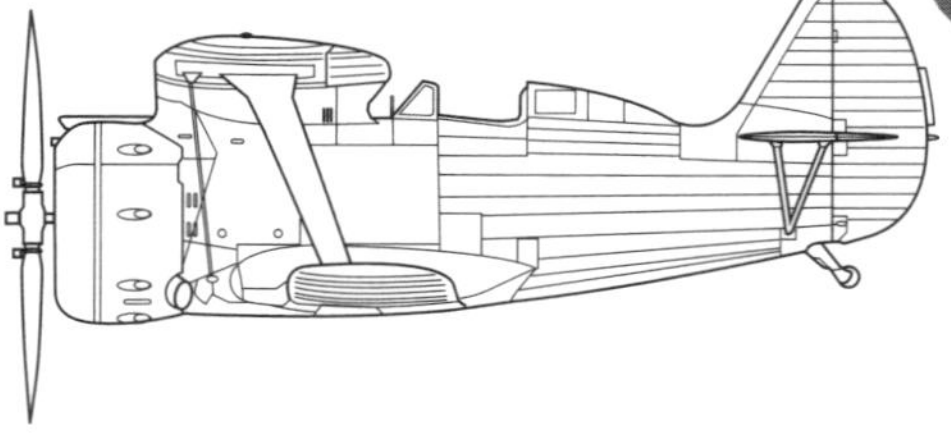

★ヤコヴレフYak-1/3/7/9

ヤコヴレフYak-1は、1938年の低高度用戦闘機の要求仕様に応じて開発された液冷エンジン搭載の戦闘機で、原型機のI-26は1940年初めに初飛行した。主翼は木製、胴体は鋼管フレームに合板張りの木金混合機で、約8720機が生産された。低空での運動性は比較的優れており、独ソ戦の開戦時点でソ連最良の戦闘機といわれている。その後、主翼など各部に改良を加えたYak-1MがYak-3へと発展していった。

I-26の複座練習機型UTI-26は、1940年夏に初飛行して優れた性能を発揮した。そこで後席を燃料タンクとした単座の戦闘機型Yak-7が開発されて、1943年まで複座型を含めて約6400機が作られた。

1942年冬には、Yak-7の最終型DIに小改良を加えたYak-9が前線に投入され、さらに戦闘爆撃機型のYak-9B、ターボチャージャー装備の高高度型のYak-9PD、エンジンをクリモフM-105系列からM-107系列に変更してパワーアップしたYak-9U、主翼を金属製に変更したYak-9Pなどがさまざまなバリエーションが開発された。生産は大戦戦後も続けられ、合計で約1万6770機が生産された。

これは大戦前半のソ連の主力戦闘機、Yak-1ね。
Yak-1は、12機を撃墜し「スターリングラードの白薔薇」と呼ばれた女性エース、リディア・リトヴァク中尉が愛機としていたことで…知られる。

ヤコヴレフYak-3

全幅	9.20m	エンジン	クリモフM-105PF2（1,300hp）
全長	8.50m	最大速度	648km/h
全高	2.40m	航続距離	900km
全備重量	2,660kg	武装	20mm機関砲×1、12.7mm機関銃×2
		乗員	1名

Yak-9D

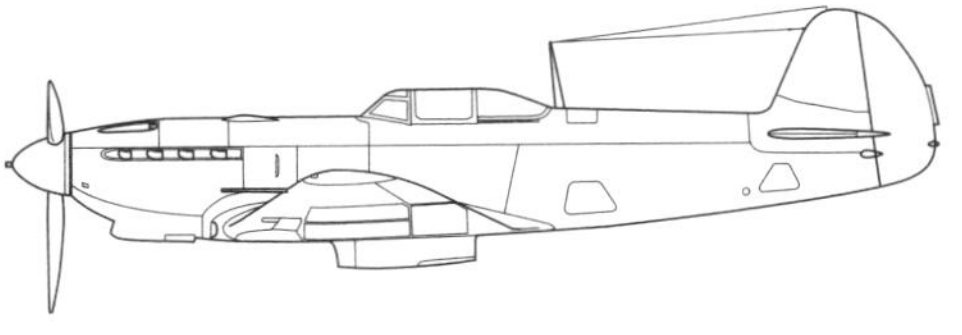

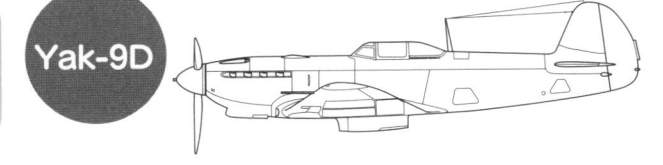

★ラヴォーチキン LaGG-1/3/La-5/7

ラヴォーチキン、ゴルブノフ、グドコフが開設したLaGG設計局が最初に開発した液冷エンジン搭載の戦闘機がLaGG-1だ。原型機のI-22は1940年春に初飛行したが、各部に改修が加えられてI-301となった。これにともなって量産型もLaGG-1からLaGG-3に切り替えられて、少数のLaGG-1を含めて約6260機が生産された。

1942年春には、LaGG-3に空冷エンジンを搭載した試作機が初飛行して良好な性能を発揮したので、改良を加えた上でラヴォーチキンLa-5として量産されることになった。生産は1944年まで続けられ、約9920機が生産された。

1943年冬には、エンジンを換装するなどの改良が加えられたLa-5FNを発展させた試作機La-120が初飛行し、1944年春からLa-7として量産が始められ、約5750機が生産された。

LaGG-1,-3は操縦性が悪かったため、LaGGをもじって「ラッカー仕上げの棺桶」と呼ばれました。写真の機は改良が加えられたLa-5FNね。

イヴァン・コジェドゥブ少佐はLa-5、La-7などに搭乗し62機を撃墜、ソ連のみならず連合軍全体のトップエースとなっている…。

ラヴォーチキンLa-7

全　幅	9.80m
全　長	8.60m
全　高	2.80m
全備重量	3,315kg
エンジン	シュベツォフASh-82FN（1,470hp）
最大速度	661km/h
航続距離	635km
固定武装	20mm機関砲×2～3
爆　弾	100kg爆弾×2
乗　員	1名

LaGG-3

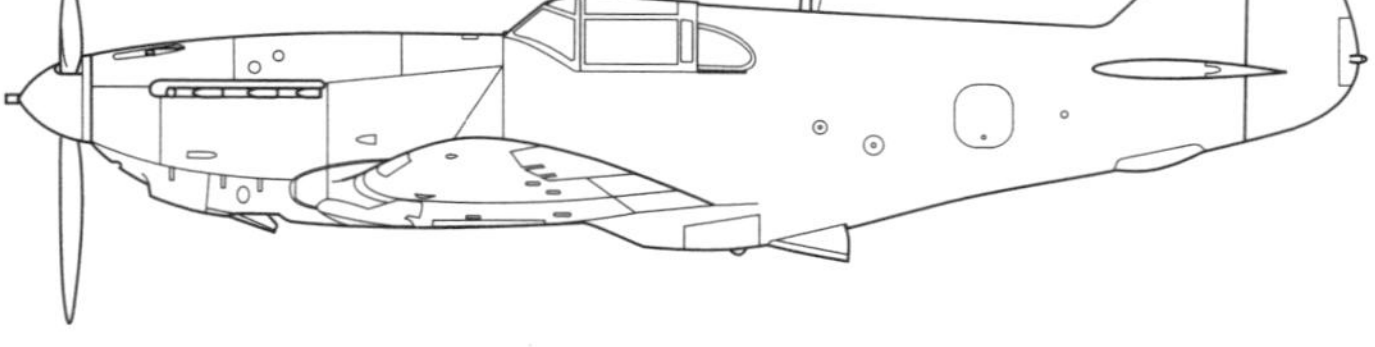

◎フランスの戦闘機

フランスは、世界でもいち早く航空機を戦力化し、第一次大戦中はドイツ軍の戦闘機に何度か優位に立たれたが、最終的にはイギリス軍などの戦闘機とともにドイツ軍の戦闘機を数で圧倒した。

第一次大戦後は、1928年に航空省が設立され、1933年に空軍が正式に独立したが、第一次大戦による国力の疲弊などから航空技術の革新はあまり進まなかった。また、独仏国境の要塞線「マジノ線」の建設に巨費が注がれたこと、航空機メーカーの国有化と統合の推進によって生産体制が変更されたことなどが影響して、新型戦闘機の開発や配備は遅れ、第二次大戦直前にはオランダやアメリカから戦闘機を急遽輸入するほど危機的な状況に陥った。第二次大戦が勃発する頃になって、ようやく国産の近代的な戦闘機が揃い始め、ドイツ軍によるフランス進攻作戦の開始直前には、ドイツ戦闘機に対抗できる新型戦闘機の配備も始められた。

しかし、1940年にドイツ軍によるフランス進攻作戦が始まると、もともとドイツ空軍の主力戦闘機に対抗できる新型戦闘機の数が少なかった上に、フランス空軍上層部が長期戦を想定して戦力を出し惜しみしたことなどにより、ドイツ空軍の戦闘機に圧倒されることになった。

ソ連・フランスの戦闘機

⊙スパッドⅩⅢ

第一次大戦中の1916年秋に配備が始められた戦闘機スパッドⅦの発展型として、プロペラ軸から砲弾を発射する37㎜モーター・カノン搭載のスパッドⅫCa1が開発され、1917年夏から量産が始められた。しかし、あまりにも扱いにくい機体だったので生産は約300機で打ち切られ、平行して開発されていたよりオーソドックスなスパッドⅩⅢが大量生産されることになった。

スパッドⅩⅢの原型機は1917年春に完成し、約8470機が生産されて、フランス軍の戦闘機部隊に配備されたほか、アメリカ軍やイタリア軍、イギリス軍でも使用されている。

当時としては異例の大馬力エンジンによる高速と、同調装置付きの機関銃2挺による大火力が特徴の重戦闘機で、空中戦ではドイツ軍のファルツD.Ⅲやアルバトロス D.Ⅴなどの戦闘機を圧倒し、大戦末期に登場したフォッカーD.Ⅶなどの新型戦闘機にもよく対抗して終戦まで活躍を続けた。また、第一次大戦後も、ベルギー、チェコスロバキア、日本などに輸出されている。

第一次大戦でのフランスNo.1戦闘機。フランスNo.1エースのルネ・フォンク大尉、No.2エースのジョルジュ・ギヌメール大尉もスパッドを愛機としていたわ。

スパッドⅩⅢ

翼幅	8.25m
全長	6.25m
全高	2.60m
全備重量	856kg
エンジン	イスパノスイザ8Be（220hp）
最大速度	218km/h
航続距離	515km
武装	7.7mm機関銃×2
乗員	1名

スパッドⅩⅢ

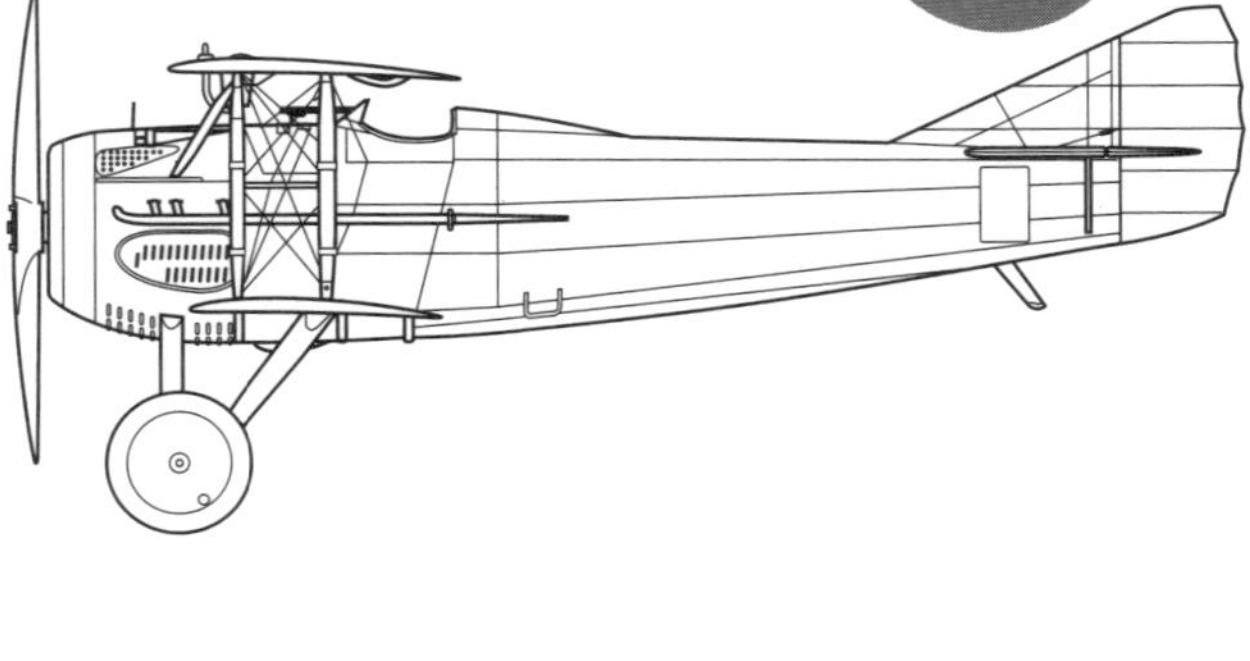

⊙モランソルニエMS406

モランソルニエ社は、1934年に空軍が要求した新型戦闘機計画に応じてMS405を設計し、1935年には試作1号機が完成した。1936年には先行量産機が少数発注され、1937年にはエンジンを換装し主翼を変更するなどの改良を加えた試作2号機が完成した。続いて、さらに改良を重ねたMS406が開発され、1938年に1号機が初飛行し、これに先立って第1次分として一挙に1000機が発注された。

1940年春には、翼内機関銃を2挺から4挺に増やし、従来のドラム弾倉をベルト給弾に変更するなどの改修が加えたMS410が開発され、一部のMS406はMS410に改修されている。

生産数は約1100機で、数の上ではフランス空軍の主力戦闘機だったが、フランス戦時のドイツ空軍の主力戦闘機だったメッサーシュミットBf109Eに対抗するには速度が遅く、大きな戦果をあげることはできなかった。

胴体後半はアルミパイプに羽布張り…時代遅れね…。

ぐぐ、20mmモーターカノンは強力だったのよ！凍結して故障することも多かったけど…。

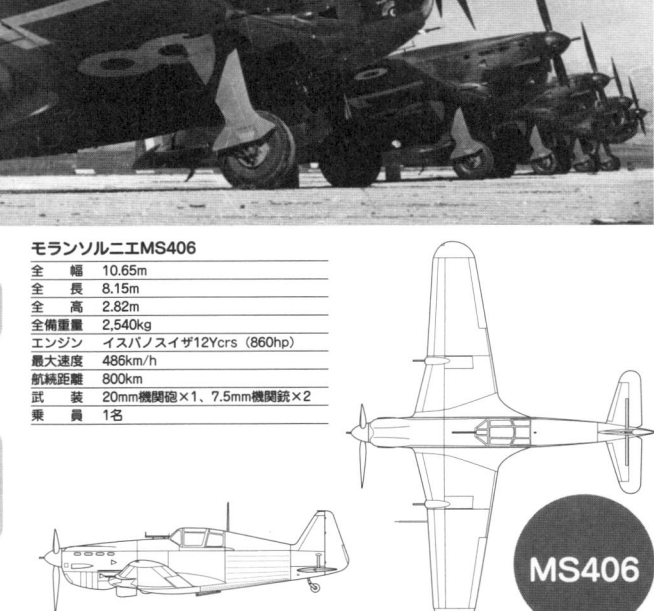

モランソルニエMS406

全　幅	10.65m
全　長	8.15m
全　高	2.82m
全備重量	2,540kg
エンジン	イスパノスイザ12Ycrs（860hp）
最大速度	486km/h
航続距離	800km
武　装	20mm機関砲×1、7.5mm機関銃×2
乗　員	1名

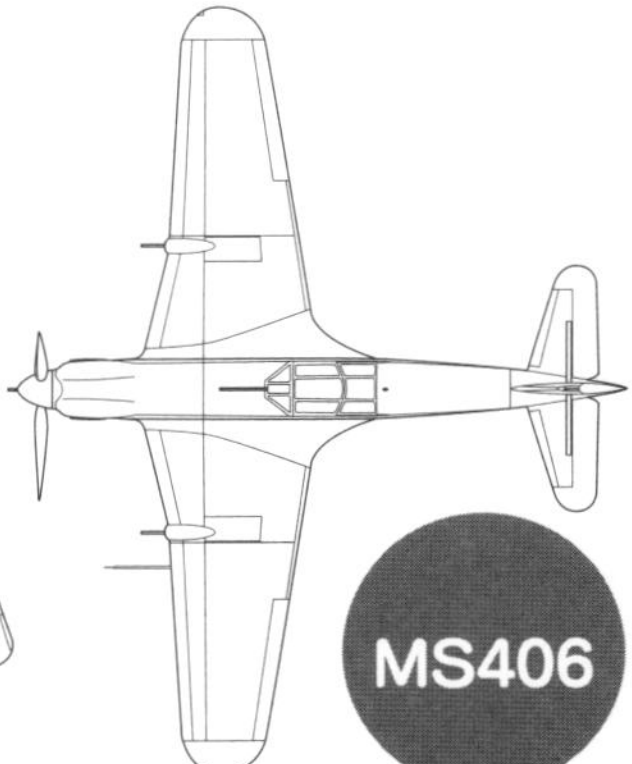

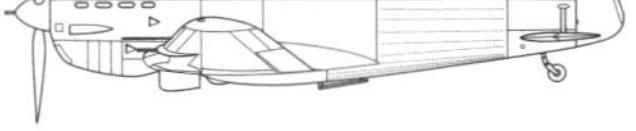

MS406

⊙ドヴォアチンD520

ドヴォアチン社は、1934年に空軍が要求した新型戦闘機計画に応じてD513を提出したが、空軍はモランソルニエMS405を選択した。しかし、その後も発展型の開発は続けられ、1937年に空軍が要求したモランソルニエMS406の後継機計画に応じて発展型のD520を提出し、試作契約が結ばれた。

1938年には試作1号機が初飛行し、1939年には第1次分として200機が発注され、さらに400機が追加発注された。しかし、部隊への引き渡しが始められたのは1940年に入ってからで、ドイツ軍のフランス進攻作戦が始まった1940年5月時点での保有数は70機にも満たず、大きな戦力にはならなかった。

休戦協定締結後もヴィシー政府の空軍に配備されたが、のちにヴィシー政府が武装解除された後は枢軸各国で戦闘機や練習機として使用された。また、本国を脱出した機体や連合軍の大陸反攻後に鹵獲された機体は、自由フランス空軍で使用され、戦後もフランス空軍に配備されている。

生産数は、一説には休戦協定締結後の生産機や改良型を合わせて約610機といわれているが、異説もある。

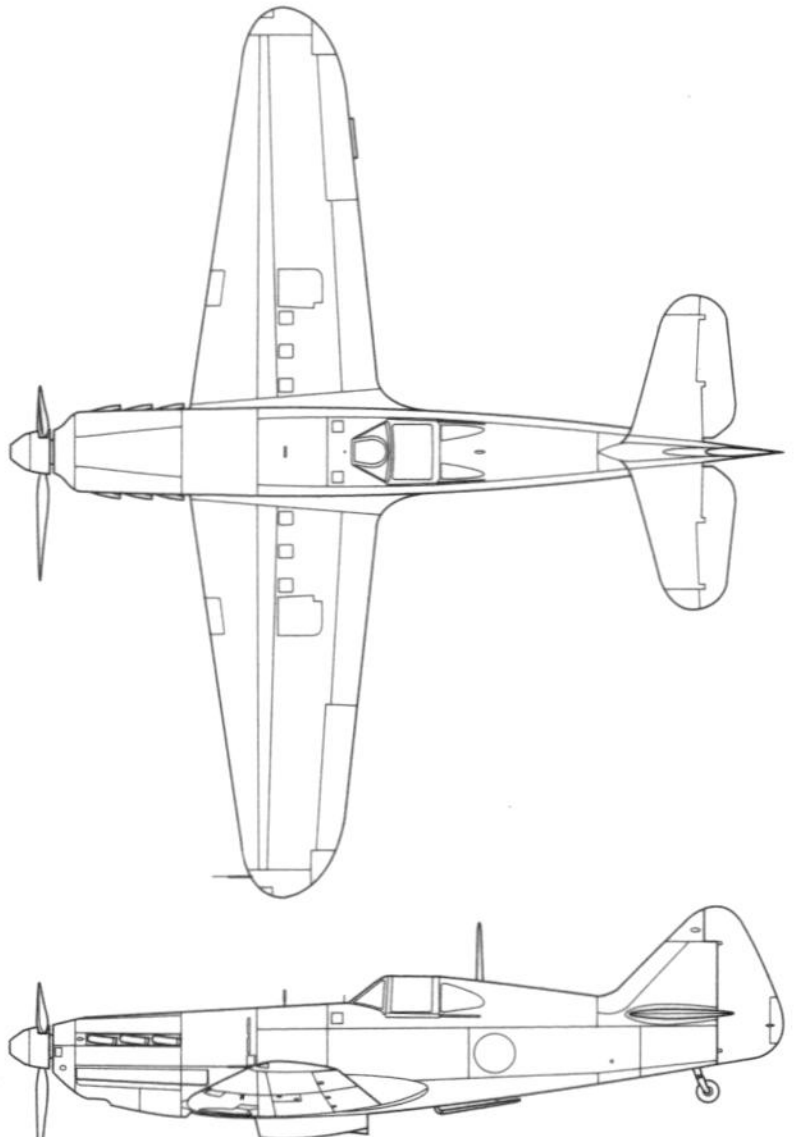

D520はヴィシー政府軍でも主力戦闘機として活躍したわ。18機を撃墜したフランス有数のエース、ル・グローン中尉が愛機としていたのよ。

ドヴォアチンD520

全幅	10.20m
全長	8.60m
全高	2.57m
全備重量	2,800kg
エンジン	イスパノスイザ12Y45（930hp）
最大速度	534km/h
航続距離	900km
武装	20mm機関砲×1、7.5mm機関銃×4
乗員	1名

その他の国のおもな戦闘機

第二次大戦前から大戦中にかけて、世界の列強と呼ばれた大国（米英独日仏伊ソなど）に次ぐ程度の工業力を持つ中小国でも、相当の性能を持った戦闘機が開発されるようになった。

たとえば、西欧の中小国の戦闘機では、老舗のフォッカー社がオランダ領東インド軍の要求仕様に応じて開発したフォッカーD21、オランダ製でフランスに輸出されたコールホーヘンFK58、試作に終わったベルギーのルナールR-36やR-38などがあげられる。

また、中欧や東欧の中小国では、チェコスロヴァキア製でドイツによるチェコ併合後はスロヴァキア空軍の主力となったアヴィアB534やブルガリアに輸出されたアヴィアAv135、ポーランドの国営航空機工場PZLで開発されたP.11やその発展型でギリシャやブルガリア、ルーマニアなどに輸出されたP.24、そのP.24のコンポーネンツを一部流用してルーマニアで開発されたIAR80、ユーゴスラヴィアで自力開発されたイカルスIK-2やIK-3などがあげられる。

また、北欧諸国では、双胴で推進式というユニークな形式を採用したスウェーデンのサーブ21やフィンランドの木製機VL.ミルスキなどの戦闘機が開発されている。

さらに欧州以外で開発された戦闘機として、オーストラリアのコモンウェルス社がノースアメリカンNA-33を国産化したワイラウェイをベースに開発したCA-12ブーメラン、カナダのカナディアン・カー&ファウンドリー社が開発したFDB-1などがある。

このように当時は、ある程度の工業力を持った国であれば、比較的容易に国産の戦闘機を開発することができたのだ。

ポーランドの国産機、PZL P.11戦闘機。ドイツのポーランド侵攻戦で防空戦に奮戦しましたわ。

オランダのフォッカーD21ね。固定脚ですが、軽快な運動性と頑丈な構造が特徴。フィンランド空軍ではソ連軍相手に大活躍しました。

これはオーストラリアのCA-12ブーメランね。この戦闘機のベースになったNA33は、ノースアメリカンAT-6テキサン練習機。元をたどればアメリカ機ということね。

の戦闘機大きさ比べ

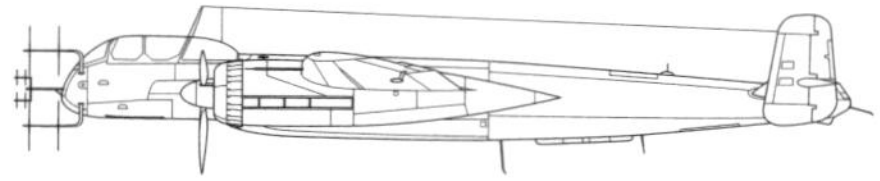

ハインケル　He219A-0(ドイツ)

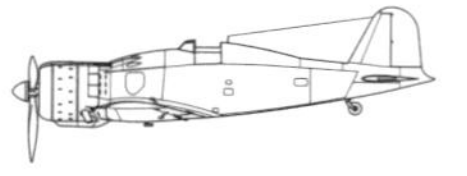

フィアット　G50bis フレッチア(イタリア)

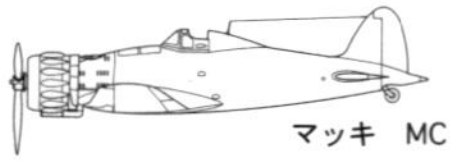

マッキ　MC200サエッタ (イタリア)

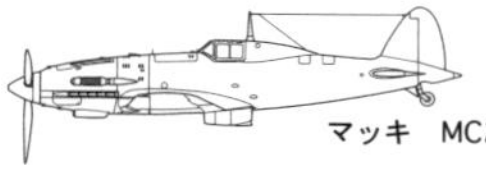

マッキ　MC202フォルゴーレ (イタリア)

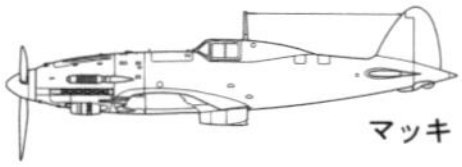

マッキ　MC205ヴェルトロ (イタリア)

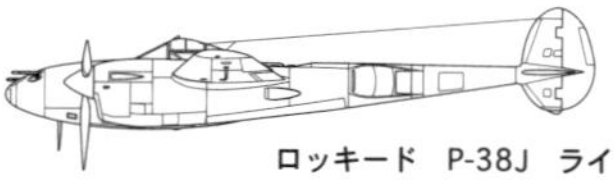

ロッキード　P-38J　ライトニング(アメリカ)

カーチス　P-40E ウォーホーク(アメリカ)

リパブリック　P-47D サンダーボルト(アメリカ)

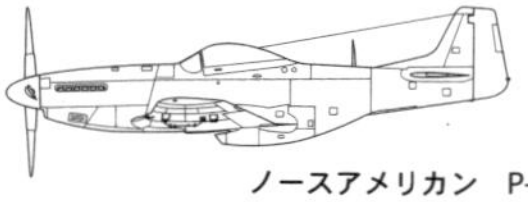

ノースアメリカン　P-51D ムスタング(アメリカ)

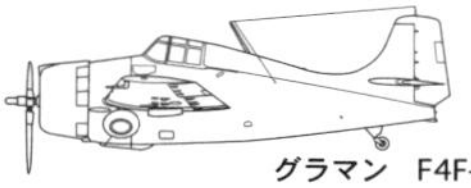

グラマン　F4F-4 ワイルドキャット(アメリカ)

グラマン　F6F-5 ヘルキャット(アメリカ)

0　5　10m　15m

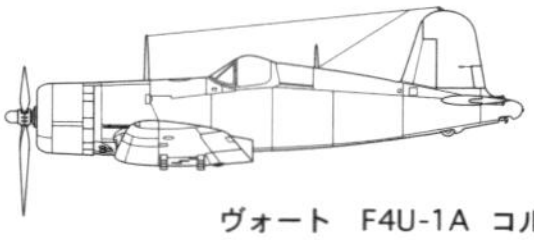

ヴォート　F4U-1A　コルセア(アメリカ)

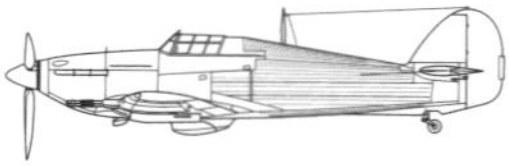

ホーカー　ハリケーンMk.II C(イギリス)

スーパーマリン　スピットファイアMk.V B(イギリス)

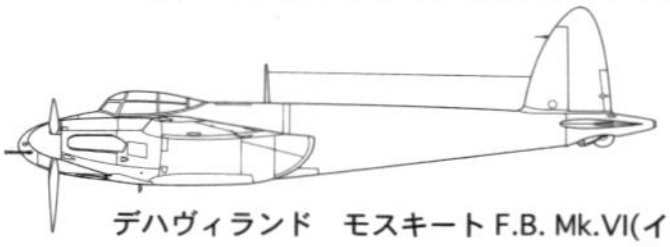

デハヴィランド　モスキートF.B. Mk.VI(イギリス)

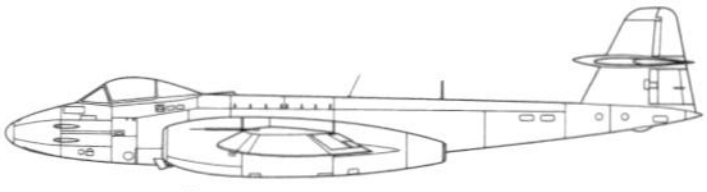

グロスター　ミーティア(イギリス)

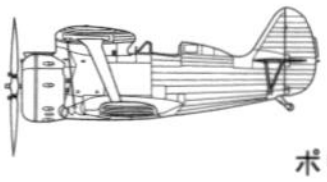

ポリカルポフ　I-153(ソ連)

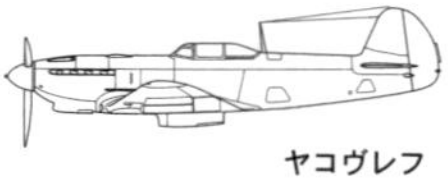

ヤコヴレフ　Yak-9D(ソ連)

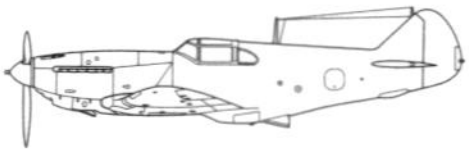

ラヴォーチキン　LaGG-3(ソ連)

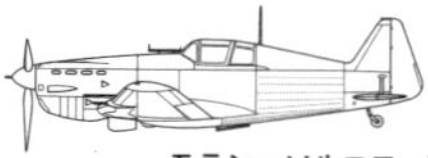

モラン・ソルニエ　MS 406C(フランス)

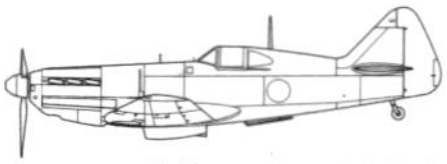

ドヴォアチン　D520(フランス)

0　5　10m　15m

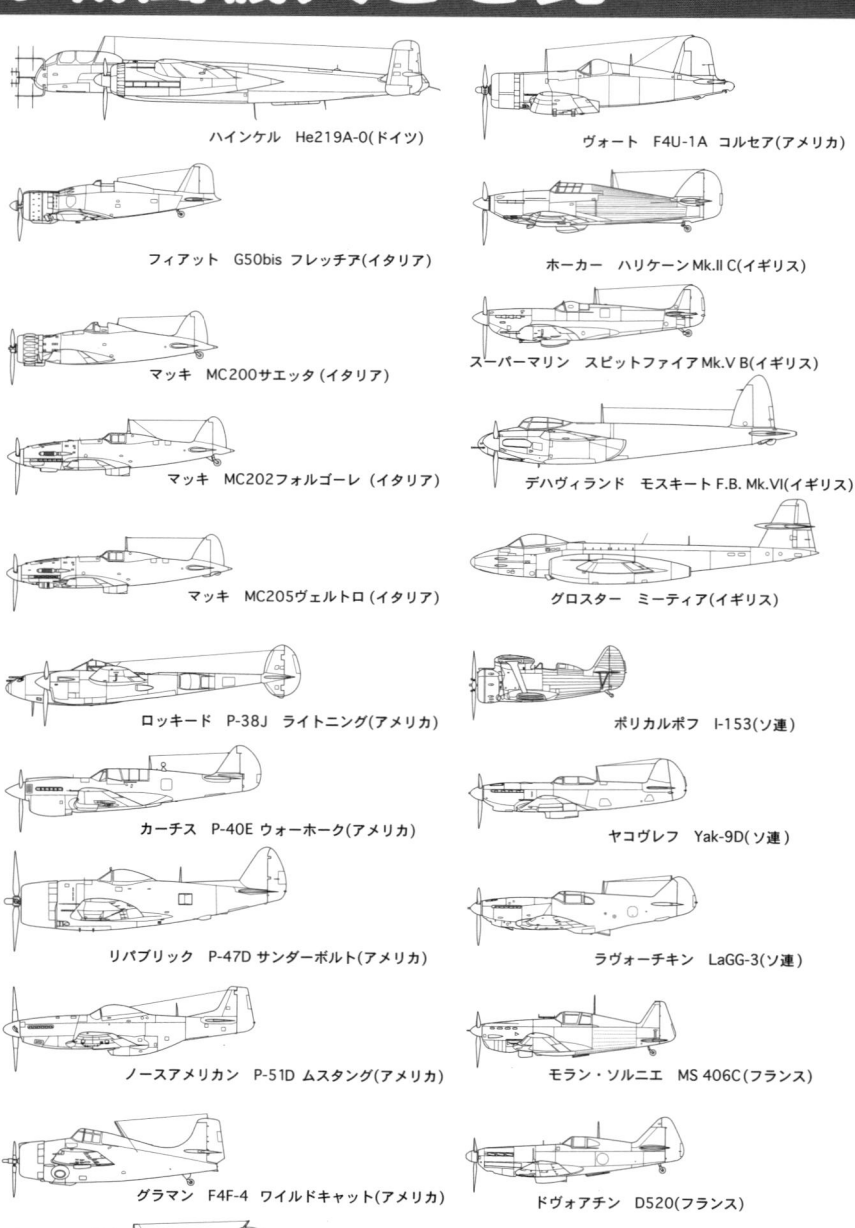

第1次、第2次大戦時

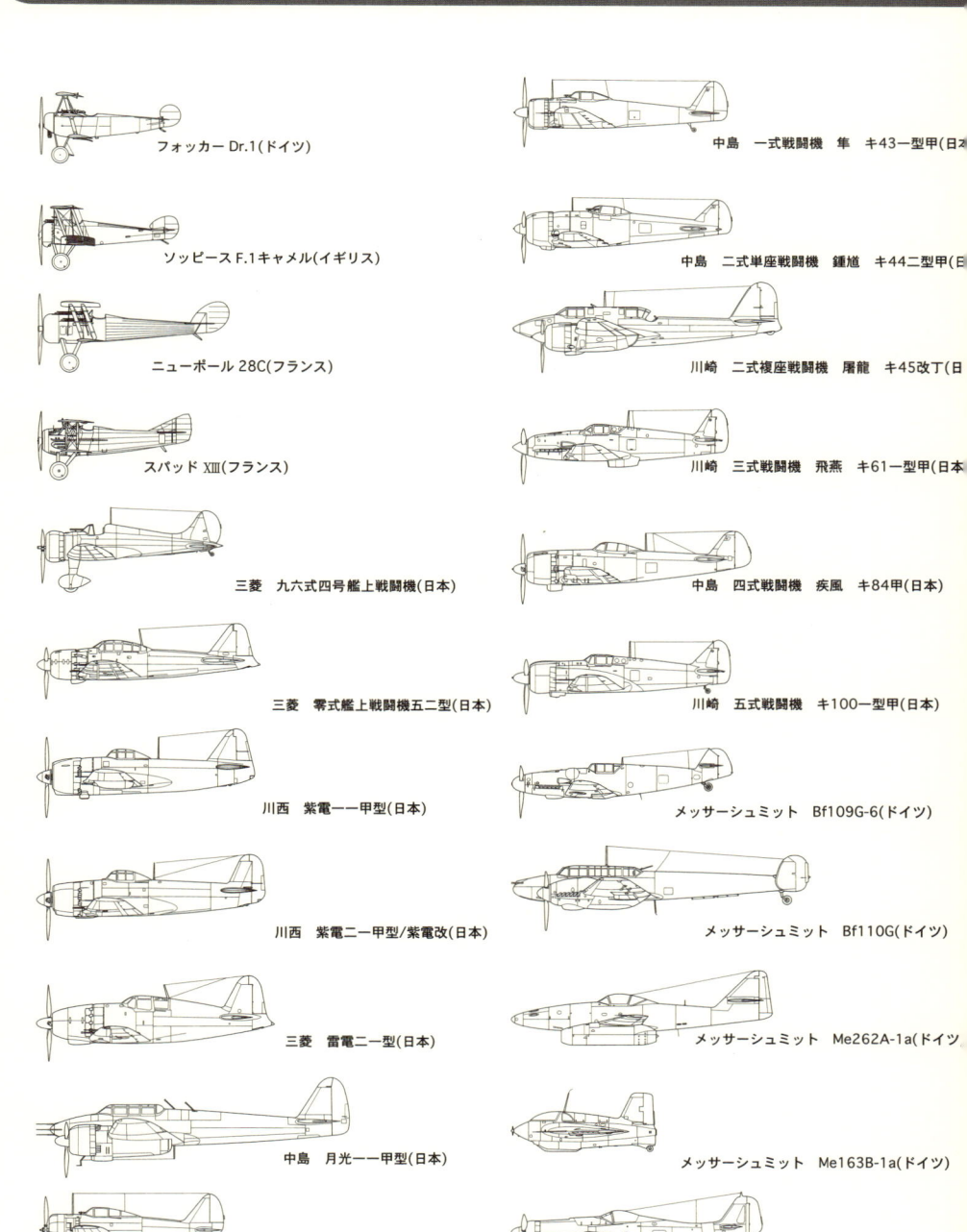

フォッカー Dr.1(ドイツ)

ソッピース F.1キャメル(イギリス)

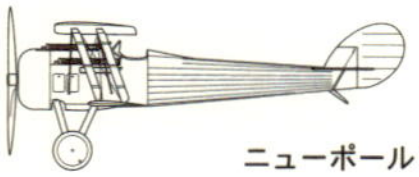
ニューポール 28C(フランス)

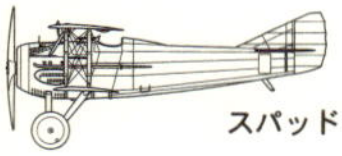
スパッド XIII(フランス)

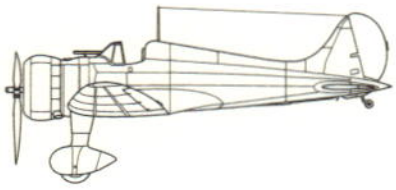
三菱　九六式四号艦上戦闘機(日本)

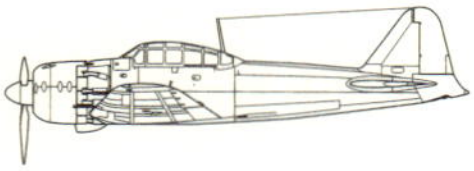
三菱　零式艦上戦闘機五二型(日本)

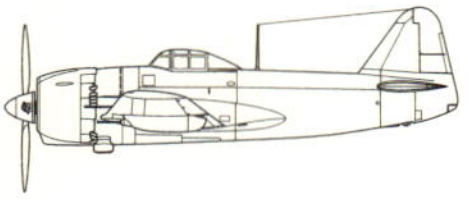
川西　紫電一一甲型(日本)

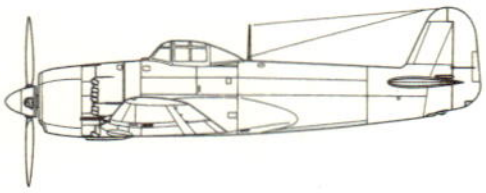
川西　紫電二一甲型/紫電改(日本)

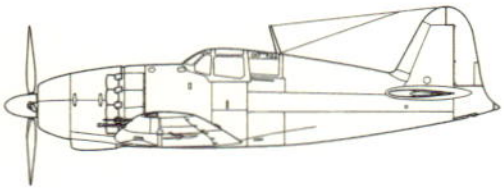
三菱　雷電二一型(日本)

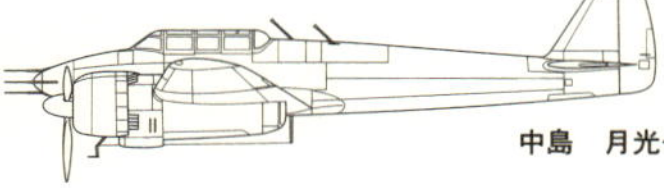
中島　月光一一甲型(日本)

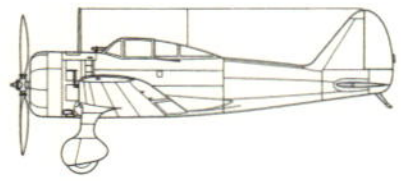
中島　九七式戦闘機キ27乙(日本)

0　5　10　15m

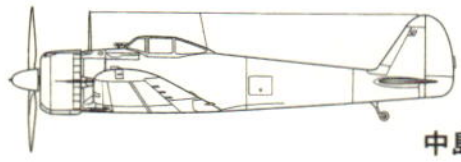
中島　一式戦闘機　隼　キ43一型甲(日本

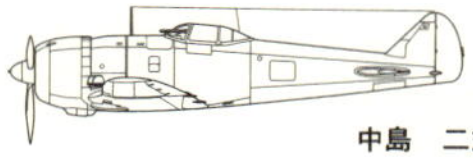
中島　二式単座戦闘機　鍾馗　キ44二型甲(日

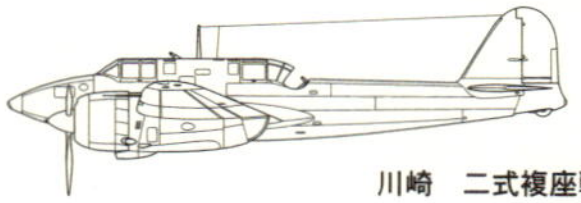
川崎　二式複座戦闘機　屠龍　キ45改丁(日

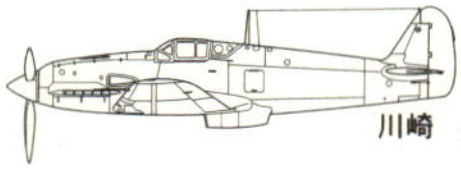
川崎　三式戦闘機　飛燕　キ61一型甲(日本

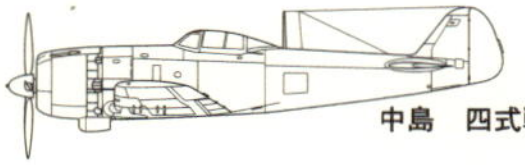
中島　四式戦闘機　疾風　キ84甲(日本)

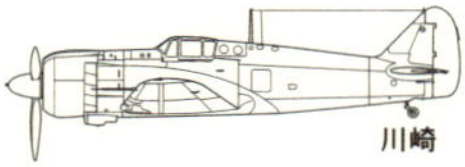
川崎　五式戦闘機　キ100一型甲(日本)

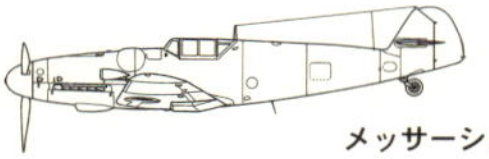
メッサーシュミット　Bf109G-6(ドイツ)

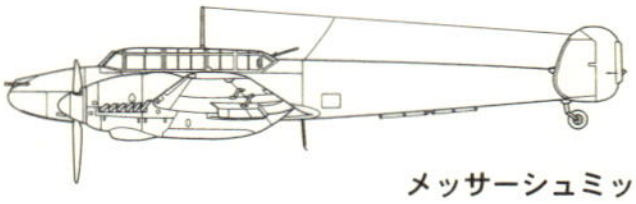
メッサーシュミット　Bf110G(ドイツ)

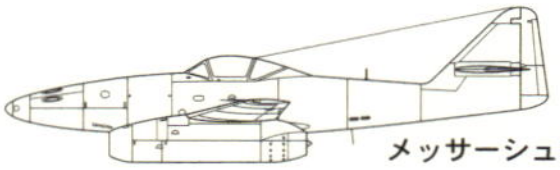
メッサーシュミット　Me262A-1a(ドイツ

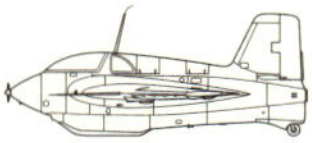
メッサーシュミット　Me163B-1a(ドイツ)

フォッケウルフ　Fw190D-9(ドイツ)

0　5　10　15m

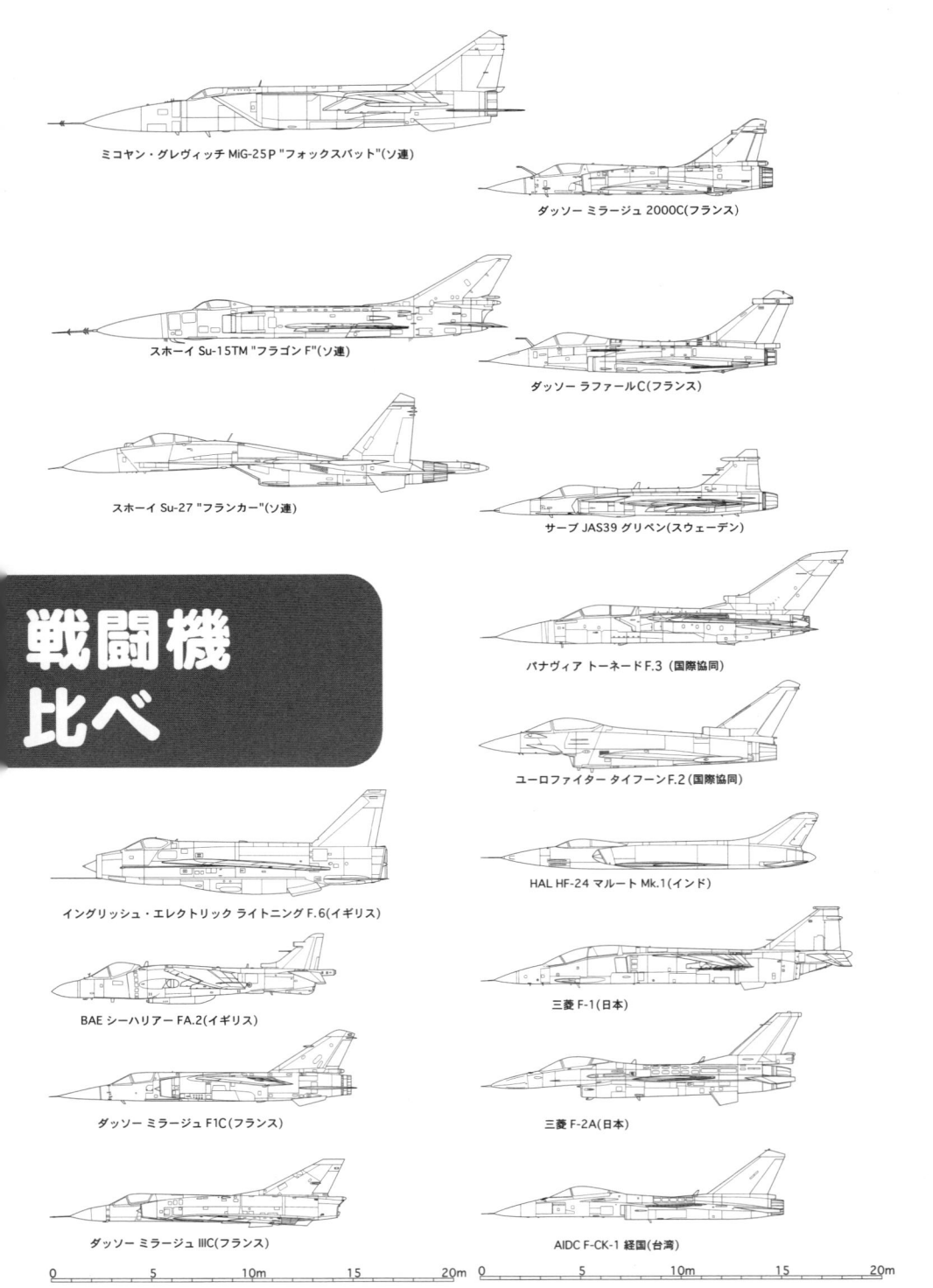

戦闘機比べ

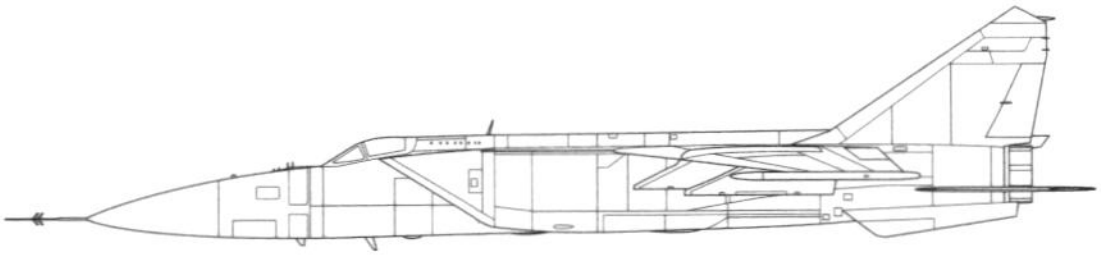

ミコヤン・グレヴィッチ MiG-25P "フォックスバット"(ソ連)

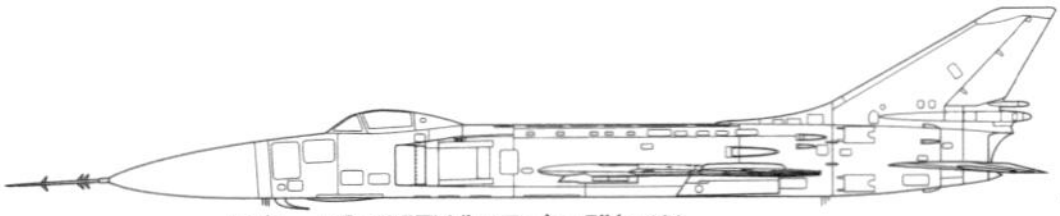

スホーイ Su-15TM "フラゴン F"(ソ連)

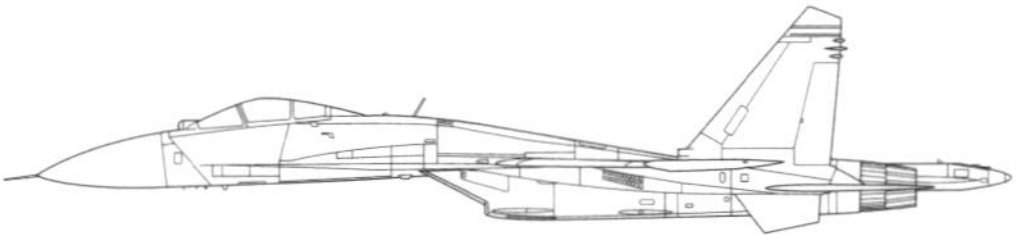

スホーイ Su-27 "フランカー"(ソ連)

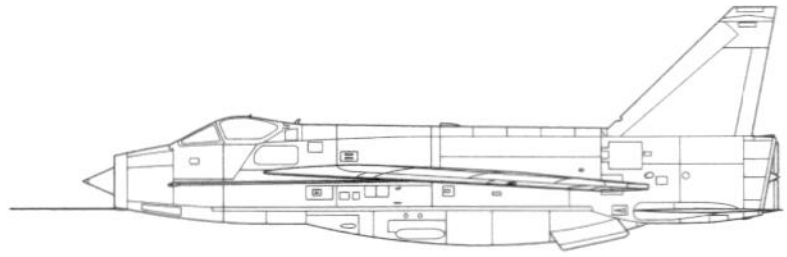

イングリッシュ・エレクトリック ライトニング F.6(イギリス)

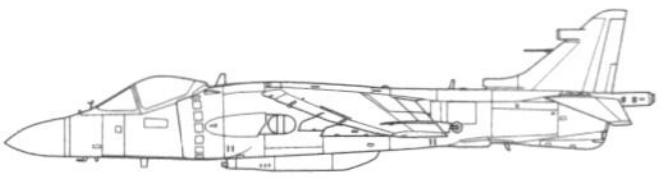

BAE シーハリアー FA.2(イギリス)

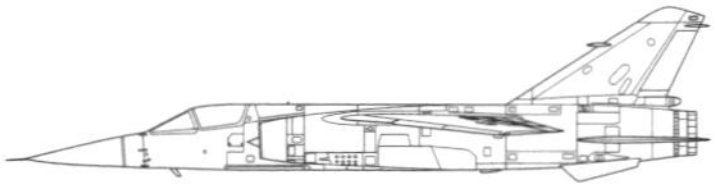

ダッソー ミラージュ F1C(フランス)

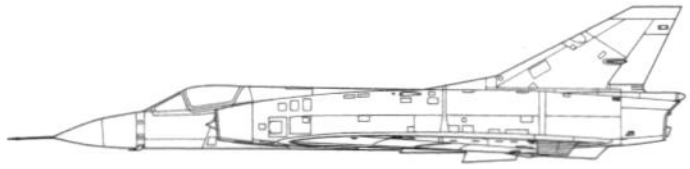

ダッソー ミラージュ IIIC(フランス)

0 5 10m 15 20m

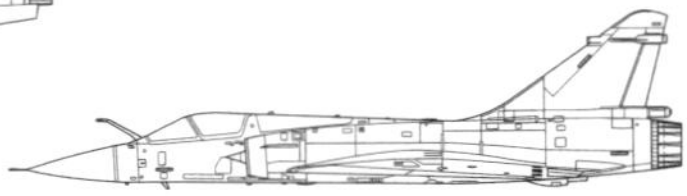

ダッソー ミラージュ 2000C(フランス)

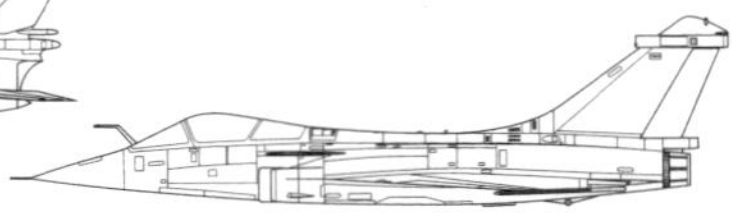

ダッソー ラファール C(フランス)

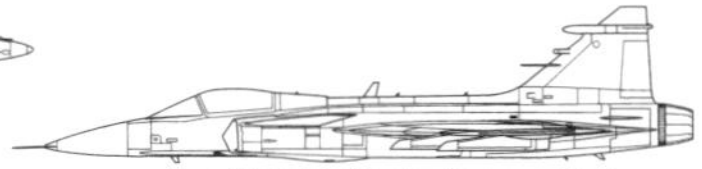

サーブ JAS39 グリペン(スウェーデン)

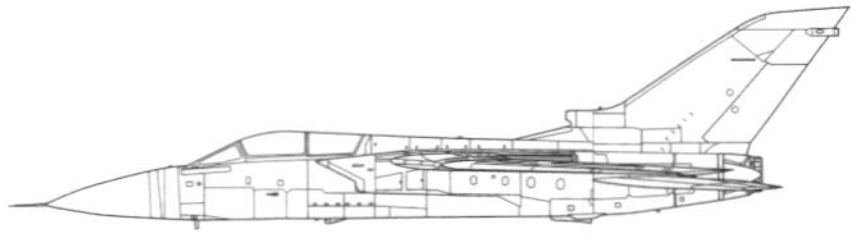

パナヴィア トーネード F.3 (国際協同)

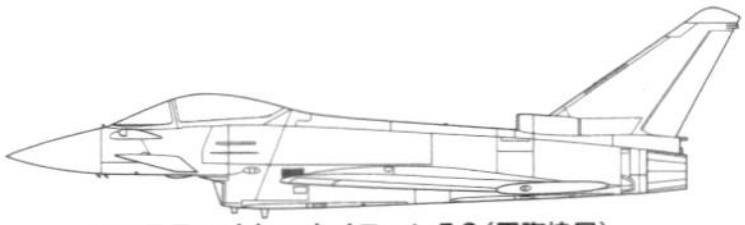

ユーロファイター タイフーン F.2 (国際協同)

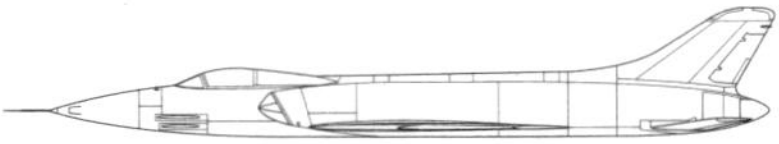

HAL HF-24 マルート Mk.1(インド)

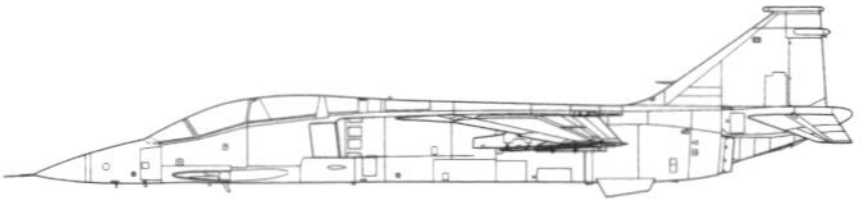

三菱 F-1(日本)

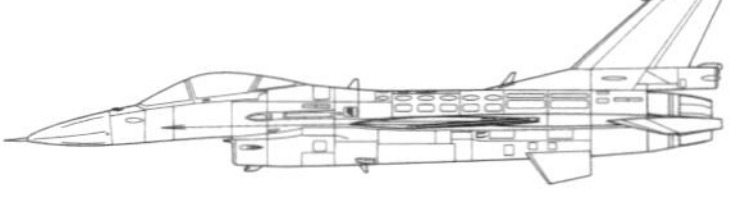

三菱 F-2A(日本)

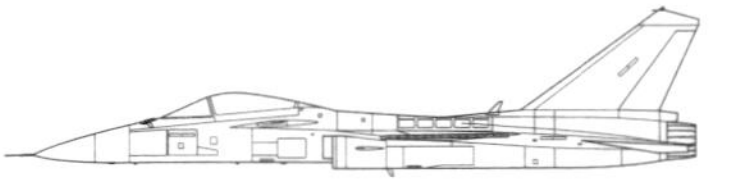

AIDC F-CK-1 経国(台湾)

0 5 10m 15 20m

戦後の大きさ

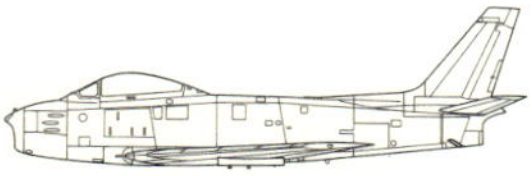

ノースアメリカンF-86F セイバー(アメリカ)

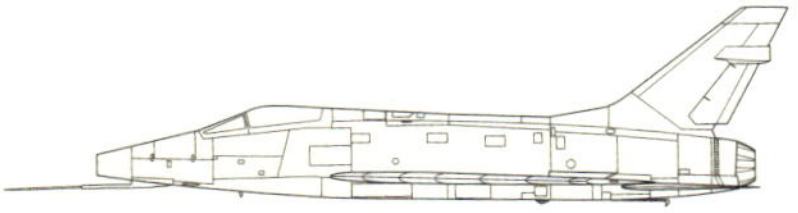

ノースアメリカン F-100D スーパーセイバー(アメリカ)

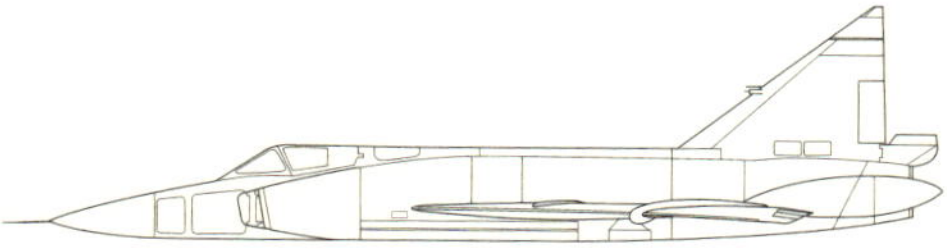

コンヴェア F-102A デルタダガー(アメリカ)

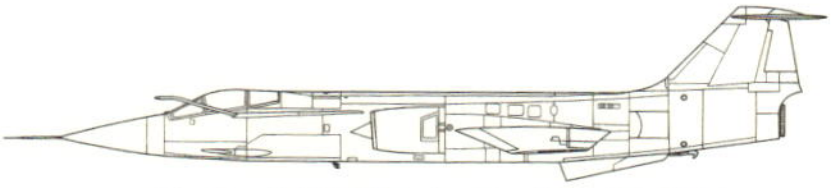

ロッキード F-104C スターファイター(アメリカ)

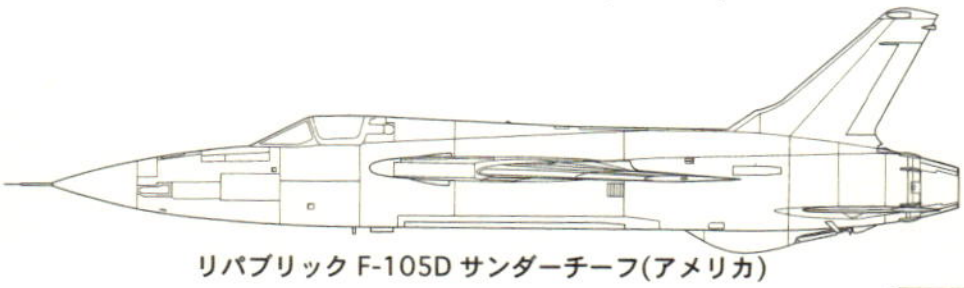

リパブリック F-105D サンダーチーフ(アメリカ)

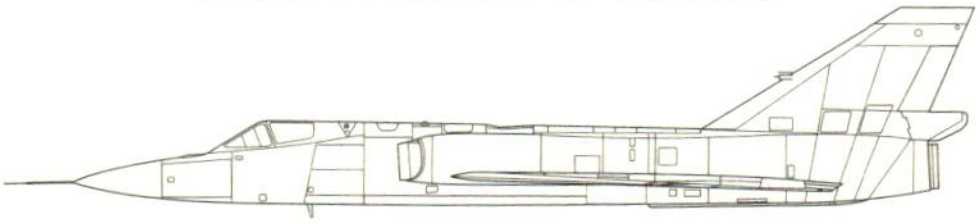

コンヴェア F-106A デルタダート(アメリカ)

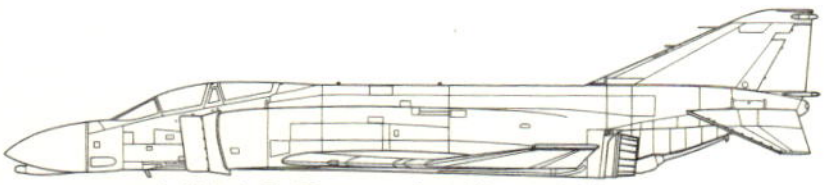

マクドネル F-4B ファントム II(アメリカ)

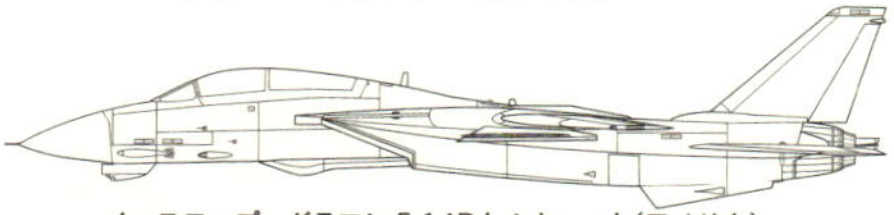

ノースロップ・グラマン F-14Dトムキャット(アメリカ)

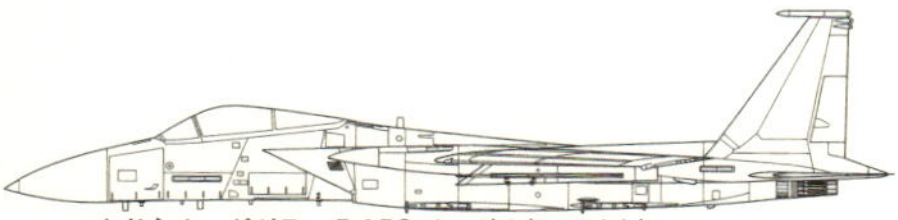

マクドネル・ダグラス F-15C イーグル(アメリカ)

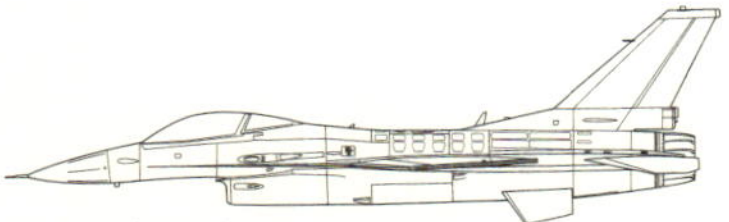

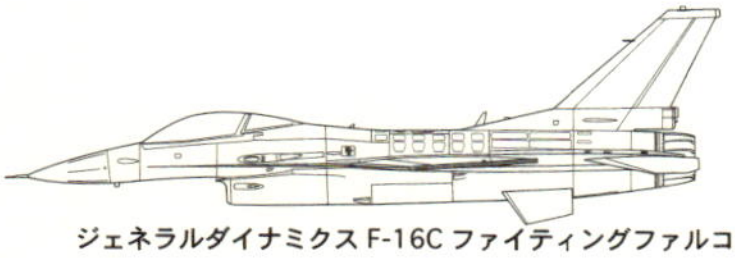

ジェネラルダイナミクス F-16C ファイティングファルコン(アメリカ)

0 5 10m 15 20m

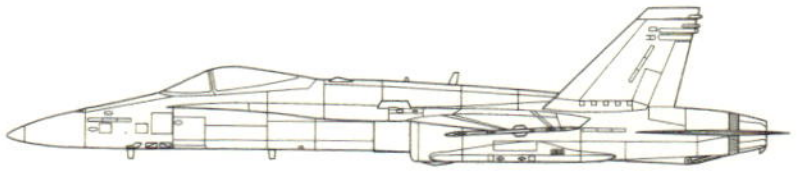

マクドネル・ダグラス F/A-18C ホーネット(アメリカ)

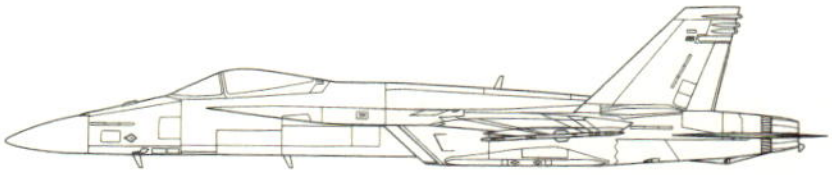

マクドネル・ダグラス F/A-18E スーパーホーネット(アメリカ)

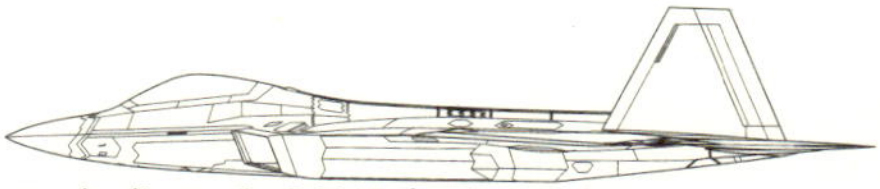

ロッキード・マーチン F-22Aラプター(アメリカ)

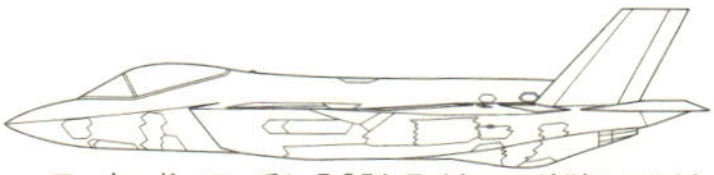

ロッキード・マーチン F-35A ライトニング II(アメリカ)

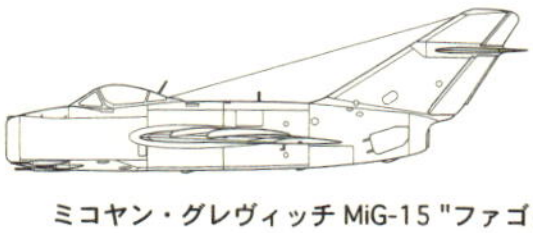

ミコヤン・グレヴィッチ MiG-15 "ファゴット"(ソ連)

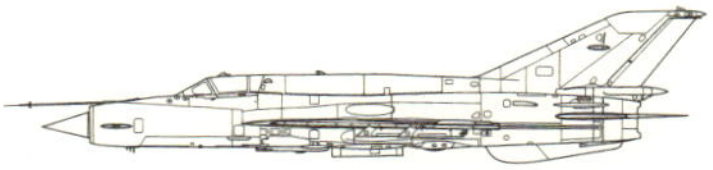

ミコヤン・グレヴィッチ MiG-21bis"フィッシュベッド"(ソ連)

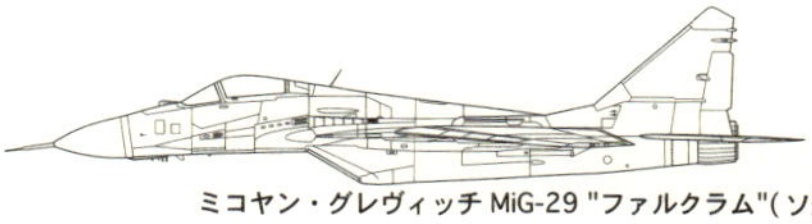

ミコヤン・グレヴィッチ MiG-29 "ファルクラム"(ソ連)

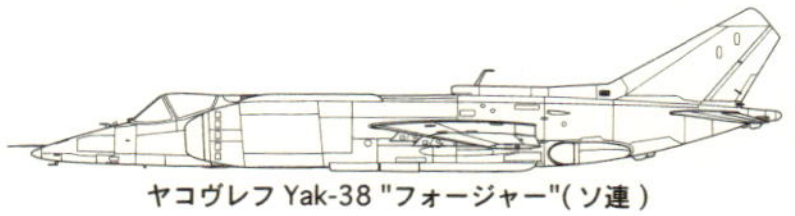

ヤコヴレフ Yak-38 "フォージャー"(ソ連)

0 5 10m 15 20m

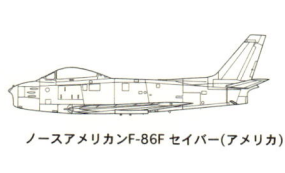

萌えよ!

空戦学校《くうせんがっこう》

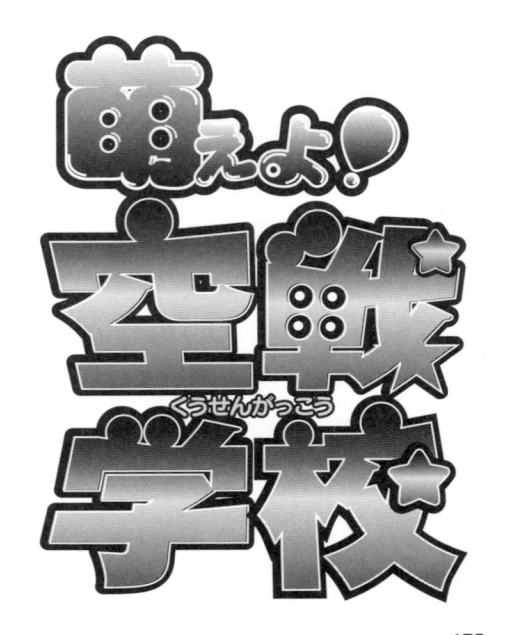

世界の名戦闘機
教官&生徒
イラスト集
P-51
MUSTANG
P-51ムスタング

零戦五二型
零式艦上戦闘機

MiG-25
FOXBAT
MiG-25
フォックスバット

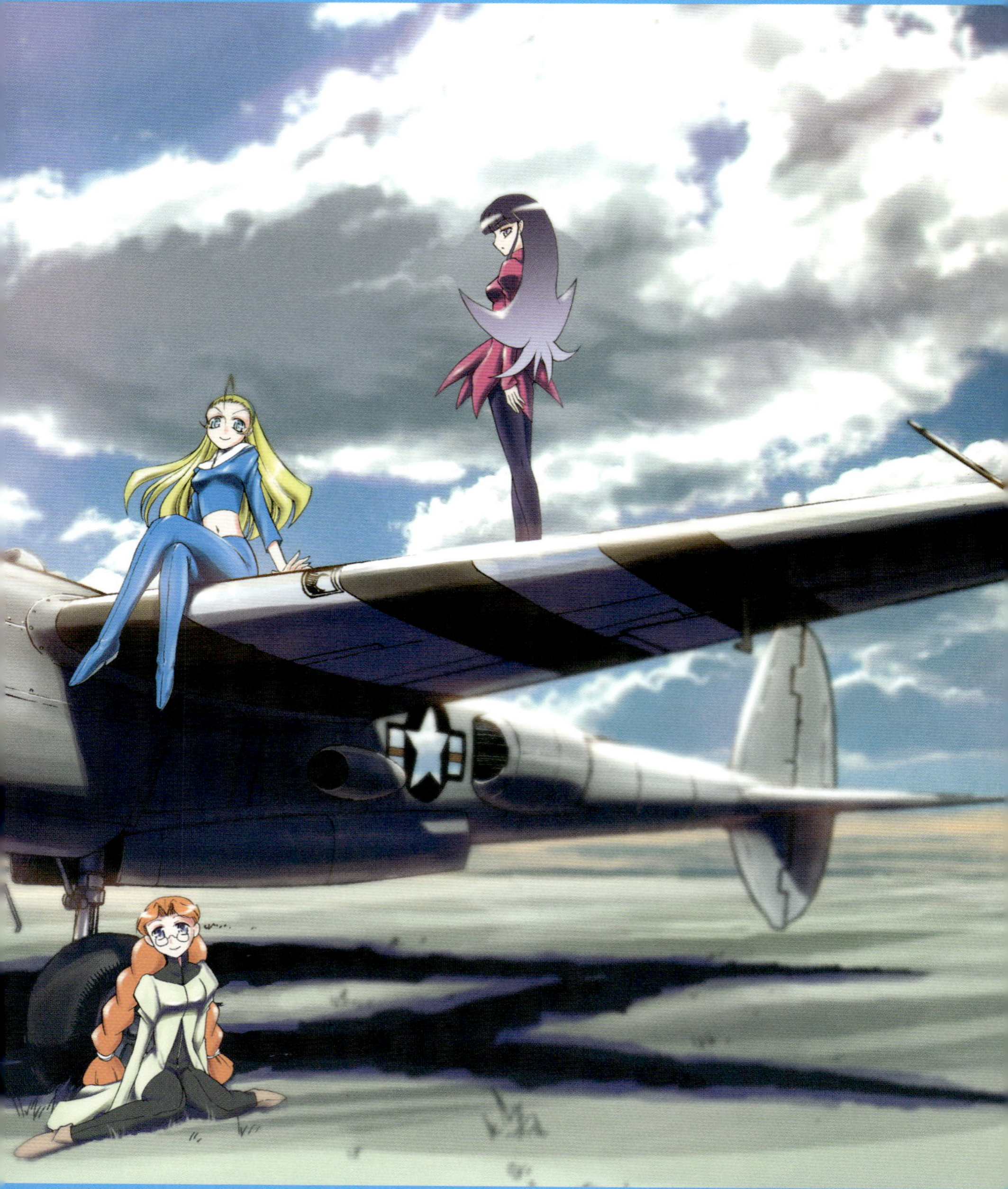

P-38ライトニング

Focke-Wolf
Ta-152
フォッケウルフTa152

Dassault
MIRAGE
2000
ダッソー ミラージュ2000

E. E/BAC
LIGHTNING
イングリッシュ・エレクトリック
ライトニング

ダッソー　ラファール

第四講　戦後各国のジェット戦闘機

お国自慢戦争ぼっ発！ お国柄は翼に出るの？Ⅱ

それでは続けてジェット時代の戦闘機を時代順に体験してみましょう！
一番手！それじゃニケさんから
OK！
フォォオン
ジェット時代の幕開けを担った名機"F-86セイバー"行きまーす！
ノースアメリカン　F-86"セイバー"

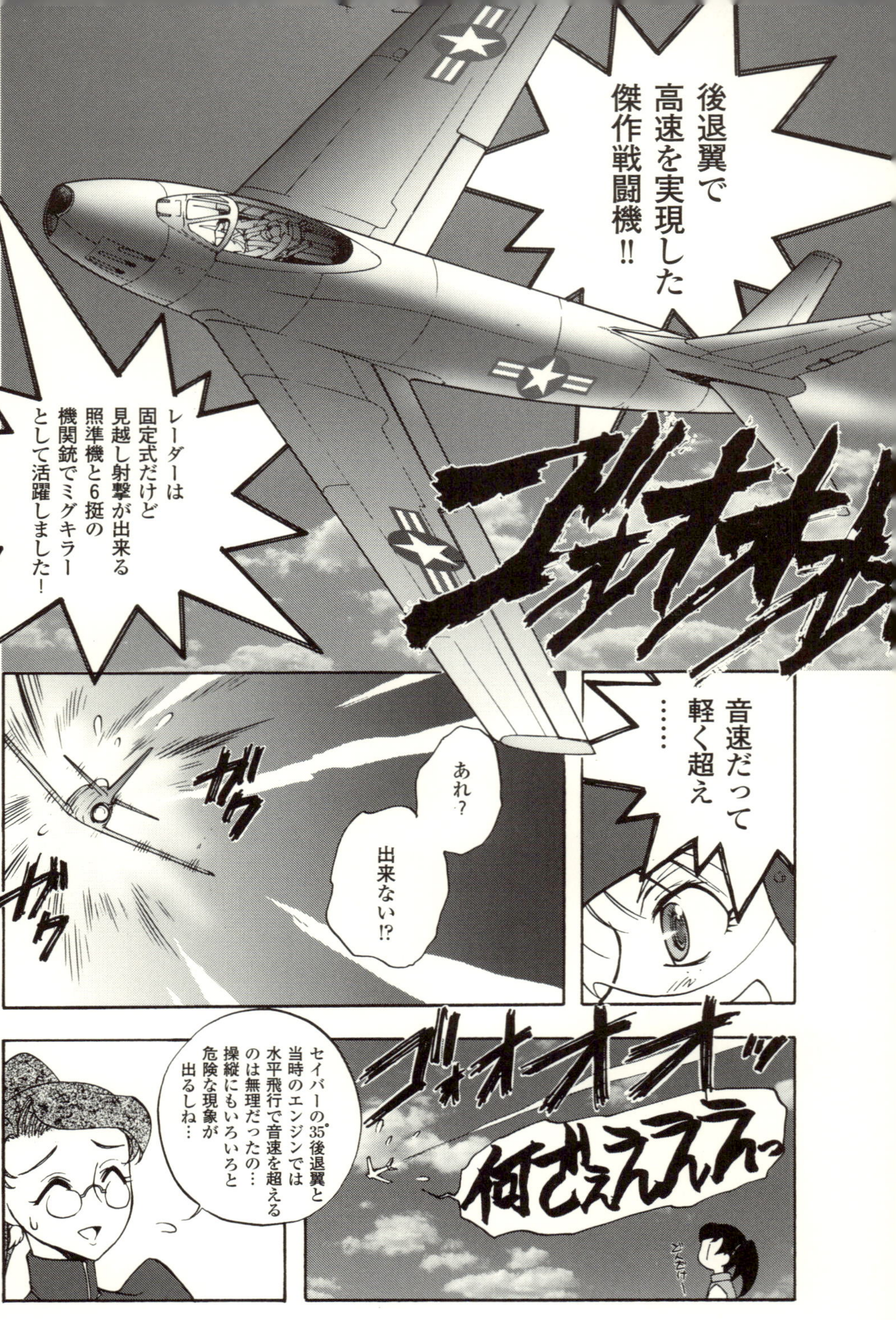
後退翼で
高速を実現した
傑作戦闘機!!
レーダーは
固定式だけど
見越し射撃が出来る
照準機と6挺の
機関銃でミグキラー
として活躍しました!
音速だって
軽く超え
……
あれ?
出来ない!?
ガク
ガク
ゴォオオッ
何でぇえええっ
どんだけー
セイバーの35°後退翼と
当時のエンジンでは
水平飛行で音速を超える
のは無理だったの…
操縦にもいろいろと
危険な現象が
出るしね…

ダッソー ミラージュIII
情けないわね 今度はフランスの 番よ！
マッハ2級 の戦闘機！ デルタ翼の ベストセラー！
マッハ2？ 何で？ずるい！
ミラージュの デルタ翼は 60°だから…より 抵抗が少なくて 済むのよ
50〜60年代は 色々な形の翼が 試された時期 だったの
後退翼
デルタ翼
可変翼
！
先生！その頃 流行したもう一つ のトレンドが ありますわ
あぢぢぢ ぢぢーっ

ごめんなさい 操作が色々 ややこしいものですから…
BAe FRS.1 “シーハリアー”
や、焼き殺す気かーっ!!
こんな所でホバリングしないでよっ!!
VTOL(垂直離着陸)戦闘機もジェット時代になって実用化したものですね
特殊な機体ですが一定の用途では大変重宝されている機体なんですよ
まあ…英国くらいしか作ろうとは思わないよね
フランスは途中でザセツした
ウチは作った…
それじゃあ次に行きましょう
70~80年代にかけてはミサイルの万能性に疑問が持たれドッグファイトが重視されました
F-16なんかはその格闘性能重視の流れから生まれました
その究極がこの機体! Su-27フランカー系列です!
クルビット…行きます
スホーイSu-37 “スーパーフランカー”

え？
うわ！裏返ってる！
くるっ
で…でんぐり返ったあああッ!?
あぜん。。
ほえ～
機首を思いっきり持ち上げてもコントロールを失わないポストストール機動！
これは80年代から現在まで続く戦闘機の特徴です
ユーロファイタータイフーン
そして現在のトレンドと言えばレーダーに…
F-22!?
ちょ、米《ウチ》の最新鋭機になんで日の丸が書いてあんのよっ！

ロッキード・マーチン
F-22A"ラプター"
超音速巡航《スーパークルーズ》能力とステルス性を持つ
現在最強の戦闘機
他国ん所の最新型を勝手に自分のものみたいにすな――っ!!
あんたの所にゃF-2があるでしょーが!
だってアレはF-16の改造だもーん
それに多分空自が買うからこーなるよ
2008年現在、日本がラプターを買えるかどうかは不透明です
超音速の追求から高機動性、さらにレーダーに映り難いステルス性へと
戦闘機は進化してきました!
でも問題は開発コストの上昇!これからはなかなか新型は出てこないかも知れません

第二次大戦後のアメリカ戦闘機

さあ、ここからは戦後の戦闘機を見ていきましょう。まずはアメリカからね。

イエス！　戦後のアメリカ空海軍は、常に世界最強の戦闘機を擁しているわ！

最強…たしかに実戦での戦績は圧倒的ですからね…。

まずは第1世代。いちばん有名なのが朝鮮戦争で大活躍したF-86セイバーね。MiG-15とのキルレシオは14対1！

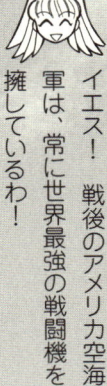

それは誇張。実際は…その半分くらい。

同じようなもんでしょ～。で、次は第2世代戦闘機。空軍ではF-100、F-101、F-102、F-104、F-105、F-106などがあるわ。これら100番台の戦闘機は「センチュリーシリーズ」と呼ばれてたわね。海軍の第2世代機としてはF-8クルセイダーが代表的ね。

センチュリーシリーズは、ヴェトナムでか～な～り落とされてるけどね～。

（無視して）第3世代といえばF-4ファントムⅡ。もともと海軍用に開発されたんだけど、後に空軍も採用したのよ。5000機以上も生産された、まさに傑作機！

あ、今度自衛隊でもF-4の後継機を決めるって言ってた～。

アンタんとこはずっとアメリカ機よね。で、その次は第4世代。海軍のF-14、F/A-18、空軍のF-15、F-16と人気機種がたくさん。特にF-14は映画「トップガン」の主役メカになるなど、超メジャーな戦闘機よね。

でも、アメリカばっかりどんどん新しい戦闘機を開発しますわね…。

そ・し・て！　まだアメリカ以外はどこも実用化していない、最新鋭の第5世代戦闘機がF-22とF-35よ！　F-22は間違いなく世界最強！　F-35だって第4世代戦闘機以下には圧倒的に有利なのよっ！

………

あの…ニケさん…勉強熱心なのはいいのですが…。私の出る幕がなくなっちゃうわ…。

第4講　戦後各国のジェット戦闘機

ここでは、第二次大戦後の世界各国のおもな戦闘機を見てみよう。

アメリカのおもな戦闘機

アメリカでは、1947年に空軍が正式に独立した。ただし、海軍はそのまま航空隊を保有し、陸軍には軽量の固定翼機や回転翼機（ヘリコプター）などを保有する陸軍航空隊が残された。

1950年に勃発した朝鮮戦争では運動性に優れた戦闘機が大きな戦果を報じたが、その後はどちらかというと運動性よりも速度が重視される傾向が強くなって、また機関砲や機関銃よりも空対空ミサイルが重視されるようになり、戦闘爆撃機的な性格の戦闘機が多くなっていった。

しかし、1965年から本格介入を始めたヴェトナム戦争では、空中戦で軽快なソ連製の戦闘機に苦戦し、ミサイルの信頼性の低さが露呈したこととあいまって、再び運動性や機関砲が重視されるようになった。

冷戦終結後は、新型戦闘機の開発ペースが低下しているが、既存の戦闘機の改良が重ねられるとともに、さまざまな任務を一機種でこなすマルチ・ロール・ファイターやレーダーに探知されにくい、いわゆるステルス戦闘機の開発、配備にも力が入れられている。

戦後のおもな米軍戦闘機の登場時期

空軍

	初飛行	世代
F-80シューティングスター	1944年	第1世代
F-84サンダージェット／サンダーストリーク	1946年	
F-86セイバー	1947年	
F-89スコーピオン	1948年	
F-94スターファイア	1949年	
F-100スーパーセイバー	1953年	第2世代
F-101ヴードゥー	1954年	
F-102デルタダガー	1954年	
F-104スターファイター	1954年	
F-105サンダーチーフ	1955年	
F-106デルタダート	1956年	
F-4ファントムII	1958年	第3世代
F-5フリーダムファイター	1959年	
F-111アードバーグ	1964年	
F-15イーグル	1972年	第4世代
F-16ファイティングファルコン	1974年	
F-22ラプター	1997年	第5世代
F-35ライトニングII	2000年	

海軍

	初飛行	世代
FD1ファントム	1945年	第1世代
F2Hバンシー	1947年	
F9Fパンサー／クーガー	1947年	
F7Uカットラス	1948年	
F3Dスカイナイト	1948年	
FJフューリー	1946年	
F4Dスカイレイ	1951年	
F3Hデモン	1951年	第2世代
F11Fタイガー	1954年	
F-8クルセイダー	1955年	
F-4ファントムII	1958年	第3世代
F-14トムキャット	1970年	第4世代
F/A-18ホーネット	1978年	

✪ノースアメリカンF-86Fセイバー

ノースアメリカン社は、1944年冬に出された陸軍の昼間戦闘機の要求に応じて、海軍に提案していた直線翼のジェット艦上戦闘機（のちのFJ-1フューリー）を陸上戦闘機に手直しして提出した。その後、ドイツからもたらされた研究成果を取り入れて後退翼機とした試作機XP-86が1947年に初飛行したが、その前年には最初の量産型P-86Aが発注されていた。その後、空軍では1948年に命名法が変更され、機種を示すP（Pursuit aircraftの略：追撃機）がF（Fighterの略：戦闘機）に改称されている。

最初の量産型であるA型、決定版といえるF型、爆撃能力を強化したH型などがある。

また、1949年には、F-86をベースとした迎撃戦闘機の試作機YF-95Aの開発契約と量産型のF-95の量産発注が行われ、YF-95Aは同年末に初飛行した。量産発注後、F-95は名称がF-86Dに改められている。

F-86セイバーは、朝鮮戦争で実戦に投入されて大きな戦果を記録した（後に戦果報告が過大であったことが判明している）。さらに、日本を含む世界各国で広く使われ、海軍版のFJ-2／3フューリーも開発されている。また、カナダ、イタリア、日本でもライセンス生産が行われた。

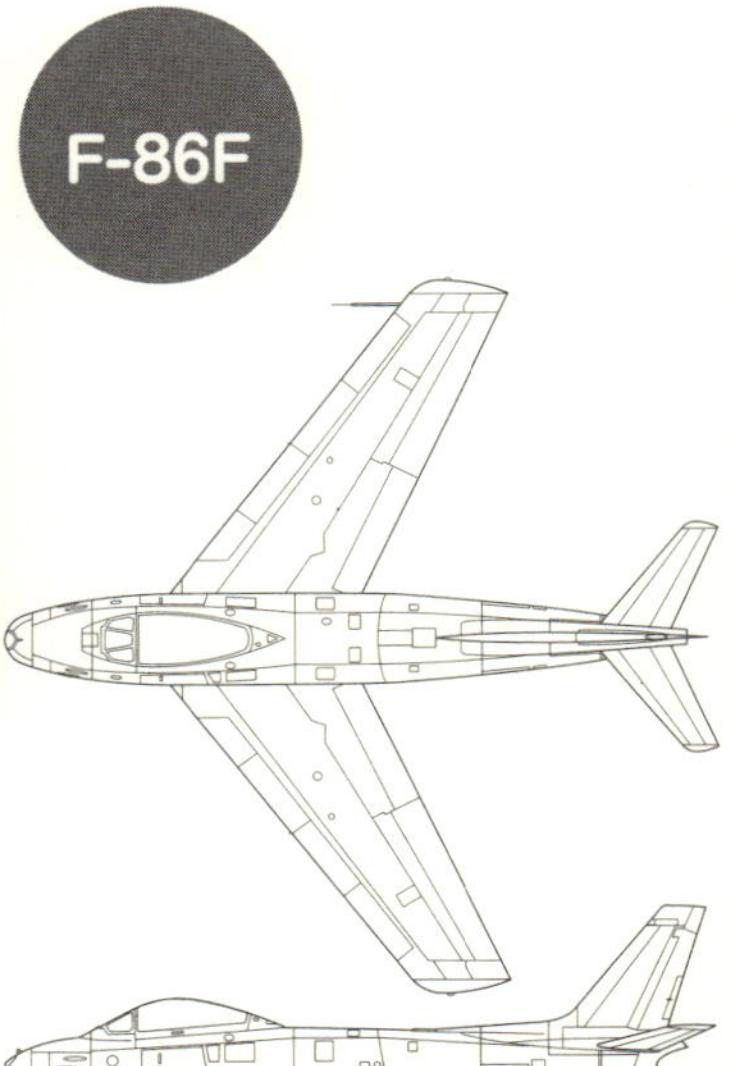

朝鮮戦争では、ＭｉＧ-15に対してF-86が常に優位に立っていたわ。これはパイロットの技量の差もあるけど、ハチロクは対戦闘機戦闘を主任務とした制空戦闘機で、ミグは対爆撃機戦闘を念頭に置いた迎撃戦闘機であったことも大きいわね。写真の機体は航空自衛隊のF-86F。ちなみにセイバーとは刀剣のサーベルのことよ。

ノースアメリカンF-86Fセイバー
（航空自衛隊装備機）

全幅	11.91m
全長	11.44m
全高	4.48m
翼面積	29.10㎡
最大離陸重量	9,100kg
エンジン	ジェネラルエレクトリック J47-GE-27（推力26.57Kn）×1
最大速度	1,110km/h
航続距離	1,400km
固定武装	12.7mm機関銃×6
乗員	1名

ノースアメリカンF-100スーパーセイバー

1949年、ノースアメリカン社は成功作となったF-86セイバーを発展させた超音速戦闘機セイバー45（主翼の後退角がF-86の35度から45度に変更されたことに由来している）の自主開発に着手した。1951年には、空軍向けに試作機のYF-100Aと量産型のF-100Aの開発契約が結ばれ、名称もスーパーセイバーに改められて、1953年に初飛行に成功した。

F-100は、アメリカ空軍初の実用超音速戦闘機となり、最初の量産型となったA型、爆撃能力の強化等の改良が加えられ、のちに空対空ミサイルの運用能力が追加されたC型、C型の性能向上型で途中から空対空ミサイルの運用能力が与えられたD型、複座型のF型などが量産された。総生産機数は約2300機とされている。

1954年から部隊配備が始められ、ヴェトナム戦争では対地攻撃などに活躍し、1970年代の終わりまで配備が続けられた。また、フランス、トルコ、デンマークなどでも運用された。

F-100D

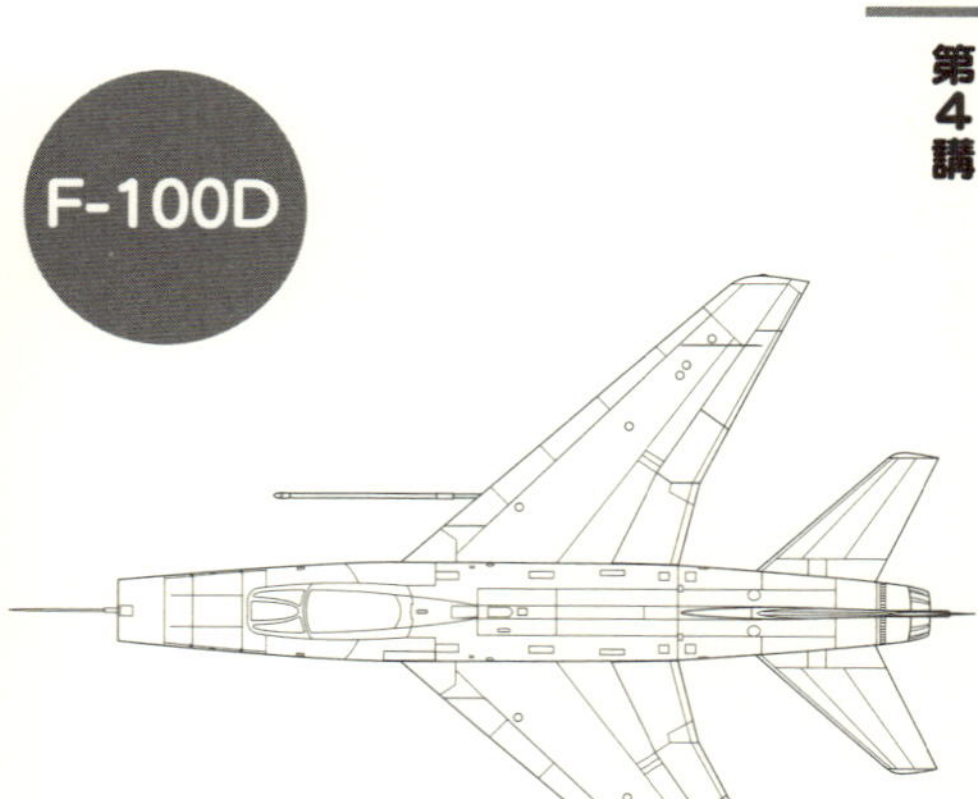

当初は制空戦闘機として開発されたF-100だったけど、ヴェトナム戦争では爆弾を搭載した戦闘爆撃機としても活躍したのよ。

ノースアメリカンF-100Dスーパーセイバー

全　幅	11.81m
全　長	15.03m
全　高	4.94m
主翼面積	35.77㎡
全備重量	13,635kg
エンジン	プラット＆ホイットニーJ57-P-21A（A/B使用時推力70.6kN）×1
最大速度	マッハ1.39
戦闘行動半径	966km
固定武装	20mm機関砲×4
乗　員	1名

✪ロッキードF-104スターファイター

ロッキード社では、朝鮮戦争での戦訓などを受けて小型軽量の高速戦闘機の自社研究に着手した。1953年には空軍向けにXF-104として試作契約を受注し、1954年に初飛行した。翌1955年には迎撃戦闘機として量産発注が行われ、1958年には最初の量産型であるF-104Aの配備が始められた。ところが、そのコンパクトな機体にSAGE（Semi Automatic Ground Environmentの略：半自動レーダー警戒防空システム）のデータリンク装置を搭載できなかったことなどから、迎撃戦闘機としては早期に退役した。

しかし、その高速性能と全天候性能などから制空および対地攻撃用に転用され、爆撃能力などを強化したC型が開発された。このほかに対地攻撃能力の強化などの改良を加えたG型、日本仕様のJ型、イタリア仕様のS型、カナダ仕様のCF-104などがある。このようにイタリア、カナダ、日本でもライセンス生産されており、総生産機数は約2580機にのぼる。

アメリカのほか、NATO（North Atlantic Treaty Organizationの略：北大西洋条約機構）各国をはじめ多数の国で運用され、アメリカ空軍機がヴェトナム戦争に投入されたほか、パキスタン空軍機が印パ（インド対パキスタン）戦争にも投入されている。

これは自衛隊が装備していたF-104Jだね。すごく胴体が細くて、主翼がとても小さい独創的なデザインだったから、開発されたときは「最後の有人戦闘機」とか言われていたんだって。古くからの航空機ファンは「マルヨン」って呼ぶみたいだよ。

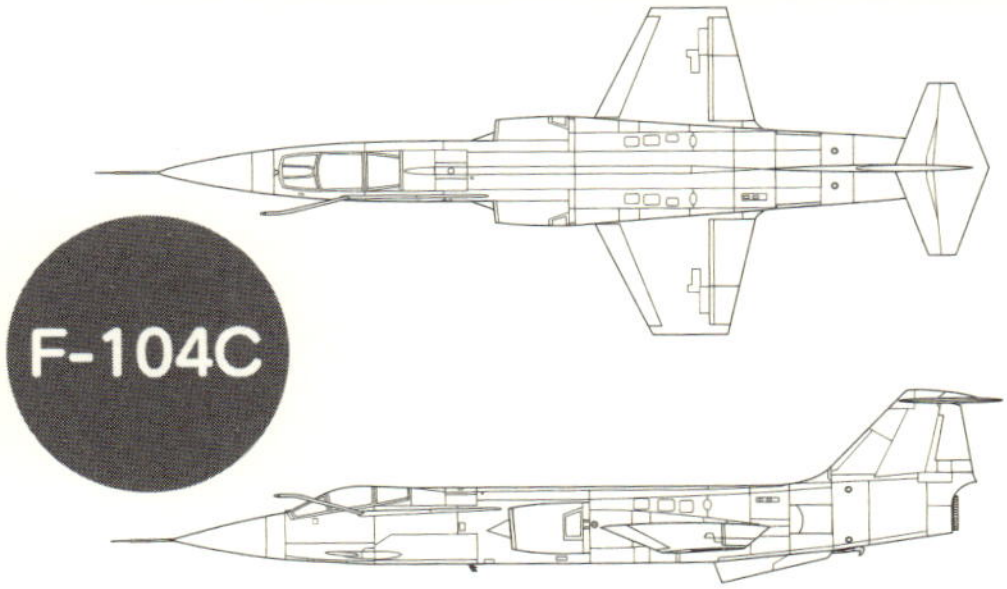
F-104C

ロッキードF-104Jスターファイター（航空自衛隊装備機）

全　幅	6.68m
全　長	17.75m
全　高	4.12m
主翼面積	18.22㎡
最大離陸重量	11,930kg
エンジン	ジェネラルエレクトリックJ79-IHI-11A×1 （A/B使用時推力70.28kN）×1
最大速度	マッハ2.0
戦闘行動半径	720km
固定武装	20mm機関砲×1
乗　員	1名

✪マクダネルF-4ファントムⅡ

当初、マクダネル社は、海軍の多用途攻撃機として開発を始めたが、途中で全天候能力を持つ艦隊防空用の長距離戦闘機に変更。1958年に試作型のXF4H-1が初飛行し、LVT社のF8U-3スーパークルセイダーとの比較試験を経て量産型のF4H-1が発注された。その後、1962年の陸海空軍および海兵隊間での命名法の統一にともなってF-4Aと改称されている。

また、空軍でも、各種テストを経て1962年にF-110Aスペクターとして採用が決まり、1963年に量産1号機が初飛行した。これに先立ってF-110AもF-4Cに改称されている。なお、愛称は、マクダネル社が第二次大戦末期に開発した艦上戦闘機FH-1ファントムを継いでファントムⅡとされている。

レーダー誘導の空対空ミサイルも運用可能な双発複座の全天候戦闘機で、高い制空戦闘能力と対地攻撃能力を兼ね備えていた。当初は固定武装を搭載していなかったが、空軍向けのE型から多銃身の20㎜機関砲（M61ヴァルカン）が搭載されるようになった。

生産数は、日本でのライセンス生産分を含めて約5200機にものぼり、アメリカをはじめ、イギリス、ドイツ、トルコ、ギリシャ、日本、韓国、イスラエルなどに採用された。ヴェトナム戦争では、アメリカ海空軍の主力戦闘機として大きな活躍を見せ、中東戦争でもイスラエル空軍が大きな活躍を見せている。

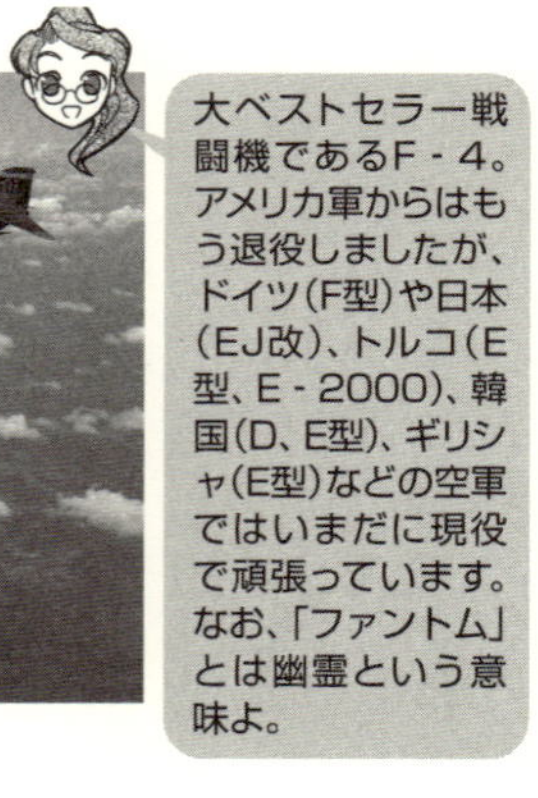
大ベストセラー戦闘機であるF-4。アメリカ軍からはもう退役しましたが、ドイツ(F型)や日本(EJ改)、トルコ(E型、E-2000)、韓国(D、E型)、ギリシャ(E型)などの空軍ではいまだに現役で頑張っています。なお、「ファントム」とは幽霊という意味よ。

ボーイングF-4EファントムⅡ

全幅	11.71m
全長	19.20m
全高	5.02m
主翼面積	49.02㎡
最大離陸重量	28,030kg
エンジン	ジェネラルエレクトリック J79-GE-17A (A/B使用時推力79.62kN) ×2
最大速度	マッハ2.2
固定武装	20mm機関砲×1
戦闘行動半径	1265km（迎撃）
乗員	1名

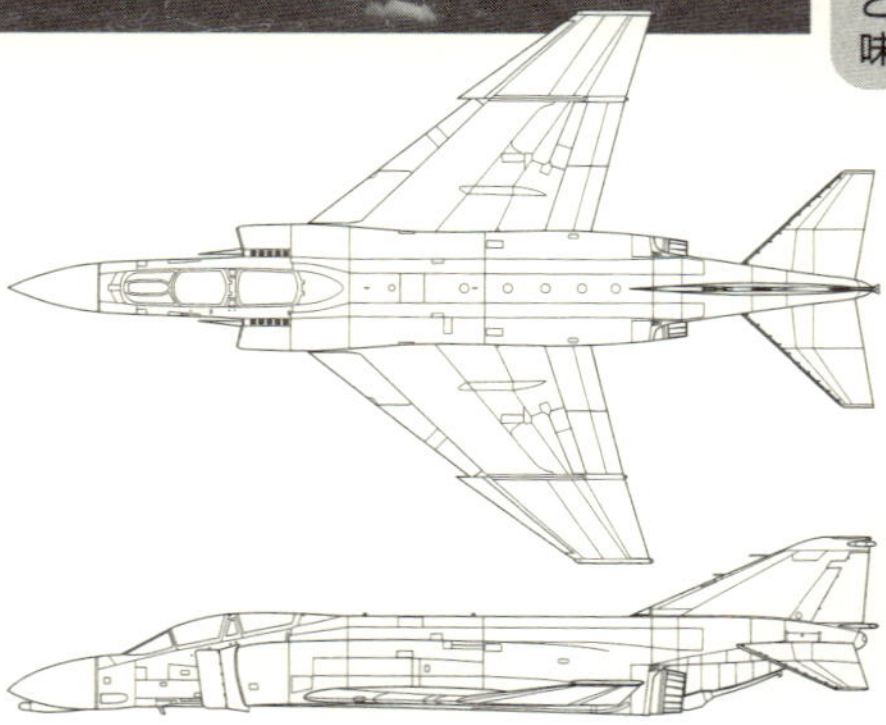

F-4B

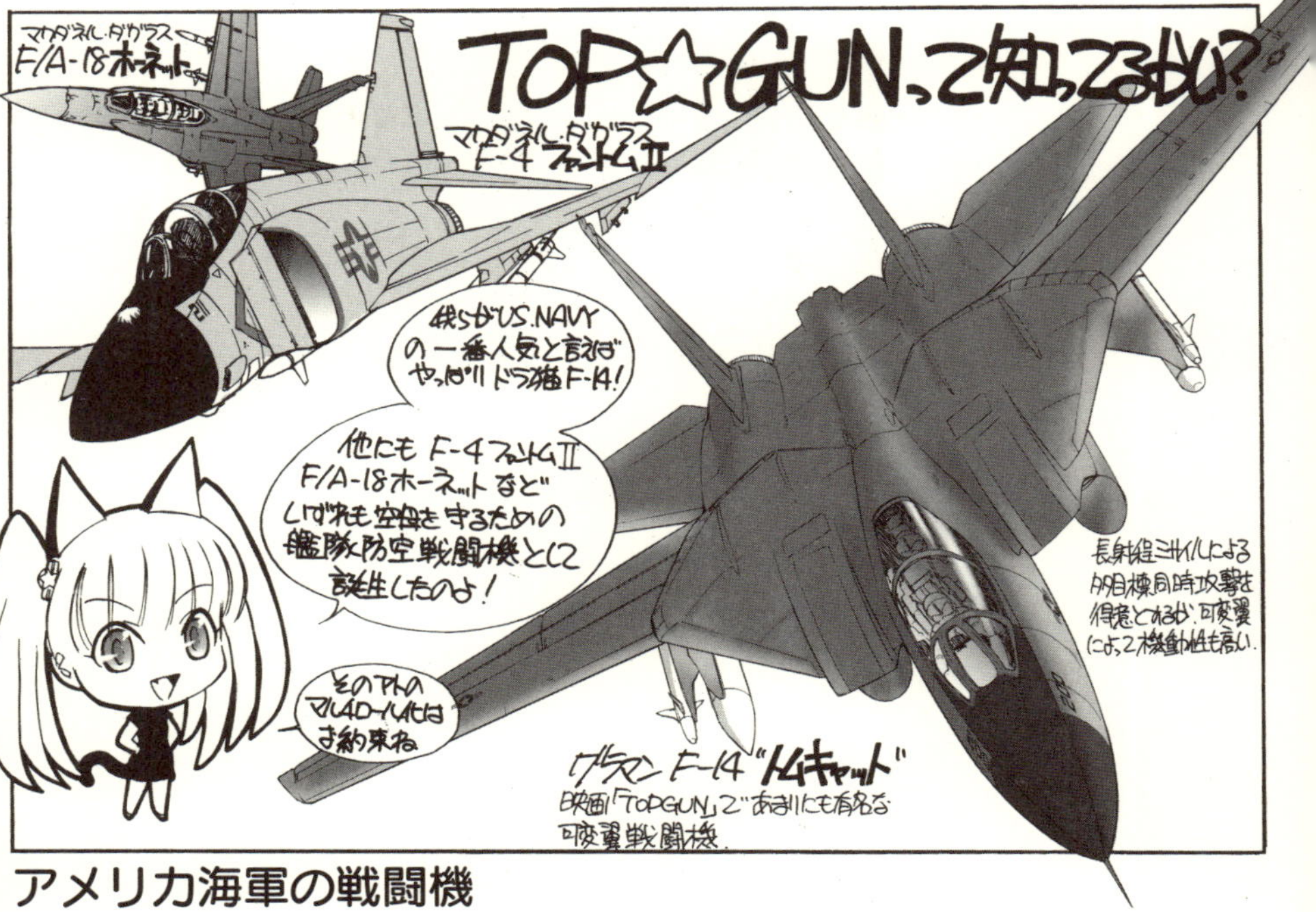
TOP☆GUNって知ってるかい?
マクダネル・ダグラス
F/A-18ホーネット
マクダネル・ダグラス
F-4ファントムⅡ
我らがUS.NAVYの一番人気と言えばやっぱりドラ猫F-14!
他にもF-4ファントムⅡ F/A-18ホーネットなど いずれも空母を守るための艦隊防空戦闘機として誕生したのよ!
そのアトのマルチロール化はお約束ね
長射程ミサイルによる多目標同時攻撃を得意とするが、可変翼によって機動性も高い。
グラマン F-14"トムキャット"
映画「TOPGUN」であまりにも有名な可変翼戦闘機.

アメリカ海軍の戦闘機

✪グラマンF-14トムキャット

1968年の海軍の次期艦上戦闘機VFXの要求仕様に応じて、1969年からグラマン社で本格的な開発が始められた。当初は、最初の量産型のF-14Aでは既存のエンジンや火器管制装置を流用し、B型で開発中の強力な新型エンジンを搭載し、C型で新型の火器管制装置を搭載することになっていた。そして、1970年にはF-14Aの原型機が初飛行し、1972年には実戦部隊への配備が始められたものの、インフレなどで機体価格が高騰したため、性能向上型への移行は先送りされた。

しかし、1984年には、別の新型のエンジンと火器管制装置を搭載するF-14Dの開発が決まり、暫定型としてエンジンのみを換装したF-14A＋《プラス》がF-14Aから改修ないし新造され、F-14DもF-14A＋からの改修がないし新造が行われることになった。のちにF-14A＋はF-14Bへと名称が改められている（当初計画のB型とは別物）。

強力な機上レーダーと同時多目標攻撃能力を持つ火器管制装置を搭載し、長射程の空対空ミサイルAIM-54フェニックスを運用できる可変翼の双発複座戦闘機で、アメリカ海軍ではヴェトナム戦争末期から実戦に投入されている。ソ連崩壊による冷戦終結後は制空能力が過剰気味で、爆撃能力が付与されるなど多用途化が進められたが、2006年に退役した。

グラマーなシルエット、可変翼、長射程ミサイルの運用が可能と、キャラが立ちまくりのトムキャット。実戦で活躍することはあまりなかったけど、絶大な人気を誇っていました。退役した今でも、F-15やF-16、F/A-18を凌ぐくらい多くのファンがいるのよ。

ノースロップ・グラマンF-14Aトムキャット

全幅	19.54m（後退角20度）、10.15m（後退角75度）
全長	19.10m
全高	4.88m
主翼面積	52.5㎡
最大離陸重量	33,724kg
エンジン	プラット＆ホイットニーTF30-P-412A（A/B使用時推力92.97kN）×2
最大水平速度	マッハ2.34
固定武装	20mm機関砲×1
戦闘行動半径	1,230km（戦闘空中哨戒時）
乗員	1名

生産数は７１２機と少なく、アメリカ海軍以外では唯一、革命前のイランに輸出されている。

F-14A

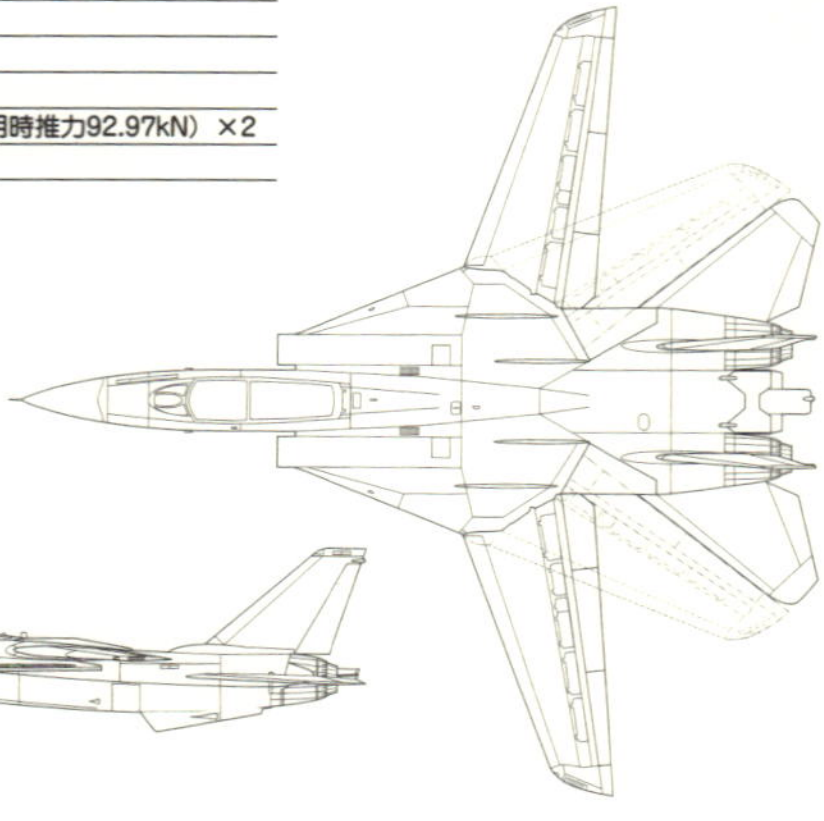

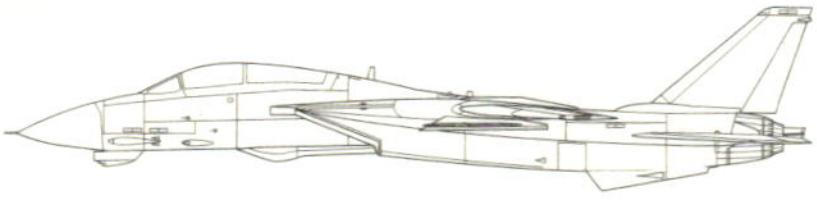

マクダネルダグラスF-15イーグル

１９６５年、空軍は、Ｆ-４ファントムⅡの後継となる次期戦闘機Ｆ-Ｘの事前検討グループを設置し、１９６８年に格闘戦能力に重点を置いた制空戦闘機の要求仕様をまとめた。１９６９年にはマクダネルダグラス社の設計案が採用されて、１９７２年に１号機が初飛行し、１９７４年にはＦ-１５Ａおよび複座型のＦ-１５Ｂの部隊配備が始められた。

１９７９年には燃料搭載量を増やし電子装備を近代化するなどの改良を加えたＦ-１５Ｃおよび複座型のＦ-１５Ｄの引き渡しが始まり、さらに１９８３年にはＭＳＩＰ（Multi-Stage Improvement Programの略：多段階発展計画）と呼ばれる改修計画がスタートし、セントラル・コンピューターの近代化や火器管

F-15C

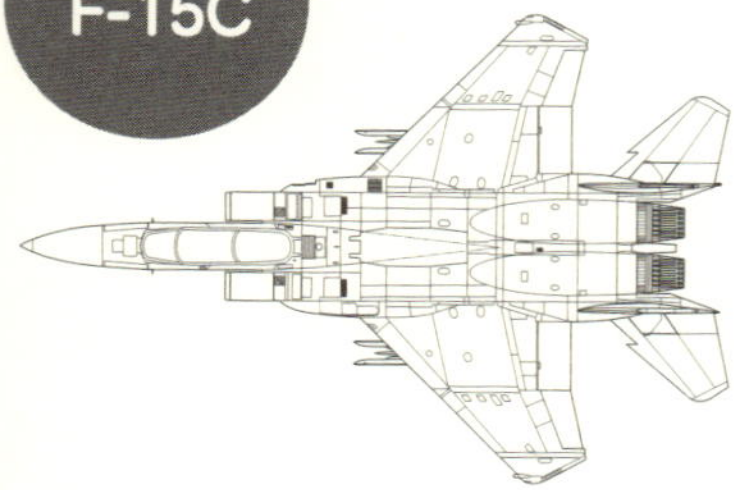

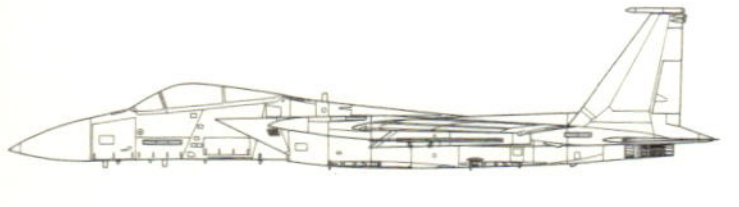

ボーイングF-15Cイーグル

全幅	13.05m
全長	19.43m
全高	5.63m
主翼面積	56.5㎡
最大離陸重量	31,057kg
エンジン	プラット＆ホイットニーF100-PW-220（A/B使用時推力105.7kN）×2
最大速度	マッハ2.5
固定武装	20mm機関砲×1
戦闘行動半径	1,770km（制空）
乗員	1名

制装置の換装等の改修が進められている。

　F-14のように長射程の空対空ミサイルの運用こそできないが、制空戦闘機としては十分な探知距離を持つ火器管制装置、軽い機体と大推力のエンジンにものをいわせた軽快な機動力を備え、ステルス性には欠けているものの、現在でも世界最強レベルの空戦能力を誇っている。また、複座型を利用して対地攻撃機型F-15Eストライクイーグルも開発されている。

　アメリカ空軍以外では、イスラエル、サウジアラビア、日本で採用され、日本ではF-15CおよびDの日本仕様であるF-15JおよびDJのライセンス生産が行われた。1977年のレバノン紛争で初戦果を挙げ、1991年の湾岸戦争では多国籍軍全体の実に94パーセントに当たる戦果を挙げている。

現代のアメリカ空軍を代表する戦闘機がこのF-15。初飛行から25年以上たつけど、まだまだ世界最強の一角よ。写真の機体は敵機（Su-27あたり）を模した「アグレッサー」塗装を施したF-15Cね。

アメリカ空軍の戦闘機

戦闘機の百貨店《デパート》!?
F-4(F-110)
F-106
アメリカ空軍はありとあらゆる種類の戦闘機を作っているわ！制空・攻撃・迎撃・万能型何でもあるのよ！
私のパパは空軍中佐♡
F-105
F-86
F-80
F-104
F-80からF-22まで実に16種類の制式採用機が存在する。

ジェネラルダイナミクス F-16ファイティングファルコン

1972年、空軍は、レーダーを搭載せず赤外線誘導ミサイルのみを搭載する低コストの軽量戦闘機LWF（Light Weight Fighterの略）の要求仕様をまとめ、ジェネラルダイナミクス社のYF-16とノースロップ社のYF-17の試作契約を結び、両機は1974年に初飛行した。

その後、高価なF-15と二本立てで安価な戦闘機を採用することになり、1975年にはYF-16の採用が決定。その後、量産型のF-16では機体の設計も大きく改められることになり、レーダー誘導の空対空ミサイルの運用能力の追加や対地攻撃能力の強化などの改良が重ねられて、比較的安価で高い能力を持つマルチ・ロール・ファイターとなった。

その結果、アメリカに加えて、世界20か国以上に採用されるなど輸出機としても大きな成功を収め、総生産数は4000機以上にのぼっている。

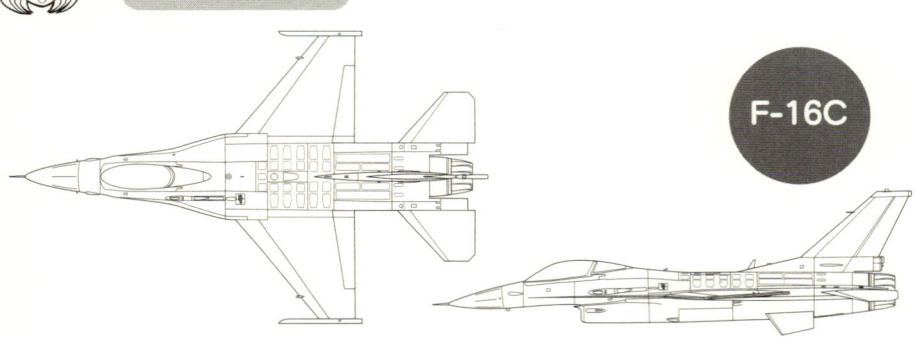

第4講

ロッキード・マーチンF-16C ファイティングファルコン

全幅	10.00m（主翼端ミサイル含む）
全長	15.03m
全高	5.09m
主翼面積	27.9㎡
最大離陸重量	19,178kg
エンジン	ジェネラルエレクトリック F110-GE-100（A/B使用時推力128.9kN）×1
最大水平速度	マッハ2.0＋
固定武装	20mm機関砲×1
戦闘行動半径	1,315km（迎撃ミッション）
乗員	1名

F-15が買えない国も、安価なF-16ならなんとか…。ということで、戦後のアメリカ戦闘機としてはF-4に次ぐほどのベストセラーになったのがF-16です。これは「イラクの自由」作戦に参加したF-16Cですね。

へぇ〜。じゃあガンダムだとGMみたいな感じかな？

まあ、そうかもね……。

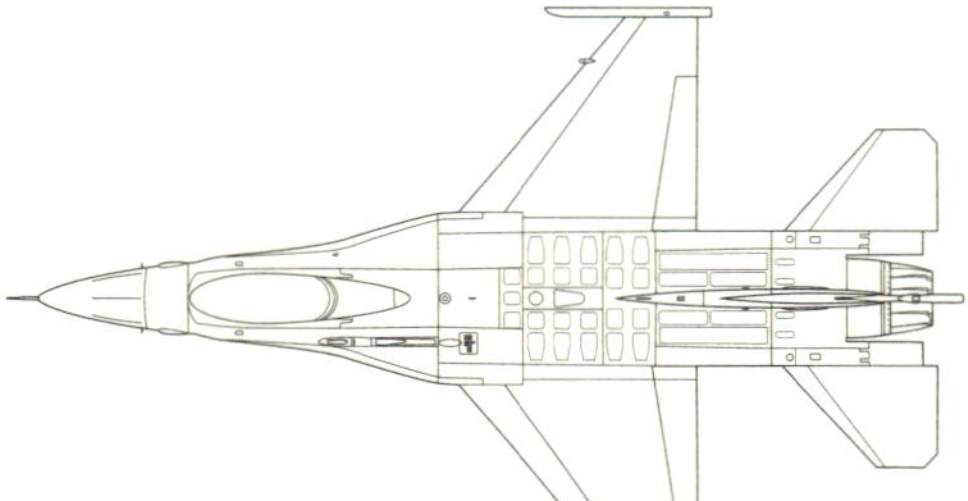

F-16C

このF-16は…形がちょっと変わっていません？

これはアラブ首長国連邦空軍のF-16Fよ。背面に装備している肩みたいなのはコンフォーマル燃料タンク。エンジンもF-16C/Dに比べて強力になっているわ。すごい変わりようね。

マクダネルダグラス F/A-18ホーネット

1976年、海軍は、空軍の競争試作でジェネラルダイナミクス社の単発戦闘機YF-16に敗れたノースロップ社の双発戦闘機YF-17の設計を大幅に改めて艦上戦闘機および艦上攻撃機として採用することを決定し開発用機を発注した。ただし、ノースロップ社に艦上戦闘機の開発経験がないことを理由として、主契約者はマクダネルダグラス社に変更された。

これはF/A-18Cホーネット。非公式には「レガシーホーネット」とも呼ばれるわ。F-14の退役した今、米海軍の艦上戦闘機はF/A-18シリーズだけなのよ。

当初の名称は戦闘機型がF‐18、攻撃機型がA‐18とされる予定だったが、両者を統合してF/A‐18ホーネットとされた。その後、新型機といえるほど大幅に設計を改めたE型、その複座型のF型、F型をベースに電子戦機としたG型が開発され、F/A‐18E/Fにはスーパーホーネット、F/A‐18Gにはグラウラーの名称が与えられている。

アメリカ海軍では、1981年から部隊配備が始められ、湾岸戦争などに参加している。また、カナダ、オーストラリア、スイス、フィンランド、スペイン、クウェート、マレーシアにも採用されている。

F/A-18E

ボーイングF/A-18Eスーパーホーネット

全　幅	13.62m（主翼端ミサイル含む）
主翼折り畳み時全幅	9.94m
全　長	18.38m
全　高	4.88m
主翼面積	46.45㎡
最大離陸重量	29,938kg
エンジン	ジェネラルエレクトリックF414-GE-400（A/B使用時推力97.9kN）×2
最大水平速度	マッハ1.8+
固定武装	20mm機関砲×1
戦闘行動半径	1,426km（防空ミッション）
乗　員	1名

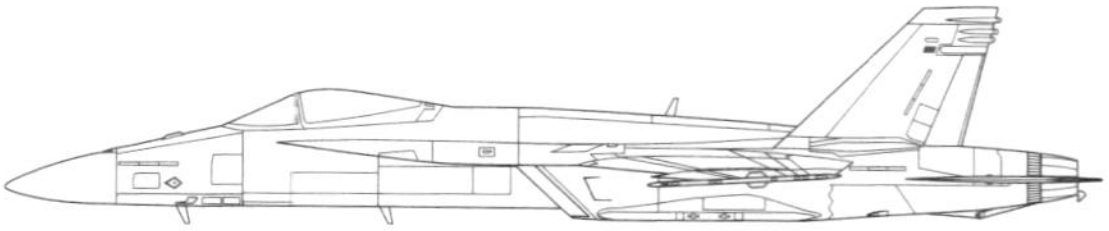

こちらはF/A-18Eスーパーホーネット。C/D型に比べて性能が大幅に向上していますよ。外見上の差異は、主翼や尾翼が拡大されたり、主翼前縁延長部（LEX）が延長されたり、インテークが四角くなっていたりといったところが挙げられます。

ロッキード・マーチン F-22ラプター

1981年、空軍はF-15の後継となる先進戦術戦闘機ATF（Advanced Tactical Fighterの略）の開発計画に着手し、1986年にロッキード社を中心とするチームのYF-22とノースロップ社を中心とするチームのYF-23を選定して開発契約を結んだ。両機は1990年に初飛行し、1991年にYF-22が選定された。1997年には量産型のF-22が初飛行し、部隊配備が進められている。

レーダー反射の小さいステルス性、アフターバーナーを使わずに超音速で巡航できるスーパークルーズ能力を持つ。遠隔地にすばやく展開して敵に発見される前に攻撃できる高い戦闘能力を持つことから、従来の制空戦闘機のような単なる航空「優勢」の確保にとどまらず、航空「支配」を確立できるエア・ドミナンス・ファイター（Air dominance fighter：航空支配戦闘機）と呼ばれている。

敵のレーダーに捉えられにくいステルス性、スーパークルーズ（超音速巡航）による迅速な展開能力、ヴェクタード・スラスト・ノズルによる高機動性…間違いなく現時点で世界最強の戦闘機がF-22よ！「ラプター」は猛禽という意味。

F-22A

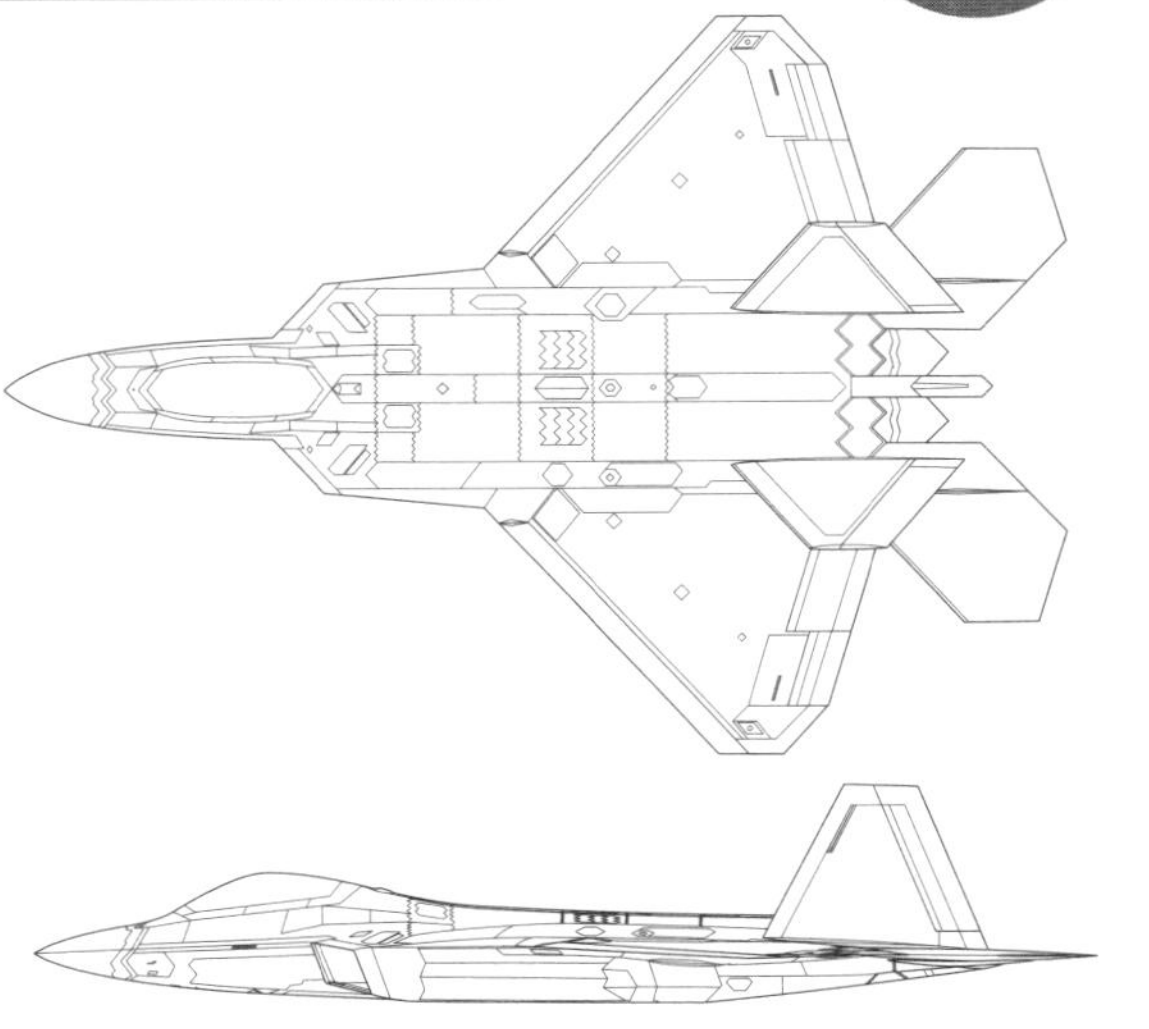

ロッキード・マーチン F-22Aラプター

全幅	13.56m
全長	18.92m
全高	5.08m
主翼面積	78.0㎡
最大離陸重量	約30,125kg
エンジン	プラット＆ホイットニー F119-PW-100 （A/B使用時156kN級）×2
最大水平速度	マッハ2級（A/B使用時）、マッハ1.82（超音速巡航時）
実用上昇限度	19,812m
固定武装	20mm機関砲×1
戦闘行動半径	722km
乗員	1名

✪ロッキード・マーチン F-35ライトニングⅡ

アメリカ空軍、海軍、海兵隊、イギリス空軍、海軍などの各種戦闘機、攻撃機、戦闘攻撃機を統合する統合戦闘攻撃機ＪＳＦ（Joint Strike Fighterの略）として開発が始められ、開発にはイギリス、イタリア、オランダも参加している。ボーイング社を中心とするチームとロッキード・マーチンを中心とするチームが概念実証機を受注し、それぞれＸ-32とＸ-35を製作。各種試験の結果、2001年にＸ-35が選定されて、Ｆ-35として量産されることになった。

高いステルス性と対地攻撃能力を併せ持つ単発単座のマルチ・ロール・ファイターで、米英空軍等が採用予定のＣＴＯＬ（通常離着陸）のＡ型、米海兵隊および英海空軍等が採用予定のＳＴＯＶＬ（短距離離陸垂直着陸）のＢ型、米海軍が採用予定で主翼の折り畳み機能などを備えた艦上機仕様のＣ型があり、Ｂ型はリフト・ファンとヴェクタード・スラスト・ノズルによるＶＴＯＬ（垂直離着陸）能力を持つ。

今後は世界各国に数千機が配備される見込みだ。

第4講

ロッキード・マーチン F-35AライトニングⅡ

全幅	10.67m
全長	15.67m
全高	4.57m
主翼面積	42.73㎡
最大離陸重量	約27,215kg
エンジン	プラット＆ホイットニー F135（A/B使用時推力178kN）×1
最大水平速度	マッハ1.6
固定武装	27mm機関砲×1
戦闘行動半径	1,100km
乗員	1名

これは初飛行時のF-35A。F-22に比べるとちょっと性能は落ちるけど、それでも高いステルス性を持っているし、何より安いっ！ F-35は21世紀のベストセラー戦闘機になるかもしれないわね。

英国も計画初期から開発に参加しておりますわ〜。

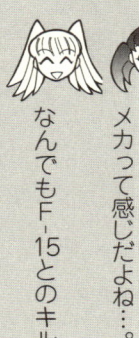

第二次大戦後のソ連・ロシア戦闘機

さあ、次はアメリカに並ぶ戦闘機大国、ソ連・ロシアの戦闘機ね。ソ連軍は第二次大戦末期にドイツの東側を占領して、ドイツの航空技術を手に入れたの。そうして生まれた戦闘機の中でも代表的なのが、第1世代の後退翼戦闘機MiG-15ね。

朝鮮戦争において米軍の直線翼戦闘機を圧倒し、西側に大きな衝撃を与えた…。

む〜、たしかに…そうですわね。

第2世代としてはソ連初の超音速戦闘機MiG-19、そして1万機以上が生産されたMiG-21がある。

MiG-21か〜。なんかやられメカって感じだよね…。

なんでもF-15とのキルレシオは40：0以上らしいわよ！

……。

ま、まあ、世代が違うからF-15との比較は酷ねぇ。実戦は戦闘機の性能だけじゃなくて、パイロットの技量や後方支援の優劣が大きく影響するし…。とにかくMiG-21はあれだけ量産されたことから見ても、傑作機であるのは間違いないわ。

そう。また第3世代戦闘機はSu-15、MiG-23、MiG-25など…がある。Su-15は迎撃機、MiG-23は可変翼戦闘攻撃機、MiG-25は高高度迎撃に特化した戦闘機…。また、垂直離着陸が可能なYak-38も開発された。

へ〜、この辺はなかなか個性があって面白いわね。

そして…第4世代機はMiG-29やSu-27。MiG-29は安価な戦術戦闘機、Su-27は高価な遠距離戦闘機といった性格が強い…。どちらも…高い機動性を持つ。

これらは米のF-15、F-16、F／A-18などとも同等の戦闘能力を持っています。特にSu-27系統は今でもトップクラスの戦闘能力を持っているといえるわ。

でも第5世代はまだなんでしょ？

スホーイが…PAK FAという第5世代戦闘機を開発中…。

げっ！

もしかしたら、F-22も絶対無敵じゃなくなるかもね〜？

★ソ連・ロシアのおもな戦闘機

ソ連では、1946年に長距離航空部隊と前線航空部隊を主力とする空軍が独立した。次いで1948年に防空航空部隊と対空部隊を主力とする国土防空軍が独立し、さらに1981年に防空軍へと改称されたが、ソ連崩壊後の1998年にはふたたび空軍に吸収された。

一般に防空軍向けの迎撃戦闘機を除くソ連の戦闘機は、とくにヴェトナム戦争前は空対空ミサイルと速度を重視する傾向が非常に強かったアメリカの戦闘機に比べると、運動性を重視する傾向が強い。

1950年に勃発した朝鮮戦争では、中朝軍のソ連製戦闘機がアメリカ空軍の戦闘機等に大きな損害を出し、制空権を奪うことはできなかった（ただし、のちにアメリカ空軍の戦果記録は過大だったことが判明している）。しかし、1965年からアメリカが本格的に介入を始めたヴェトナム戦争では、北ヴェトナム空軍のソ連製戦闘機が軽快な運動性を生かし、地上からの効果的な迎撃管制とあいまって、アメリカ海空軍の戦闘機を相手に善戦した。

冷戦終結後は、冷戦中に開発が始められた戦闘機の改良型や発展型が多く、アメリカのF‐22ラプターのような高いステルス性やスーパークルーズ（超音速巡航）能力を持つ新型戦闘機は戦力化していない。

なお、NATOでは、ソ連／ロシアの戦闘機に頭文字が「F」のコードネーム（識別名称）を付与している。

戦後ソ連・ロシアのおもな戦闘機の登場時期

	初飛行	世代
MiG-15ファゴット	1947年	第1世代
MiG-17フレスコ	1950年	
MiG-19ファーマー	1954年	第2世代
Su-7フィッターA	1955年	
MiG-21フィッシュベッド	1956年	
Su-9フィッシュポット	1956年	
Tu-128フィドラー	1961年	
Su-11フィッシュポット	1962年	
Su-15フラゴン	1962年	
MiG-25フォックスバット	1965年	第3世代
Su-17/20/22フィッター	1966年	
MiG-23フロッガー	1967年	
Su-24フェンサー	1967年	
Yak-38フォージャー	1971年	
MiG-31フォックスハウンド	1975年	第4世代
MiG-29ファルクラム	1977年	
Su-27フランカー	1977年	

★ミコヤン・グレヴィッチ MiG-15ファゴット

第二次大戦中に高速戦闘機のMiG-1やMiG-3などの開発を手がけたミコヤン・グレヴィッチ設計局は、第二次大戦末期にドイツで開発されていたフォッケウルフTa183フッケバインなどを参考にして、後退翼を持つ単発単座のジェット戦闘機MiG-15を開発した。原型機のI310は1947年に初飛行し、量産型は1948年に初飛行した。NATOのコードネームは「ファゴット」だ。

重爆撃機の迎撃を考慮した大口径の機関砲による大火力、後退翼による高速と軽快な運動性が特徴で、エンジンを換装するなどの改良を加えたMiG-15bis、複座型のMiG-15UTIなどのバリエーションがある。原型機やテスト機を除く生産数は1万1000機以上、ライセンス生産機を含めた総生産数は1万5000機以上に達する。これは、ジェット戦闘機としては世界最多記録だ。

ソ連や東欧諸国に加えて旧東側の友好国にも広く配備され、朝鮮戦争では国連軍のレシプロ爆撃機B-29や直線翼のジェット戦闘機に重大な脅威を与えて、アメリカ空軍に後退翼を持つ新鋭戦闘機F-86セイバーの投入を急がせる大きなキッカケとなった。

出現当時、MiG-15は速力、加速力、運動性、火力、どの点をとっても…F-86を除くほとんどの西側戦闘機を凌駕していた。

米軍は、MiG-15が頻繁に出現する朝鮮半島の北側を「ミグアレイ（ミグ回廊）」と呼んで恐れました。ちなみに、人類初の宇宙飛行士ユーリイ・ガガーリン少佐は乗っていたMiG-15UTIが墜落して殉職しています。

MiG-15 bis

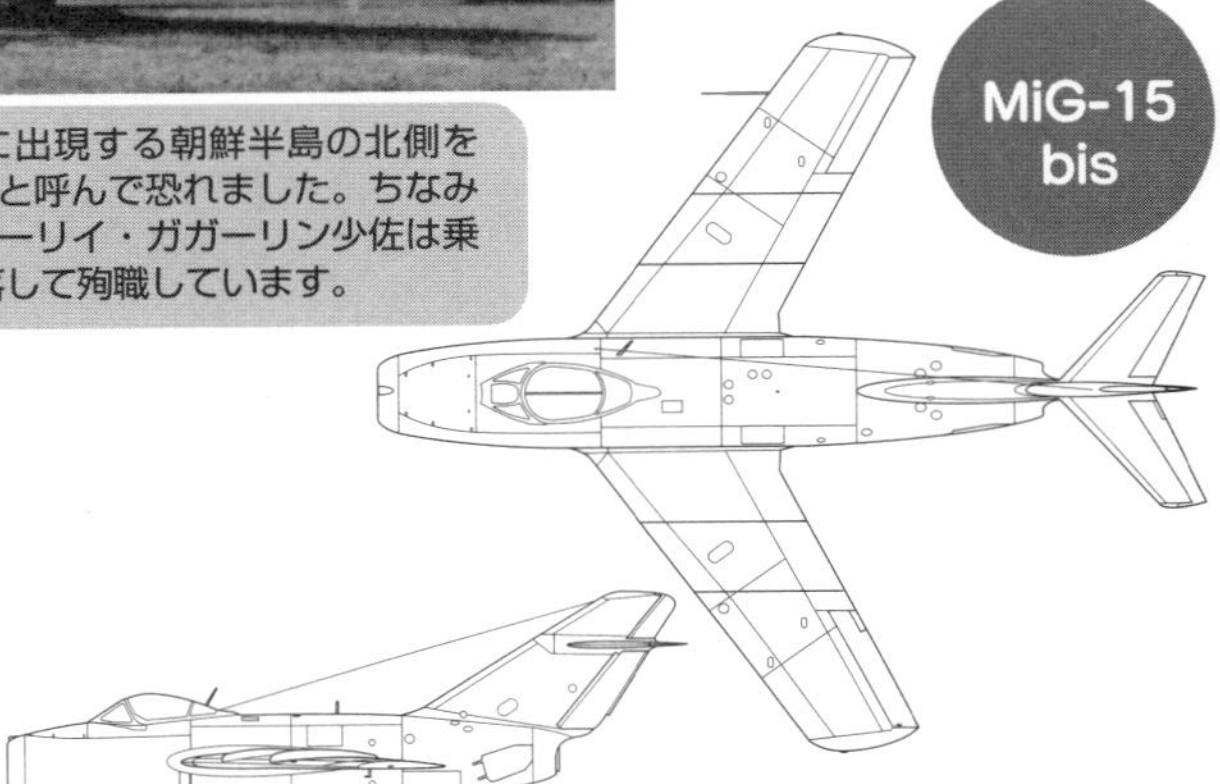

ミコヤン・グレヴィッチMiG-15bis
ファゴット

全　幅	10.08m
全　長	10.11m
全　高	3.70m
主翼面積	20.6㎡
最大離陸重量	6,105kg
エンジン	クリモフVK-1（推力26.48kN）×1
最大速度	1,045km/h
固定武装	37mm機関砲×1、23mm機関砲×2
航続距離	1,200km
乗　員	1名

★ミコヤン・グレヴィッチMiG-21フィッシュベッド

ミコヤン・グレヴィッチMiG-21は、水平尾翼付きのデルタ翼を持つ単発単座の超音速戦闘機で、NATOから「フィッシュベッド」のコードネームを与えられた。1955年にデルタ翼戦闘機の最初の原型であるYe-4が初飛行し、1956年により強力なエンジンを搭載するYe-5が初飛行した。次いで1958年に生産型の原型となるYe-6が初飛行し、1959年から最初の量産型となったMiG-21Fの生産が始められた。このほかに、赤外線誘導方式の空対空ミサイルの運用能力を持つ昼間戦闘機型のMiG-21F-13、機上レーダーを搭載し防空軍にも配備されるようになったMiG-21PF、新型の機上レーダーを搭載しコマンド誘導方式の空対空ミサイルの運用能力を持つ制限全天候戦闘機型のMiG-21PFM、強力なエンジンを搭載する最終生産型のMiG-21bisなど多数のバリエーションがある。

ソ連で原型機やテスト機を除いても1万機以上生産されたほか、チェコ、インド、中国でも生産され、中国版は殲撃《ジャンジー》7型（J-7）の名称が付けられている。ソ連に加えて旧東側の友好国にも広く配備され、ヴェトナム戦争ではアメリカ空海軍の戦闘機を相手に善戦した。また、中東戦争や印パ戦争など数々の戦闘に参加し、現在でも数多くの国で現役に残っている。

これはルーマニア空軍のMiG-21ランサーB。複座型のMiG-21UMに改修を施したもの。

MiG-21は生産しやすく、取り扱いが容易なだけあっていろいろと改良、発展がおこなわれています。最終生産型のMiG-21bisやbisKは第3世代機といえるほど改良されているわ。

ミコヤン・グレヴィッチMiG-21bis フィッシュベッドL

全幅	7.15m
全長	14.10m
全高	4.13m
主翼面積	23.0㎡
最大離陸重量	10,470kg
エンジン	ツマンスキーR-25-300（A/B使用時推力69.65kN）×1
最大速度	2,180km/h
固定武装	23mm連装機関砲×1
戦闘行動半径	1,470km（増槽×1使用）
乗員	1名

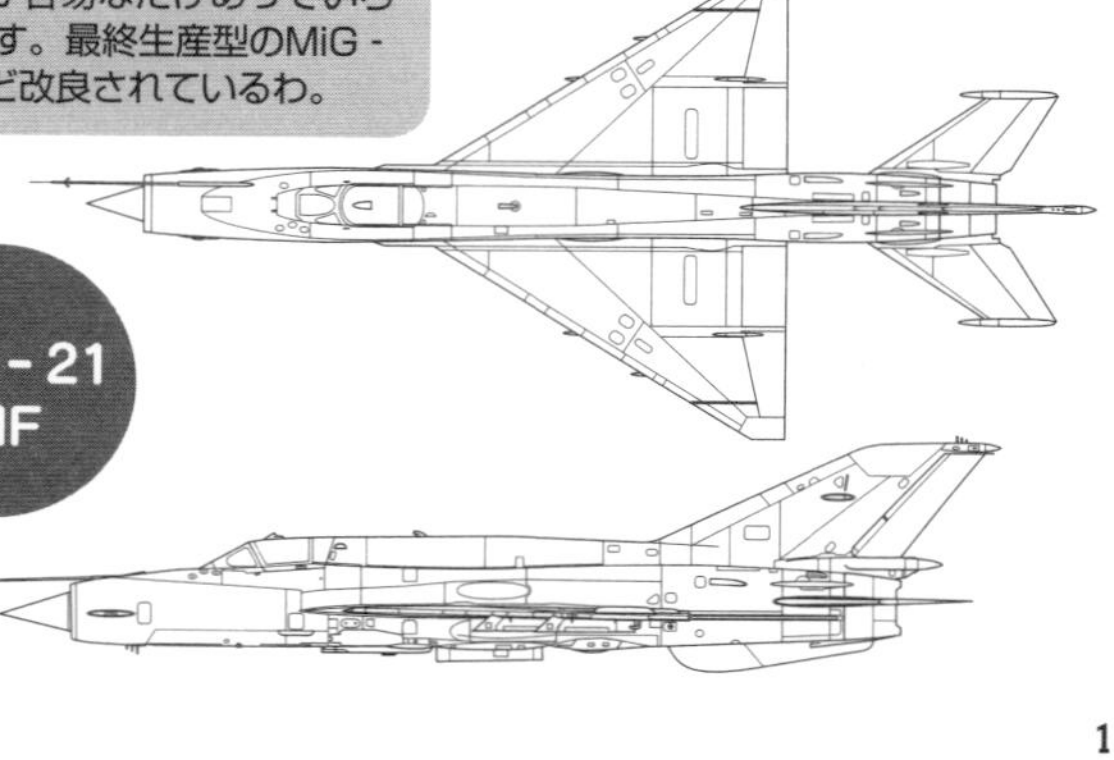

MiG-21 MF

★スホーイSu-15フラゴン

スホーイSu-15は、MiG-21よりも大型の迎撃戦闘機で、NATOから「フラゴン」のコードネームが与えられた。

原型機はスホーイ設計局がSu-11をベースに自主開発した単発のT-58（Su-11M）を防空軍の要求に基づいて双発化したT-58Dで、生産型のSu-15は1966年に初飛行した。セミアクティブ・レーダー誘導方式と赤外線誘導方式の空対空ミサイルを運用できる超音速の全天候戦闘機で、必要に応じて機関砲ポッドも搭載可能だった。

複座練習機型のSu-15UT、改良型のSu-15TM、その複座練習機型のSu-15UMなどのバリエーションがある。

おもに防空軍に配備され、1983年に大韓航空の民間旅客機を撃墜したことで知られている。ソ連崩壊後はロシアに加えてウクライナでも運用されたが、ロシアでは1993年までに全機が退役し、ウクライナでもほぼ同時期に全機が退役した。

Su-15TM

Su-15はソ連以外に輸出されなかったため、西側諸国はなかなかSu-15の詳細をつかむことができませんでした。

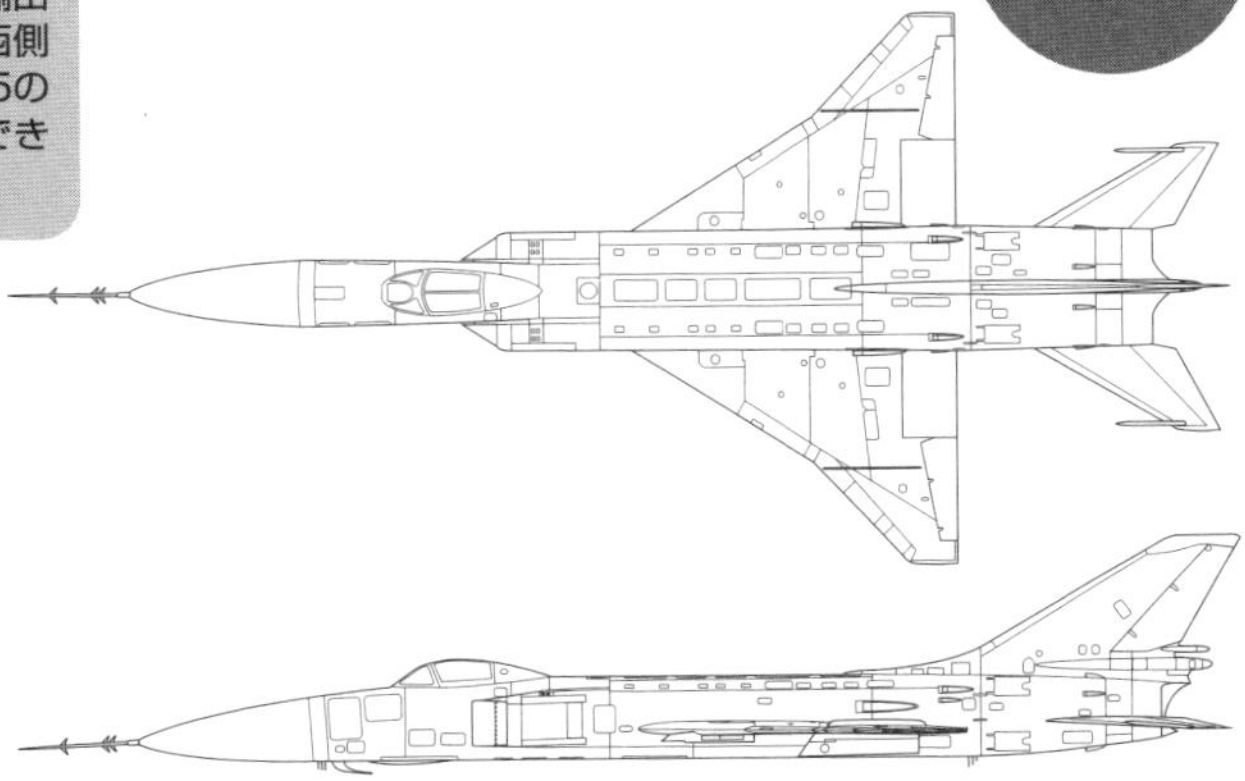

スホーイSu-15TMフラゴン

全幅	9.34m
全長	19.56m
全高	4.84m
主翼面積	36.6㎡
最大離陸重量	17,200kg
エンジン	ツマンスキーR-13-300（A/B使用時推力70kN）×2
最大速度	2,230km/h（マッハ2.1）
固定武装	なし
航続距離	2,000km
乗員	1名

★ミコヤン・グレヴィッチ MiG-25フォックスバット

ソ連の情報網が、アメリカで秘密裏に開発が進められていたマッハ3級のロッキードA-12（のちにSR-71ブラックバード戦略偵察機に発展）を察知したことがキッカケとなって、ミコヤン・グレヴィッチ設計局で研究中の次世代戦闘機をベースに、1961年から迎撃戦闘機と偵察機の開発が進められることになった。

1964年に偵察機型のYe-155R、戦闘機型のYe-155Pが初飛行し、1969年に初期量産機の戦闘機型MiG-25Pと偵察機型MiG-25Rの引渡しが始められた。NATOからは「フォックスバット」のコードネームが与えられている。

MiG-25Pはマッハ3級の大型の迎撃戦闘機で、速力や上昇力は優れているが、格闘戦には向いていない。おもに防空軍に配備され、イラクやリビアなどにも輸出されて、湾岸戦争などで実戦に参加している。日本では、1976年にベレンコ中尉の亡命機が函《はこ》館《だて》空港に強行着陸したことでよく知られている。

なお、1968年にはMiG-25の性能向上型の研究が始められ、のちに複座の迎撃戦闘機MiG-31、NATOコードネーム「フォックスハウンド」へと発展している。

MiG-25は…米戦略爆撃機の超高高度・超音速侵攻を迎撃するために開発された、といわれていた。

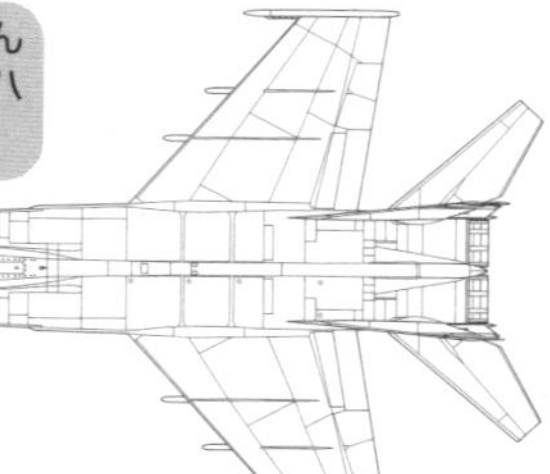

日本やアメリカなど西側諸国はMiG-25の性能にビビっていたんだけど、函館に亡命してきたMiG-25を調査したら、そんなにハイテク機でもないことがわかったみたいだよ。

ミコヤン・グレヴィッチMiG-25PD
フォックスバットE

全幅	14.02m
全長	24.07m
全高	6.10m
主翼面積	61.4㎡
最大離陸重量	41,090kg
エンジン	ツマンスキーR-15BD-300（A/B使用時推力109.75kN）×2
最大速度	1,620kt（3,000km/h）
固定武装	なし
航続距離	1,250km（超音速ダッシュ）、1,730km（亜音速）
乗員	1名

MiG-25

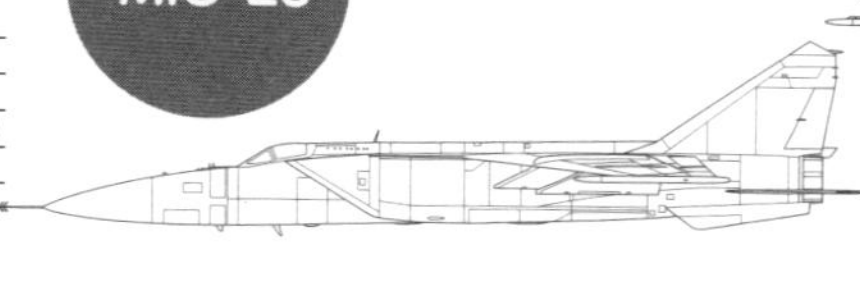

★ヤコヴレフYak-38 フォージャー

ヤコヴレフYak-38は、ソ連海軍の「キエフ」級軽空母の搭載機として開発された垂直離着陸戦闘攻撃機だ。垂直離着陸機ヤコブレフYak-36フリーハンドで蓄積したノウハウを生かして開発され、1971年に初飛行した。NATOでは「フォージャー」のコードネームを与えている。

操縦席後方に離着陸専用のリフト・エンジンを2基搭載しており、ヴェクタード・スラスト方式のメイン・エンジンとの組み合わせで垂直離着陸する。

冷戦時代の西側諸国では、陸上戦闘機が到達できず、通常の艦上戦闘機を運用できる空母もいない海域では、相当の価値があるものと考えられていた。しかし、空対空ミサイル、ロケット弾ポッド、機関砲ポッドなどを搭載できるものの、通常の固定翼の艦上戦闘機に比べると行動半径が短く、兵装の搭載能力も小さい。また、離着陸時の事故が多く、1992年にすべて退役した。

その後、ソ連では、超音速の垂直離着陸戦闘攻撃機ヤコヴレフYak-141フリースタイルが開発されているが、戦力化には至っていない。

あっ！ソ連海軍の艦上戦闘機かぁ…。ソ連版ハリアーみたいな感じ？

そう…。しかし性能面から対戦闘機戦闘は難しく、
実質的には攻撃機といえる…。

Yak-38

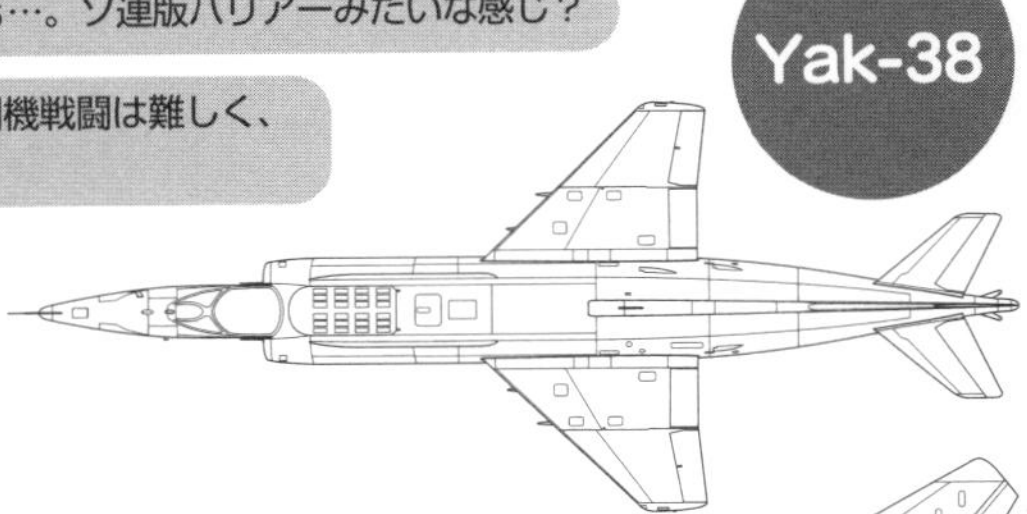

ヤコヴレフYak-38フォージャー

全幅	7.02m
全長	16.37m
全高	4.25m
主翼面積	18.41㎡
最大離陸重量	11,300kg
エンジン（推進用）	ツマンスキーR-27V-300（推力66.7kn）×1
エンジン（上昇用）	コリェソフRD-36-35-FVR（推力31.9kn）×2
最大速度	1,100km/h
固定武装	なし
航続距離	680km（滑走時）、500km（垂直離陸時）
乗員	1名

★ミコヤン・グレヴィッチ MiG-29ファルクラム

ミコヤン・グレヴィッチMiG-29は、アメリカの次世代戦闘機に対抗して1974年から本格的に開発が始められ、1977年に試作機が初飛行し、1982年から量産が始められた。当初、アメリカから「Ram-L」のコードネームを与えられていたが、のちにNATOから「ファルクラム」のコードネームを与えられた。

双発単座の中型戦闘機で、運動性はアメリカのF-15やF-16などより優れていると評価されている。複座型のMiG-29UB、燃料搭載量の増大などの改良を加えたMiG-29S、対地攻撃能力の強化などマルチ・ロール化を進めたMiG-29SM、操縦装置をフライ・バイ・ワイヤとするなどの改良を加えたMiG-29M、その輸出型のMiG-29ME（MiG-33）、ヴェクタード・スラスト・ノズルを持つ技術実証機のMiG-29OVT、その量産型として計画されているMiG-35などのバリエーションがある。

ソ連では、1983年から前線航空部隊への配備が始められている。また、インド、アルジェリア、シリア、北朝鮮などに輸出され、湾岸戦争やコソボ紛争などで実戦に参加している。

戦後、常に東側の主力戦闘機を生産していたミグだったが、MiG-29はライバルのSu-27に性能面、生産機数の面で後れを取っている。

これはドイツ空軍のMiG-29です。もともと東ドイツ空軍が使っていた機ですが、東西統一したあとも10数年間装備していたのよ。

MiG-29

ミコヤン・グレヴィッチMiG-29S ファルクラムC

全幅	11.36m
全長	16.28m
全高	4.73m
主翼面積	38.0㎡
最大離陸重量	19,700kg
エンジン	クリモフ/サルキソフRD-33（A/B使用時推力81.4kN）×2
最大速度	マッハ2.3
固定武装	30mm機関砲×1
航続距離	1,430km（機内燃料のみ）
乗員	1名

ミグの戦闘機

ソ連(ロシア)を代表する戦闘機メーカーのMiGはミコヤン&グレヴィッチの頭文字…MiG-21は一万機以上生産されたベストセラー…
MiG-29"フルクラム"
米国のF-16、F/A-18と同世代の格闘性能を重視した第4世代の戦闘機.
MiG-21
"フィッシュベッド"
ソ連初のマッハ2級ジェット戦闘機
水平尾翼付きデルタ翼の小型軽量な機体.
MiG《みっぐ》MiG《みぐ》にしてやんよ〜
MiG-23"フロッガー"
F-4と同じ世代の戦闘機.
半自動式の可変翼を備え.
誘導ミサイルの運用能力を持つ.

英語読みでは"スクホイ"です(笑)
Su-15"フラゴン"
大韓航空機撃墜で有名になってしまった防空戦闘機.
Su-17"フィッター
外翼のみをスイングさせる変則的な可変翼を備える戦闘爆撃機.
もう一つのソ連を代表する戦闘機メーカーがスホーイ…ミグと違ってちょっとマイナー…でも今はロシア空軍の主力…
Su-37
"スーパーフランカー"
「プガチョフ・コブラ」「クルビット」等の超高機動アクロバットを可能とする大型戦闘機.大型故に長大な航続力と大積載量を誇る.

スホーイの戦闘機

★スホーイSu-27フランカー

スホーイSu-27は、1972年に本格的な開発が始められ、1977年に原型機のT-10が初飛行した。1981年には大幅に設計を改めたT-10Sが初飛行し、Su-27として採用されることが決まって、1985年から部隊配備が始められている。

当初、アメリカが「Ram-K」のコードネームを与えていたが、のちにNATOが「フランカー」のコードネームを与えた。

非常に高い運動性が特徴の双発単座戦闘機で、機首を急激に持ち上げる特殊機動「(プガチョフの)コブラ」で有名だ。さらに後述する改良型でヴェクタード・スラスト・ノズルを持つSu-37では「コブラ」で機首を持ち上げて、そのまま後方に一回転する特殊機動「クルビット(とんぼ返り)」もできる。

Su-27系統のサブタイプ

単座型には、防空軍向けのSu-27P、前線航空部隊向けのSu-27S、カナードを持つ発展型のSu-27M(Su-35)、艦上型でカナードを持つSu-27K(Su-33)、Su-35をベースにヴェクタード・スラスト・ノズルを装備したSu-37などがある。

また、複座型にはSu-27UB、長距離戦闘機型のSu-27PU(Su-30)、対地攻撃能力を追加したSu-30M(のちにSu-30Kに変更)、カナード(前翼)を持つ発展型のSu-30M、その輸出型のSu-30MK、これにヴェクタード・スラスト・ノズルを加えたインド向けのSu-30MKIなどがある。

加えて、座席が横に並ぶ並列複座型にはカナードが付き、戦闘爆撃機型のSu-27IB、これを空軍向けとしたSu-34、これを海軍航空隊の基地航空部隊向けとしたSu-32FNなどがある。

もっとも、これらのすべてがソ連/ロシア軍あるいは他国軍に配備されているわけではない。

ミグに代わり、ロシア戦闘機の代名詞となったのが…このスホーイSu-27系統。

お、ロシア機って野暮ったいイメージがあったけど、Su-27はなかなかカッコいいじゃない。

うわ〜、フランカーってF-15より大きいのね…。

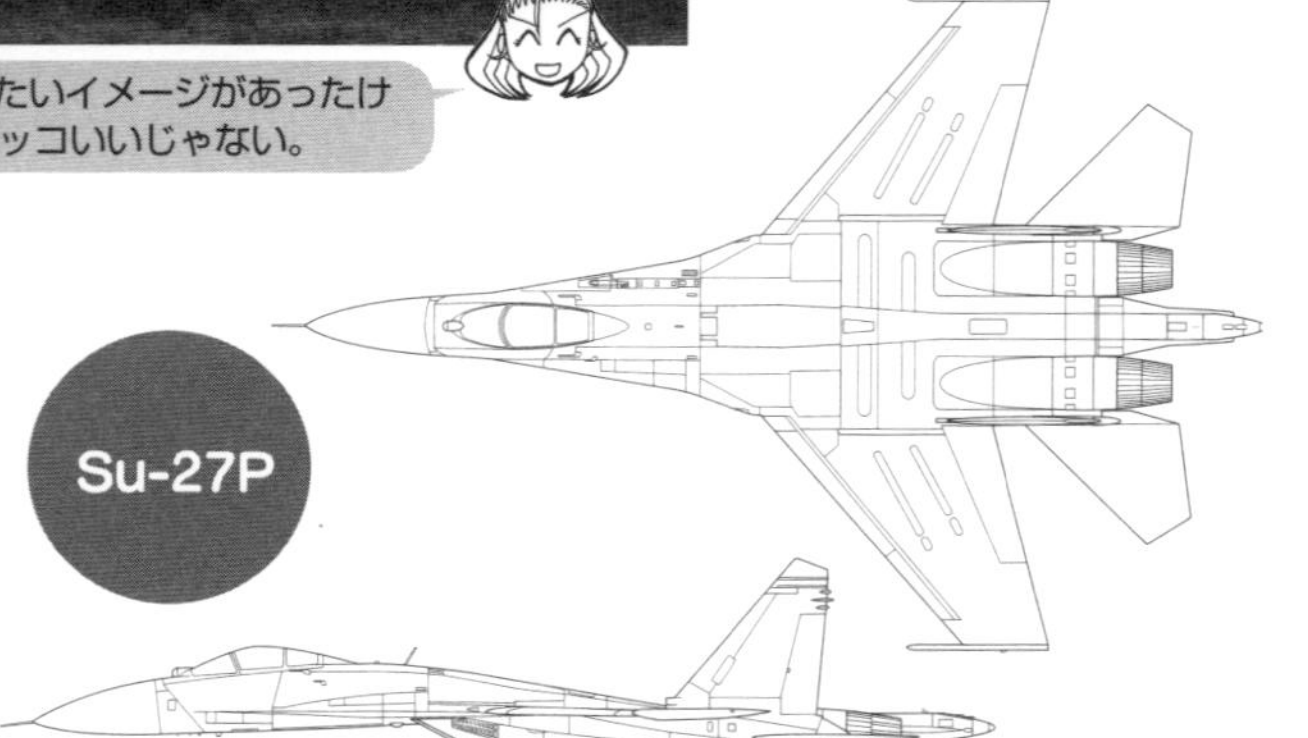

スホーイSu-27PフランカーB

全　幅	14.70m
全　長	21.94m
全　高	5.93m
主翼面積	62.0㎡
通常離陸重量	23,000kg
最大離陸重量	33,000kg
エンジン	サチュルン/リューリカAL-31F(A/B使用時推力122.6kN)×2
最大速度	マッハ2.35
固定武装	30mm機関砲×1
戦闘行動半径	1,550km(空対空ミサイル×6搭載)
乗　員	1名

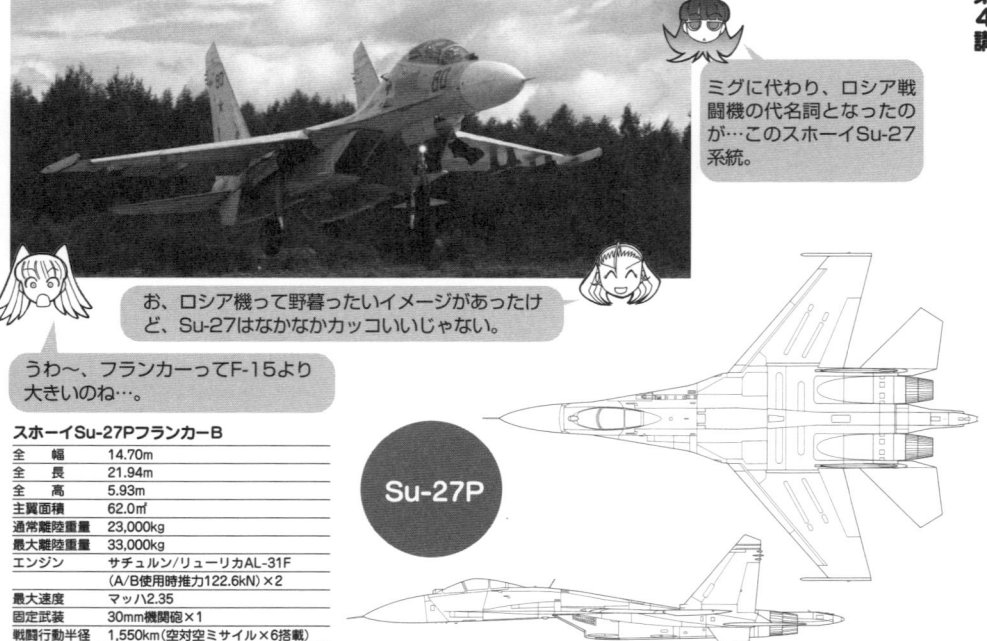

第二次大戦後の欧州その他の戦闘機

ここからは米ソ以外のジェット戦闘機を解説していきます。

米ソに次ぐ戦闘機大国といえばフランスね。戦後、フランス初の実用ジェット戦闘機ウーラガンを開発してから、フランスの航空機産業は不死鳥のように復活したの！

特にミラージュⅢ、F1、2000など、ミラージュシリーズは多くの国で採用されていますね。

値段も手ごろで性能もまずまずだから、非共産圏、だけどアメリカの戦闘機には手が出ない、という中小国の空軍にはちょうど良かったのね。

大英帝国もかつては独力で戦闘機を開発していましたの。P-38のようなツインテールブームのヴァンパイアやヴェノム、デルタ翼のジャベリン、そして世界で最も美しい戦闘機と言われたハンター…。

ハンターがきれいなラインなのは分かるけど、でもその次のライトニングのデザインは「ナシ」でしょ…。

きーっ！ 平凡なデザインよりいいじゃありませんか！ …おほん…でもイギリスを代表する戦闘機といえばやはりハリアーですわね。

ハリアーだったら改造して米軍でも使ってるわ。改造したとはいえ、米軍が他国の飛行機を導入するなんて珍しいわよね。

あとは、スウェーデンがドラケンやグリペンなどの戦闘機を自主開発しています。

…戦後、ドイツや日本は戦闘機を開発していないのか…？

戦後のドイツは独自に戦闘機を開発したことはないけど、共同開発でトーネードやタイフーンを作っています。ドイツの使っているトーネードIDSは攻撃機ですけどね。

日本はF-1とF-2を作ってるよ。でもF-1はほとんど攻撃機だし、F-2はF-16を改造したものだから、純粋な「日本製のジェット戦闘機」というのはびみょうかも。次は国産戦闘機を作れるよう、みんな応援してね！

？…誰に言ってるの？

フランス、イギリス、スウェーデン、日本、国際共同開発のおもな戦闘機

第二次大戦後のヨーロッパでは、ソ連を中心とするワルシャワ条約機構の加盟国はソ連製の戦闘機やそのライセンス生産の戦闘機を主力とした。一方、アメリカを中心とするNATO（North Atlantic Treaty Organizationの略：北大西洋条約機構）の加盟国では、アメリカやフランス、イギリスなどは自国製の戦闘機を主力とし、それ以外のNATO諸国の多くはアメリカ製の戦闘機を主力とした。こうした状況の中で、戦闘機の開発コストは電子装備の高度化などにともなって急激に上昇し、ヨーロッパの大国といえども強力な戦闘機を単独で開発して大量に配備することがむずかしくなってきた。そこで、西ヨーロッパの国々を中心として、いくつかの国で開発資金を分担したり、異なる国のメーカーが共同して開発を行ったりする、国際共同開発が行われるようになった。

その後、ソ連の崩壊と冷戦の終結によって戦闘機の開発ペースは急激にスローダウンし、その配備数も減少したが、高性能の戦闘機の開発コストの上昇傾向に大きな変化はなく、単独開発はますますむずかしくなってきている。これまで、1966年にNATOの軍事機構から脱退した（1995年に一部復帰）フランスや永世中立国のスウェーデンは、戦闘機の独自開発を続けてきたが、今後も単独開発を続けることはむずかしいだろうといわれている。

フランス

◎ダッソー ミラージュⅢ

ダッソー ミラージュⅢは、フランスのダッソー社で開発された無尾翼のデルタ翼が特徴の単発単座戦闘機だ。

原型機のミラージュⅢは1956年に初飛行し、最初の量産型となった全天候戦闘機型のミラージュⅢCは1960年に初飛行した。この他に、戦闘攻撃機型のミラージュⅢE、偵察機型のミラージュⅢRなどがある。また、メーカーのダッソー社では、簡易な戦闘攻撃機型のミラージュ5（※）、エンジンを換装するなどの改良を加えたミラージュ50等を開発している。

加えて、イスラエルのIAI社を中心としてミラージュ5をコピー生産したネシェル（のちにアルゼンチンに売却されダガーに改名）、ミラージュⅢに大幅な改良を加えたクフィル、南アフリカのアトラス社がミラージュⅢに大幅な改造を加えたチーターなどの派生機がある。

フランスのほか、スイス、ベルギー、オーストラリアでも生産（ノックダウン含む）された。そして、これらの国々に加えて、イスラエル、南アフリカ、スペイン、レバノン、パキスタン、ブラジル、チリなどに輸出され、中東戦争やフォークランド紛争など数多くの実戦に投入されている。

（※）ミラージュ5は、ミラージュⅢをベースとしたVTOL実験機のミラージュⅢVとの混同を避けたためかローマ数字の「V」ではなくアラビア数字の「5」を使うので注意！

多くの国に輸出され、たくさんの実戦を経験しているミラージュIIIは、戦後のフランス戦闘機を代表する傑作！　これはオーストラリア空軍のミラージュIIIOね。

比較的安価、大量生産、数多くの実戦経験…MiG-21と経歴が似ている…。

ダッソー ミラージュⅢE

全　幅	8.22m
全　長	15.03m
全　高	4.50m
主翼面積	34.85㎡
最大離陸重量	13,700kg
エンジン	SNECMAアター09C-3（A/B使用時推力60.8kN）×1
最大速度	マッハ2.15
戦闘行動半径	1,200km
固定武装	30mm機関砲×2
乗　員	1名

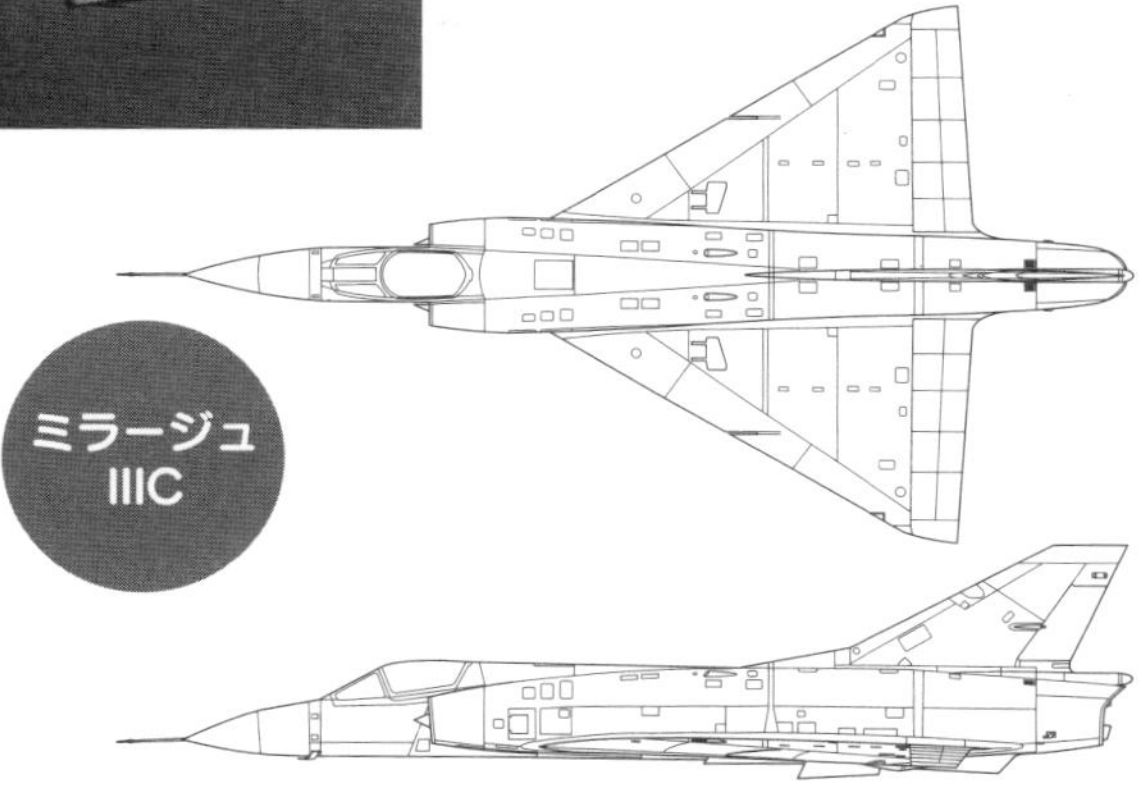
ミラージュ
IIIC

空飛ぶイカ？
デルタ一筋半世紀！
とにかくデルタ翼が大好きなダッソー社はフランス唯一の戦闘機メーカーなのです
名前の由来は創業者マルセル・ブロッホの兄アンリがレジスタンス時代に名乗った変名「D'assault」（突撃の意）から！
これはスイス空軍が装備したミラージュIII S カナード翼が付いている
ダッソー・ミラージュIII
○フランス初のマッハ2級ジェット戦闘機。デルタ翼の特徴を活かした小型・軽量の設計で、派生型やコピーも多数作られた。世界20ヵ国で採用されたベストセラー機。
ラファール
ダッソー社の最新鋭戦闘機 カナード+デルタの組み合わせで、マルチロール・ファイターとして多目的に運用が可能。海軍型のラファールMもある。
ミラージュ2000
最新技術でリメイクされたミラージュIII。複合材料やフライ・バイ・ワイヤが導入されている。
ワタシの髪形もデルタなのよ♡
ぐすん…
仲間外れ…
○唯一の例外 この機体だけが後退翼で水平尾翼を持っている
ミラージュF1

⊙ダッソー ミラージュF.1

ダッソー ミラージュF.1は、フランスのダッソー社で開発された単発単座の軽快な戦闘攻撃機だ。短距離離着陸（Short Take-Off and Landing略してSTOL）性能を重視して、ミラージュⅢのような無尾翼のデルタ翼ではなく通常の尾翼を持つ後退翼を採用した。これによって、ミラージュⅢを大幅に上回るSTOL性能を実現することができた。

1966年に原型機が初飛行し、1973年からフランス空軍で部隊配備が始められた。簡易な戦闘攻撃機型のF.1A、全天候迎撃戦闘機型のF.1C、対地攻撃能力等を強化したマルチ・ロール型のF.1E、F.1Cを改修し対地攻撃能力を強化したF.1CTなどのバリエーションがある。

生産数は約750機で、アメリカ製のF-16ファイティングファルコンの登場もあって、あまりヨーロッパ諸国への輸出は多くないが、ギリシャ、スペイン、モロッコ、リビア、南アフリカ、エクアドル、イラク、クウェートなどで採用され、ミラージュⅢに続いて輸出機としても成功を収めた。そして、イラン・イラク戦争や湾岸戦争などで実戦に参加している。

ミラージュ？これってミラージュⅢをベースにしてますの？形が全然違いますけれど…。

名前はミラージュ（幻影）のままだけど、ミラージュⅢとはまったく別の機体よ。写真の機体はヨルダン空軍のミラージュF.1。ミラージュF.1は中東に多く輸出されているわ。

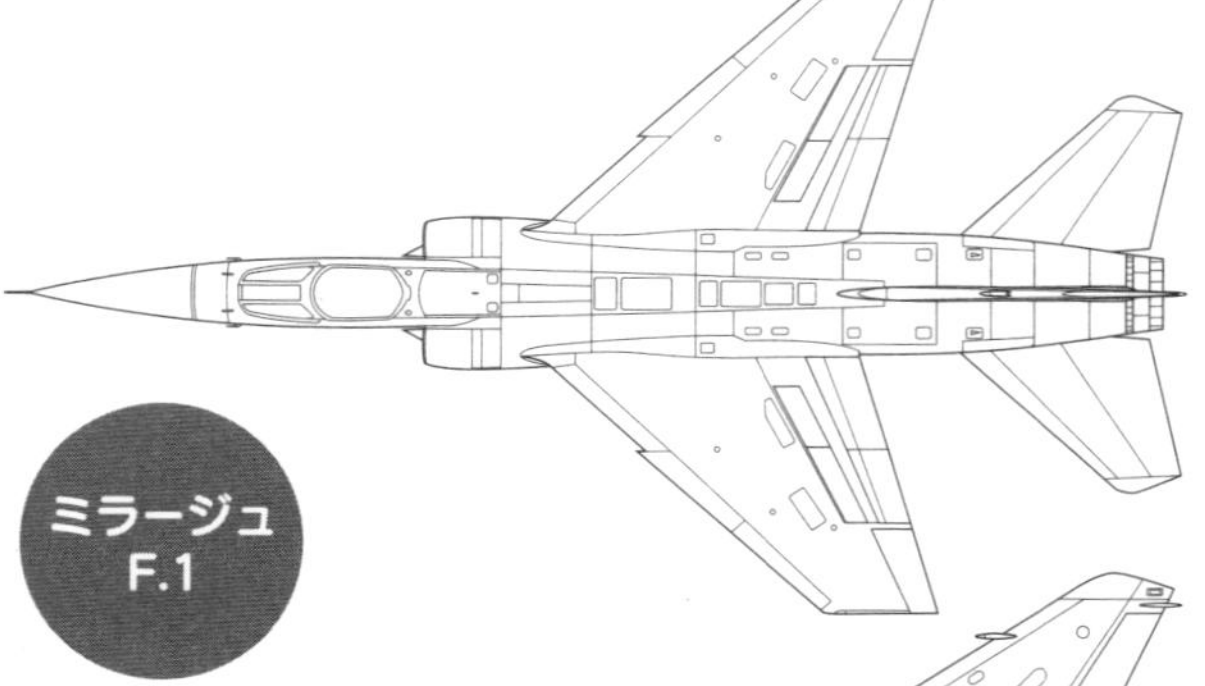

ミラージュ F.1

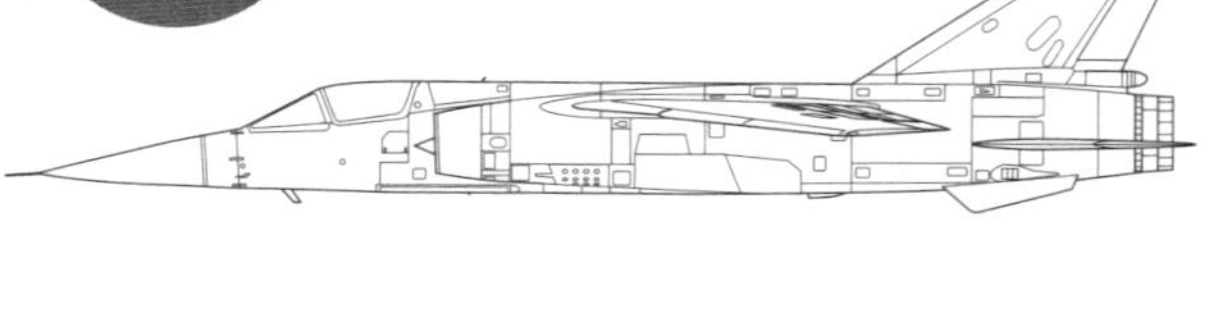

ダッソー ミラージュF.1C

全幅	8.40m
全長	15.30m
全高	4.50m
主翼面積	25.0㎡
最大離陸重量	16,200kg
エンジン	SNECMAアター9K-50（A/B使用時推力70.21kN）×1
最大速度	1,262kN（マッハ2.1）
戦闘行動半径	1,390km
固定武装	30mm機関砲×2
乗員	1名

⦿ダッソー ミラージュ2000

1975年、フランスのダッソー社が空軍向けに開発を進めていた可変翼を持つミラージュGが開発費の高騰などからキャンセルされたため、これに代わってミラージュⅢの発展型が開発されることになった。原型機のミラージュ2000は1978年に初飛行し、最初の量産型となったミラージュ2000Cは1982年に初飛行した。

ミラージュⅢと同様の無尾翼のデルタ翼が特徴の単発単座戦闘機で、全天候戦闘機の2000C、輸出向けの2000E、CおよびE型の近代化改修型でマルチ・ロール・ファイターとした2000-5、核搭載可能の巡航ミサイルの運用能力を持つ複座の戦略爆撃機型の2000N、これを通常の戦闘爆撃機型とした2000Dなど幅広いバリエーションがある。

フランスでは、1984年から空軍の実戦部隊への配備が始められた。また、ギリシャ、インド、UAE、エジプト、カタール、台湾、ペルー、ブラジルに輸出され、現在も輸出型の提案が続けられている。

また名前がミラージュだけど…

ははは、やっぱりそれまでのミラージュとは別の機体よ…。F-16など、他国の第4世代戦闘機に匹敵する、新世代の無尾翼デルタ翼戦闘機として開発されたの。

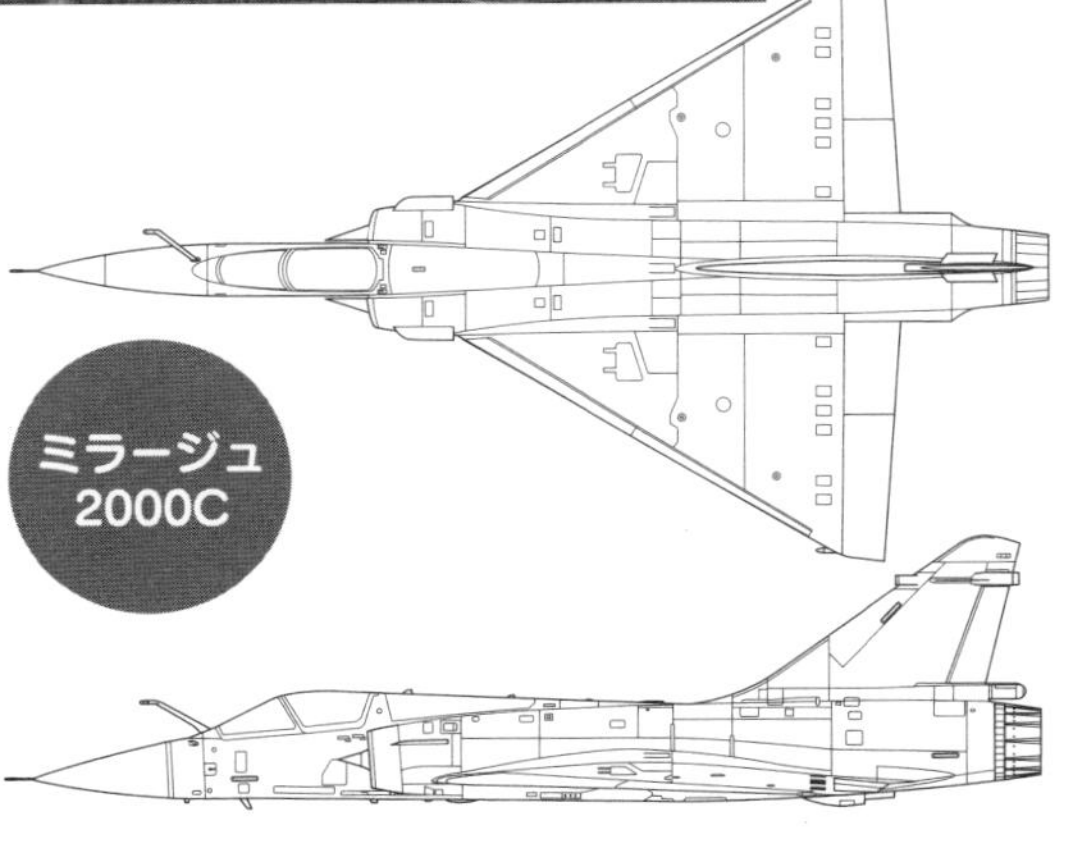
ミラージュ
2000C

ダッソー ミラージュ2000C

全　幅	9.13m
全　長	14.36m
全　高	5.14m
主翼面積	41.9㎡
最大離陸重量	17,000kg
エンジン	SNECMA M53-P2（A/B使用時推力95.1kN）×1
最大速度	マッハ2.2
作戦航続距離	1,850km
固定武装	30mm機関砲×2
乗員	1名

⊙ダッソー ラファール

1970年代中頃、フランスは、イギリスや西ドイツ（当時）と次世代の戦闘機を共同開発するECA（European Combat Aircraftの略：欧州戦闘航空機）計画を進めていた。

しかし、フランスだけが艦上型も必要としていたこと、自国製エンジンの採用を求めたが他国の賛同を得られそうになかったことなどから、1985年に計画から脱退しダッソー社による独自開発を決定。原型機のラファールAは1986年に初飛行し、量産機は1991年に初飛行した。

無尾翼でカナード（前翼）付のデルタ翼を持つ双発単座のマルチ・ロール・ファイターで、空軍向けで複座のラファールB、空軍向けで単座のラファールC、海軍向けの艦上機型で単座のラファールM、同じく海軍向けの艦上機型で複座のラファールN（Nは計画のみ）などのバリエーションがある。

現在、フランス海空軍で配備が進められつつあるほか、海外への売り込みも行われている。

たしかフランスは国際共同開発計画の途中で脱退して、ラファールを作ったんですよね…。

フランスにだっていろいろ事情があったのよ！ でも、少なくとも外見の格好よさ的にはタイフーンに圧勝してるわね〜。写真の機体は空軍向けの単座機ラファールCね。

ラファールM

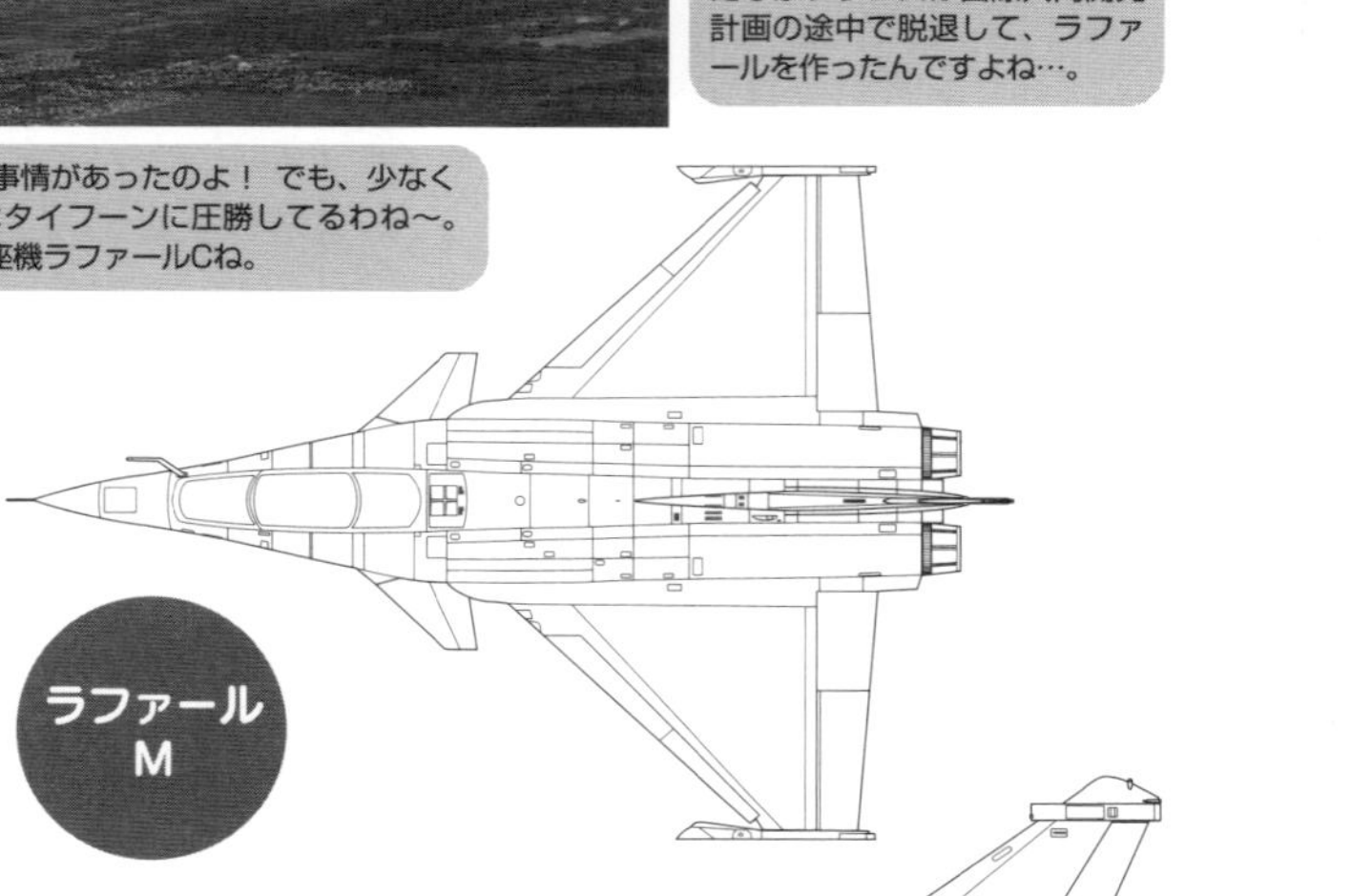

ダッソー　ラファールC	
全　　幅	10.80m（主翼端ミサイル含む）
全　　長	15.27m
全　　高	5.34m
主翼面積	45,7㎡
最大離陸重量	24,500kg
エンジン	SNECMA M88-2（A/B使用時推力72.9kN）×2
最大速度	マッハ1.8
戦闘行動半径	1,760km（空対空ミッション）
固定武装	30mm機関砲×1
乗　　員	1名

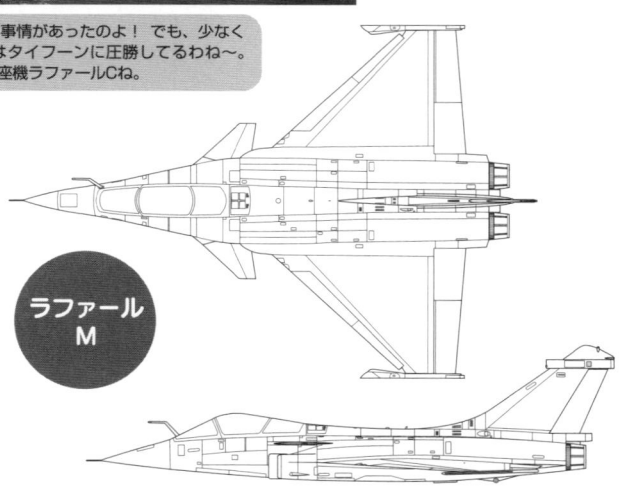

◎イングリッシュエレクトリック ライトニング

イングリッシュエレクトリック社（のちにブリストル、ヴィッカーズ・アームストロング、ハンティングと合併してブリティッシュエアクラフトコーポレーション、略してＢＡＣ社となる）の開発したライトニングは、デルタ翼の内翼部後縁を切り欠いたような後退翼と上下に重ねた双発エンジンが特徴のマッハ2級の迎撃戦闘機だ。イギリス初の超音速戦闘機であると同時に、イギリス最後の独自開発の超音速戦闘機となった。

原型機のＰ．１Ａは１９５４年に初飛行し、最初の量産型のＦ．１は１９６０年から部隊配備が始められた。自動攻撃システムを搭載するＦ．２、固定武装を廃止し新型空対空ミサイルの運用能力を追加するなどの改良を加えたＦ．３、主翼の変更や胴体下部燃料タンクの大型化などの改良を加えたＦ．６などがある（より正確にはＦ．Mk.１のように間に「Mk.」が入るが、これを省略してＦ．１と記されることが多い。他も同様）。

生産数は原型機や試験機を含めて約３５０機。イギリスのほか、サウジアラビアとクウェートに輸出され、サウジ空軍機がイエメンとの紛争で実戦に投入されたが、すでに全機が退役した。

これはサウジアラビア空軍のライトニングですね。
ダ、ダサい…っていうか通常の神経ではありえない形状の戦闘機ね…。

まったく、このライトニングのキモカッコよさが分からないとは…、ニケさんもまだまだですわね～。

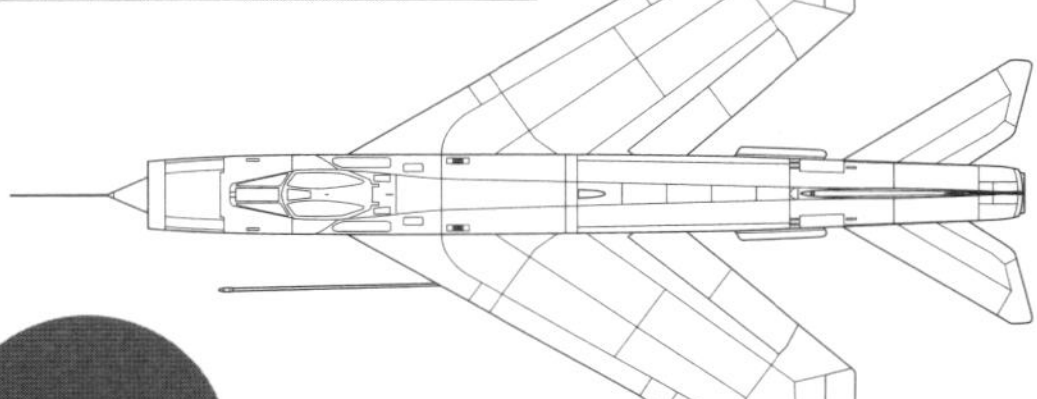

ライトニング F.6

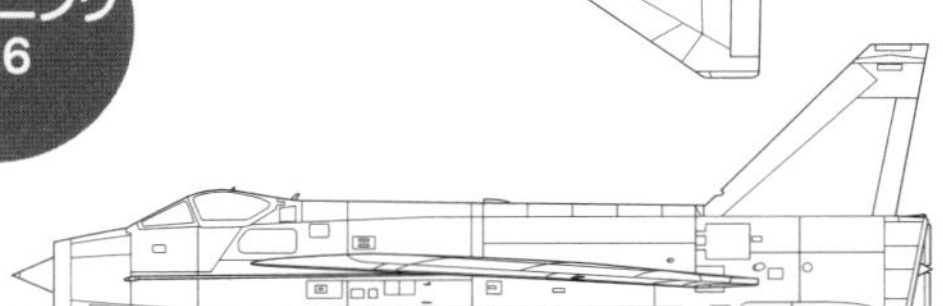

イングリッシュエレクトリック ライトニングF.6

全　幅	10.61m
全　長	16.84m
全　高	5.97m
主翼面積	44.08㎡
最大離陸重量	18,915kg
エンジン	ロールス・ロイス エイヴォン 301R（A/B使用時推力72.77kN）×2
最大速度	マッハ2.27
戦闘行動半径	1,287km
固定武装	30mm機関砲×2
乗員	1名

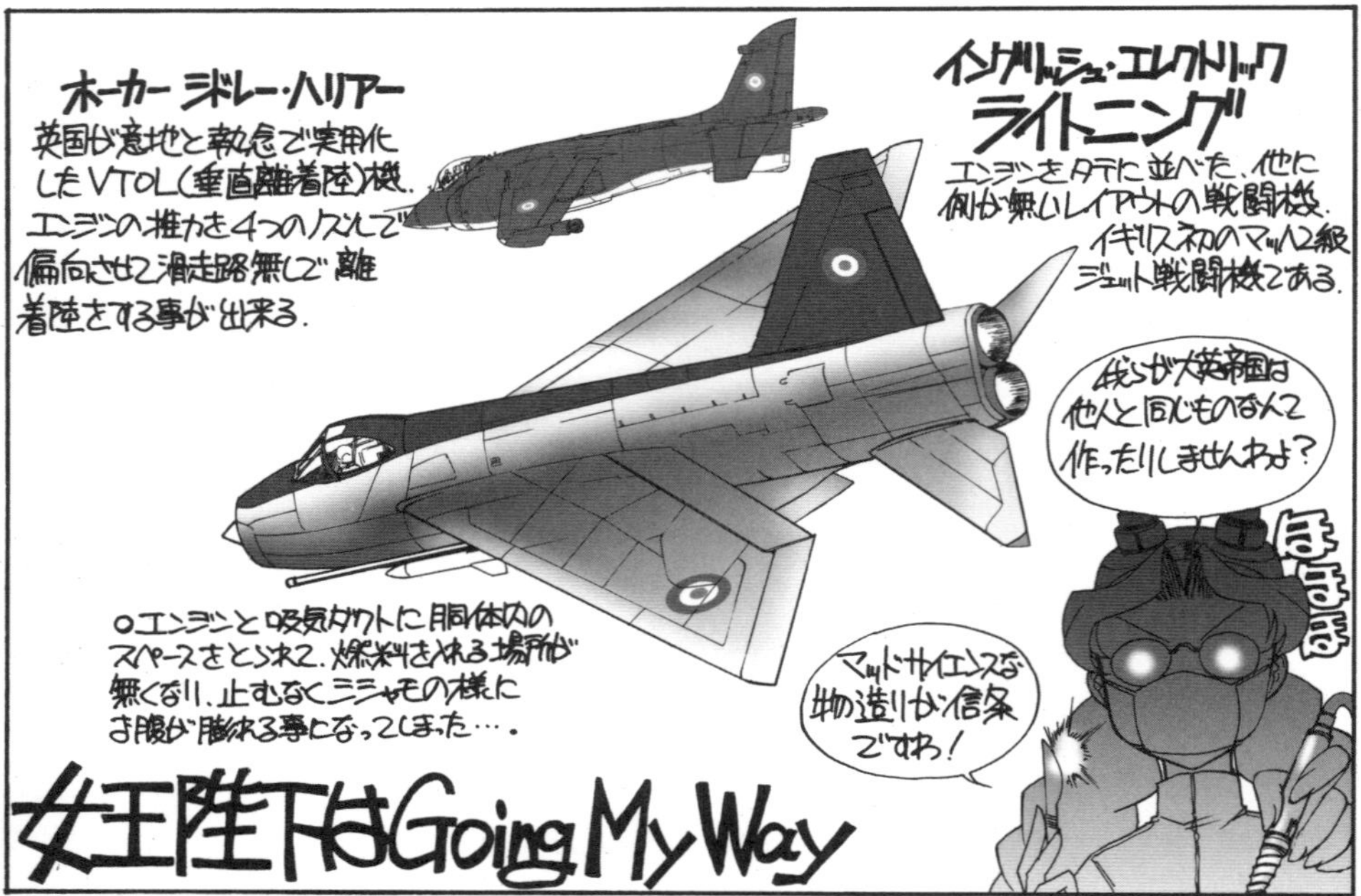

ホーカー シドレー・ハリアー
英国が意地と執念で実用化したVTOL（垂直離着陸）機。エンジンの推力を4つのノズルで偏向させて滑走路無しで離着陸をする事が出来る。
イングリッシュ・エレクトリック ライトニング
エンジンをタテに並べた、他に例が無いレイアウトの戦闘機。イギリス初のマッハ2級ジェット戦闘機である。
我らが大英帝国は他人と同じものなんて作ったりしませんわよ？
ほほほ
○エンジンと吸気ダクトに胴体内のスペースをとられて、燃料を入れる場所が無くなり、止むなくミジャモの様にお腹が膨れる事になってしまった…。
マッドサイエンスな物造りが信条ですわ！
女王陛下はGoing My Way

イギリスの戦闘機

第4講

◎BAeシーハリアー

シーハリアーは、ホーカーシドレー社（のちにブリティッシュエアロスペース、略してBAe社の一部となる）で開発された垂直離着陸艦上戦闘機で、世界初の実用垂直離着陸攻撃機ハリアーをベースに開発された。ハリアーやシーハリアーは、垂直離着陸専用のリフトエンジンを搭載せず、ヴェクタード・スラスト方式のメインエンジンのみで離着陸を行う。

陸上型ハリアーの最初の実用型となったハリアーGR・1の試

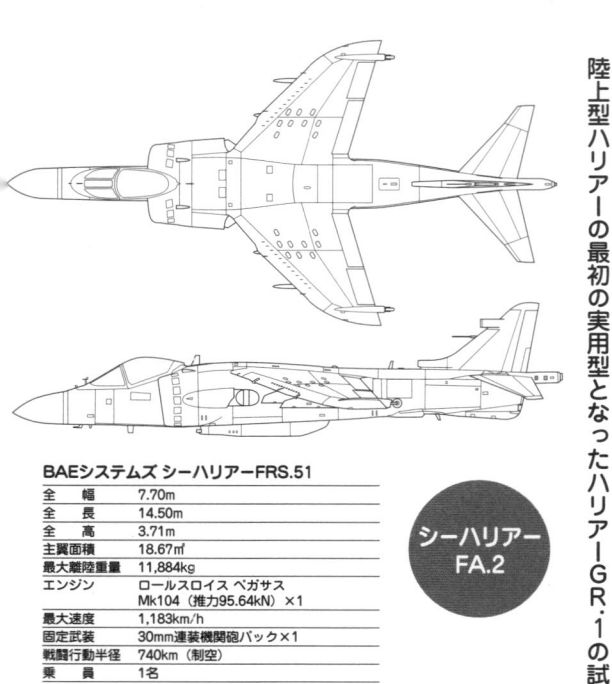

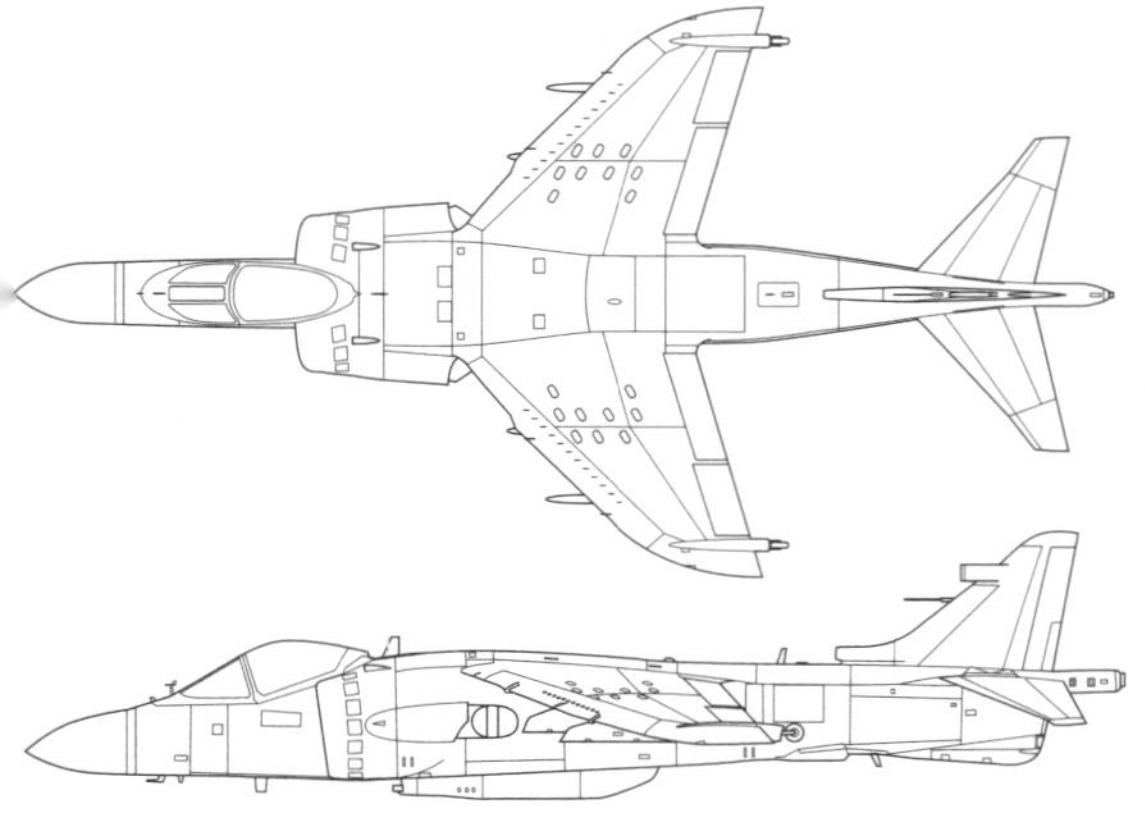

シーハリアー
FA.2

BAEシステムズ シーハリアーFRS.51

全幅	7.70m
全長	14.50m
全高	3.71m
主翼面積	18.67㎡
最大離陸重量	11,884kg
エンジン	ロールスロイス ペガサス Mk104（推力95.64kN）×1
最大速度	1,183km/h
固定武装	30mm連装機関砲パック×1
戦闘行動半径	740km（制空）
乗員	1名

ＶＴＯＬ（垂直離着陸）機の代名詞がハリアーです。あまり飛行機に詳しくない人でも、知っている人は多いのではないかしら？　この機体はロイヤル・ネイビー（英海軍）のシーハリアーですわね。

作機は、1966年に初飛行した。その後、1975年には陸上型に大幅な改良を加えた艦上型のシーハリアー（当初の名称はマリタイムハリアー）の量産化が決定し、1978年には最初の量産型であるシーハリアーFRS・1が初飛行した。

このシーハリアーFRS・1は空対空ミサイルや空対艦ミサイルの運用も可能な戦闘、偵察、攻撃の多用途機で、これをインド海軍向けとしたFRS・51、機上レーダーなどに改良を加えたF／A・2（当初名称はFRS・2）などがある。

シーハリアーの生産数は100機ほどで、1982年のフォークランド紛争では、イギリス海軍の空母「インヴィンシブル」「ハーミーズ」に搭載されて実戦に参加している。

マクダネル・ダグラスはハリアーを元にしてさらに性能を向上させたハリアーIIを開発したの。これは米海兵隊のAV-8Bよ。ほかに英海空軍、スペイン海軍、イタリア海軍が採用しているわ。

サーブJAS39グリペン

永世中立国のスウェーデンでは、第二次大戦後にサーブ29タンネン、サーブ32ランセン、サーブ35ドラケン、サーブ37ヴィゲンといったジェット戦闘機を独自開発してきた。

現在配備が進められているサーブ39グリペンは、1980年からサーブ社で開発が始められ、1988年に試作機が初飛行し、1992年に量産第1号機が初飛行した。

スウェーデン空軍ではJAS39と呼んでいるが、Jは戦闘機、Aは攻撃機、Sは偵察機を意味している。これを見てもわかるように、グリペンは小振りな単発機ながら、これらの任務を1機種でこなすことのできる典型的なマルチ・ロール・ファイターとなっている。

基本型のJAS39A、その複座型のJAS39B、空中給油装置などを持つ発展型のJAS39C、その複座型のJAS39Dなどのバリエーションがあり、さらにエンハンスド・グリペンと呼ばれる発展型も計画されている。

スウェーデンは、かつて中立国以外への兵器輸出には慎重だったが、グリペンは、南アフリカ、ハンガリー、チェコに採用されるなど、輸出にも力が入れられている。

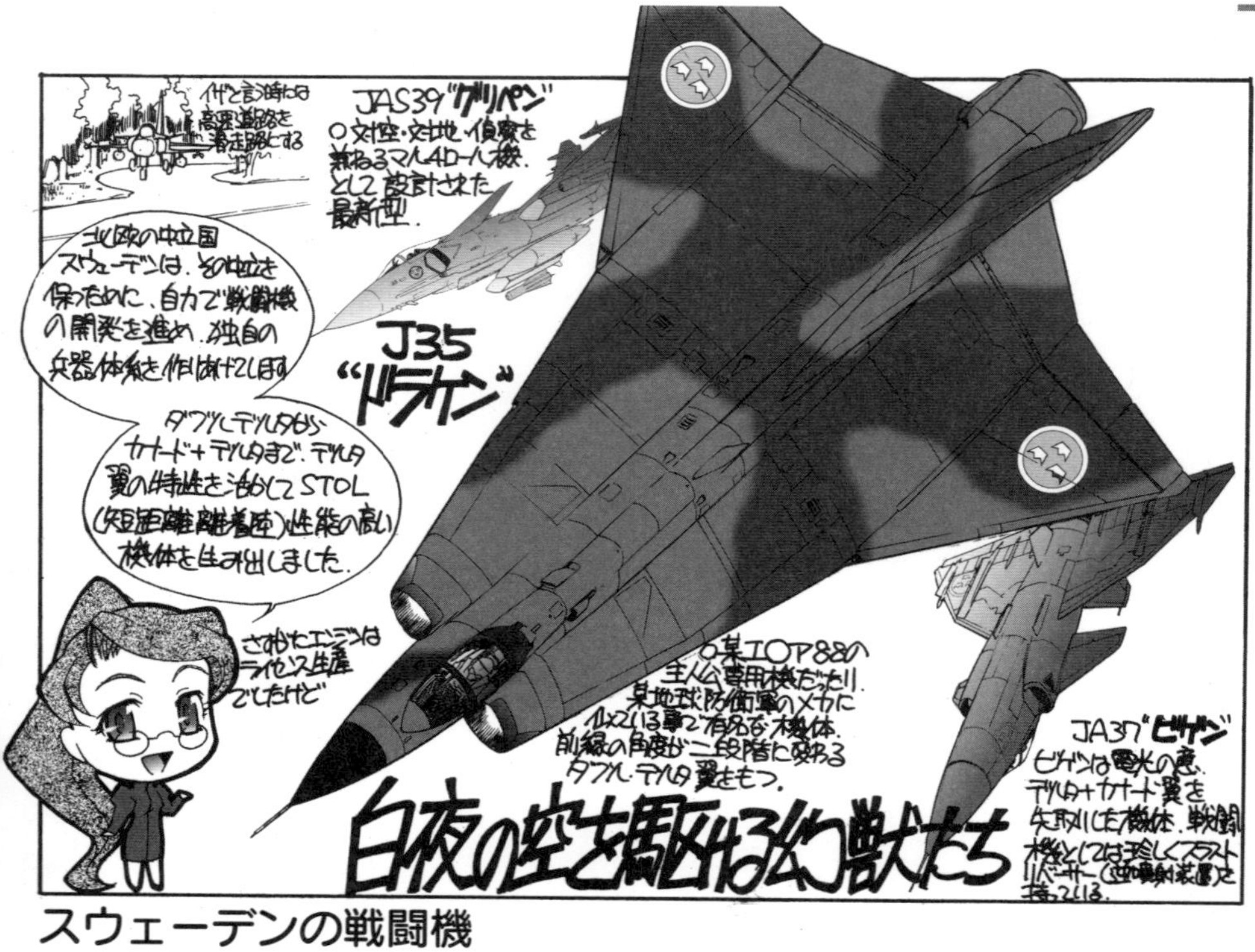

スウェーデンの戦闘機

サーブJAS39Aグリペン

全　幅	8.40m
全　長	14.10m
全　高	4.50m
主翼面積	30.0㎡
最大離陸重量	13,000kg
エンジン	ボルボ・フリグモーター RM12（A/B使用時推力80.5kN）×1
最大速度	マッハ2.2
固定武装	27mm機関砲×1
戦闘行動半径	800km
乗　員	1名

グリペンは軽量小型で敏捷性に優れた戦闘機。決して大国とはいえないスウェーデンが独自に第一線級の戦闘機を開発しているのは驚嘆すべきことです。
日本じゃとあるパソコンゲームのおかげで、OTAKUにすごく人気あるらしいじゃない？
そうなの？？

JAS39
グリペン

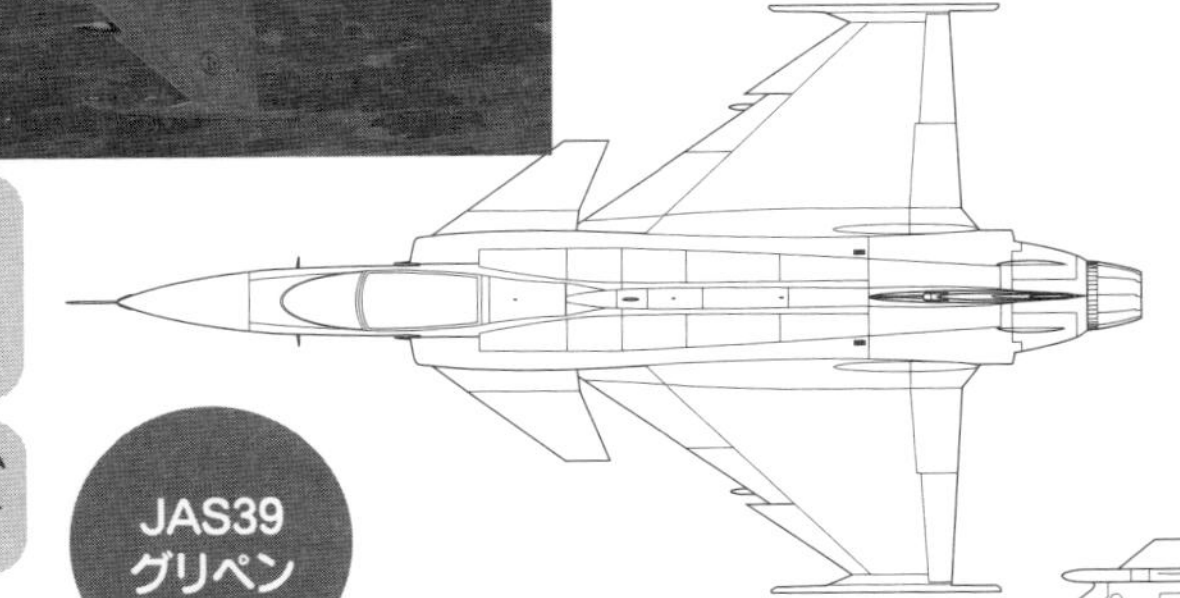

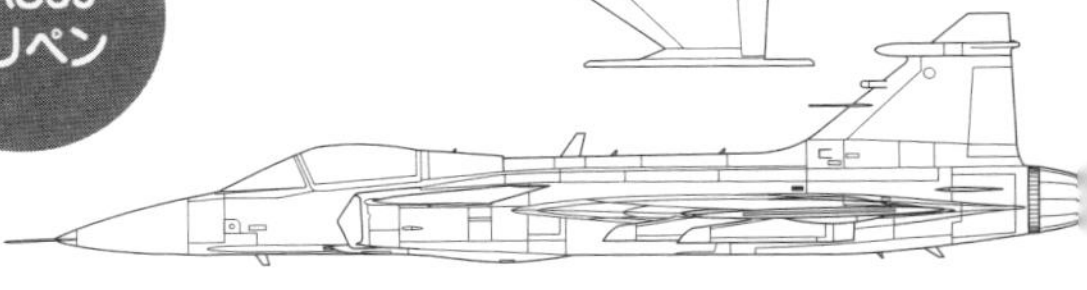

国際共同

パナヴィアトーネードADV

パナヴィア トーネードは、1968年にイギリス、西ドイツ（当時）、イタリア、オランダ、ベルギー、カナダの間で合意されたMRCA（Multi-Role Combat Aircraftの略：多任務戦闘航空機）計画に基づいて開発された。その後、オランダ、ベルギー、カナダが財政難を理由に脱落したため、イギリス、西ドイツ、イタリアの3か国共同開発となった。

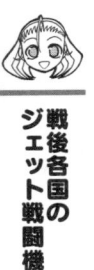

生産管理は各国メーカーの共同出資によって設立されたパナヴィア社で行われ、1974年に試作1号機が初飛行し、1979年にはイギリス空軍向けの迎撃戦闘機型ADV（Air Defense Variantの略）の試作機が初飛行した。なお、同年には攻撃機型のID

トーネード
ADV

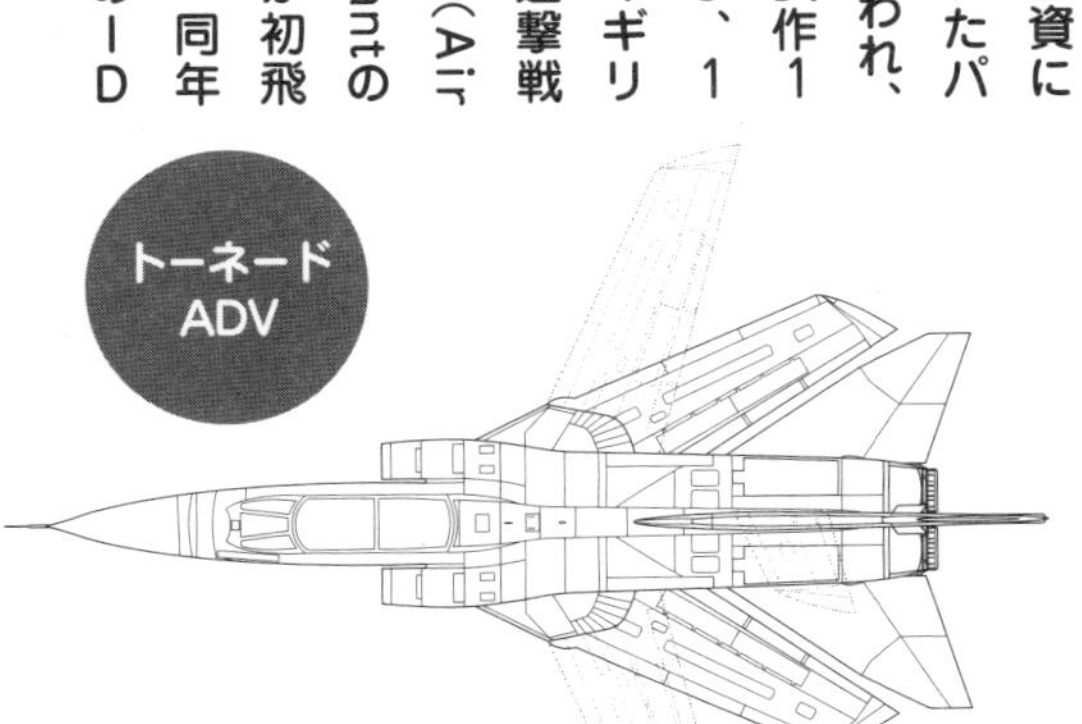

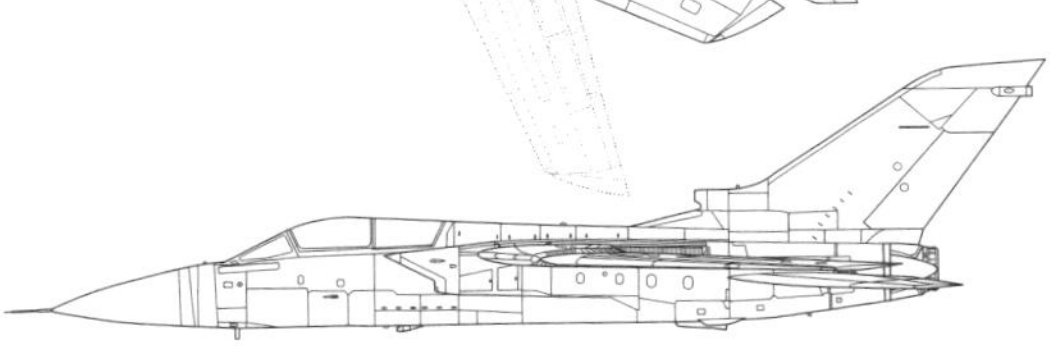

パナヴィア トーネードADV（F.3）

全　幅	8.60m（後退角67度）、13.91m（後退角25度）
全　長	18.68m
全　高	5.95m
主翼面積	26.6㎡（後退角25度）
最大離陸重量	27,986kg
エンジン	ターボユニオン RB199 - 34R Mk104（A/B使用時推力73.5kN）×2
最大速度	マッハ2.2
戦闘行動半径	1,850km（亜音速迎撃）
固定武装	27mm機関砲×1
乗員	2名

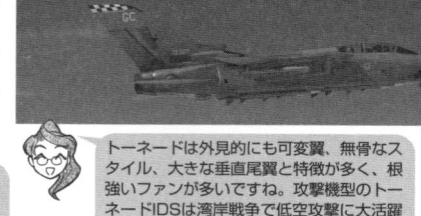

トーネードは外見的にも可変翼、無骨なスタイル、大きな垂直尾翼と特徴が多く、根強いファンが多いですね。攻撃機型のトーネードIDSは湾岸戦争で低空攻撃に大活躍しました。

英国ではライトニングの後継機として、トーネードADVが採用されましたわ。

S（Interdictor／Strikeの略）の量産機が初飛行し、さらに1989年にはIDSをベースとした電子戦機型のECR（Electronic Combat／Reconnaissance《リコネッサンス》の略）の量産機が初飛行している。

トーネードADVは、可変翼を持つ双発複座の全天候迎撃戦闘機で、空対空ミサイルで多目標を同時に攻撃できる能力を持つ。最初に量産されたF.Mk.2、エンジンを換装するなどの改良を加えたF.Mk.3などがある。

生産数は約220機で、イギリスに加えて、サウジアラビアに採用されたほか、一時期イタリアにリースされていたがすでに返却されている。

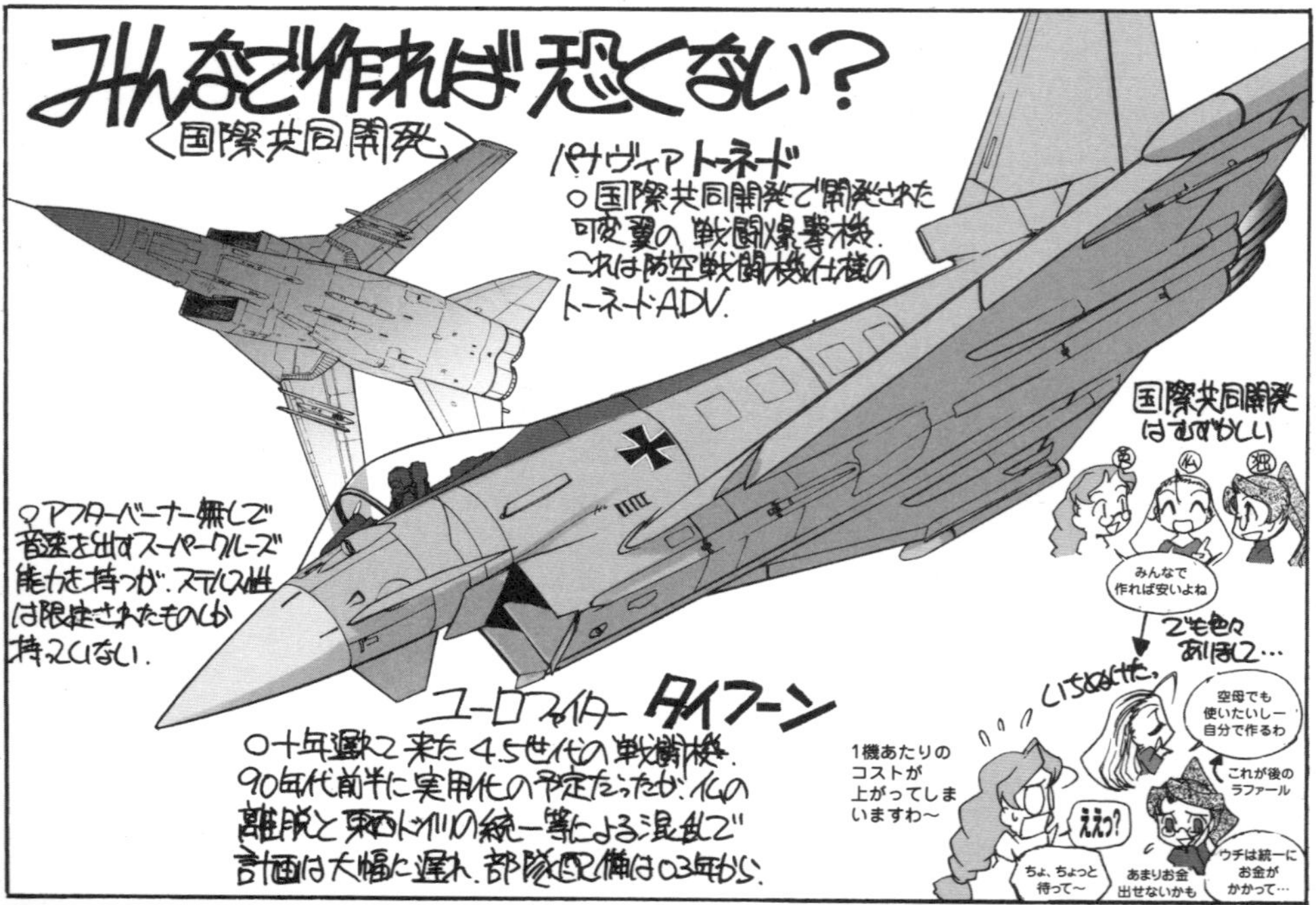

みんなで作れば恐くない？
〈国際共同開発〉
パナヴィアトーネード
○国際共同開発で開発された可変翼の戦闘爆撃機.
これは防空戦闘機仕様のトーネードADV.
○アフターバーナー無しで音速を出すスーパークルーズ能力を持つが.ステルス性は限定されたものしか持っていない.
ユーロファイタータイフーン
○十年遅れて来た4.5世代の戦闘機.
90年代前半に実用化の予定だったが.仏の離脱と東西ドイツの統一等による混乱で計画は大幅に遅れ.部隊配備は03年から.
国際共同開発はむずかしい
英
仏
独
みんなで作れば安いよね
でも色々ありまして…
いちぬけた。
空母でも使いたいし―自分で作るわ
これが後のラファール
1機あたりのコストが上がってしまいますわ～
ええっ？
ちょ、ちょっと待って～
あまりお金出せないかも
ウチは統一にお金がかかって…

国際共同開発の戦闘機

ユーロファイター2000タイフーン

1985年、イギリス、西ドイツ（当時）、フランスの3か国共同で進められていた次世代戦闘機ECAの開発計画からフランスが脱退した。しかし、イタリア、スペインが共同開発計画への参加を求めてきたことから、この4か国でFEFA（Future European Fighter Aircraftの略：将来欧州戦闘機）計画が推進されることになり、1986年にはユーロファイター社が設立された。

その後、冷戦終結などにともなって計画が見直されることになり、1992年にEF（Eurofighter）-2000として再出発することになった。そして、1994年には試作機が初飛行し、1998年には欧州以外への輸出も考慮してタイフーンと名付けられ、2003年から量産型の引渡しが始められている。

カナード（前翼）を持つ無尾翼のデルタ翼機で、アフターバーナーを使わずに超音速で巡航するスーパークルーズ能力を持っている。生産時期によって段階的に仕様が変更されており、今後も各種能力が拡張されることになっている。

開発参加国であるドイツ、イギリス、イタリア、スペインに加えて、オーストリア、サウジアラビアへの採用が決まっており、輸出にも力が入れられている。

ステルス性も従来機よりは高く、スーパークルーズも可能、運動性も上々です。自称“F-22の次に強い戦闘機”ですわ。

でもさぁ、タイフーンとラファールとグリペンって、みんなイカに似てない？

………

こらっ！ みんなが気にしていることをさらっと言っちゃいけません！

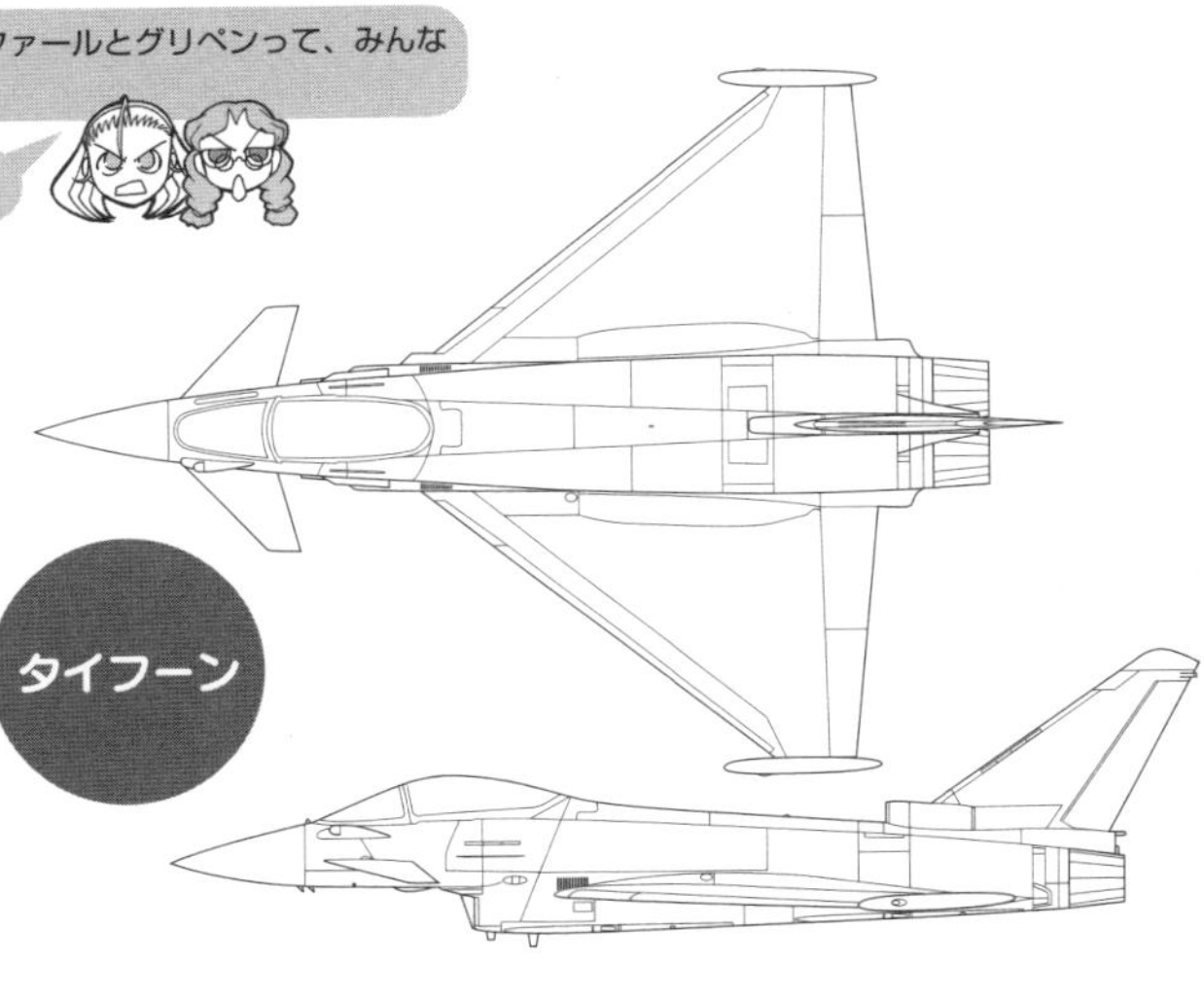

ユーロファイター タイフーン（単座型）

全幅	10.95m（主翼端ポッド含む）
全長	15.96m
全高	5.28m
主翼面積	50.0㎡
最大離陸重量	21,000kg/23,500kg（過荷時）
エンジン	ユーロジェットEJ200 （A/B使用時推力90kN）×2
最大速度	マッハ2
固定武装	27mm機関砲×1
戦闘行動半径	1,400km（AAM×6発装備で10分間の戦闘空中哨戒時）
乗員	1名

●三菱F-1

三菱F-1は、同社の高等練習機T-2をベースに開発された国産の支援戦闘機（Fighter Support略してFS。戦闘攻撃機のこと）で、両機ともエンジンは英仏共同出資のロールスロイス・チュルボメカ社で開発されたアドーアを石川島播磨重工でライセンス生産したものが搭載された。

1972年からFS-T2改として正式に開発が始められ、1975年にはT-2を改造した特別仕様機による飛行テストが始められて、1977年には量産機のF-1が初飛行した。

基本的には、後退翼を持つ双発複座の超音速練習機T-2を単座に改め、武器管制機能の強化や武器搭載能力の向上などの改良を加えたもので、固定武装の20㎜機関砲（ヴァルカン）に加えて、国産の80式空対艦誘導弾（自衛隊ではミサイルを誘導弾と呼ぶ）ASM-1を最大2発、赤外線誘導方式の空対空ミサイルを最大4発など各種の武装を搭載可能。

1987年までに77機が生産され、航空自衛隊の支援戦闘機部隊に配備されたが、2006年中にすべて退役した。

三菱F-1

全幅	7.88m
全長	17.85m
全高	4.47m
主翼面積	21.2㎡
最大離陸重量	13,670kg
エンジン	RR/チュルボメカ TF40-IHI-801A（A/B使用時推力32.5kN）×2
最大速度	マッハ1.6
航続距離	2,600km
戦闘行動半径	556km（対艦戦闘）
固定武装	20mm機関砲×1
乗員	1名

F-1の主任務は敵艦船への攻撃だよ。対戦闘機戦闘はちょっと苦手かも…。

あら、これって英仏共同開発の攻撃機ジャギュアに似てませんこと？ 真似しました？

う〜ん、そうかなぁ…？

でも同じエンジンを積んでいる、同じような任務の機種だから、似ちゃうのは仕方ないかもしれませんね。

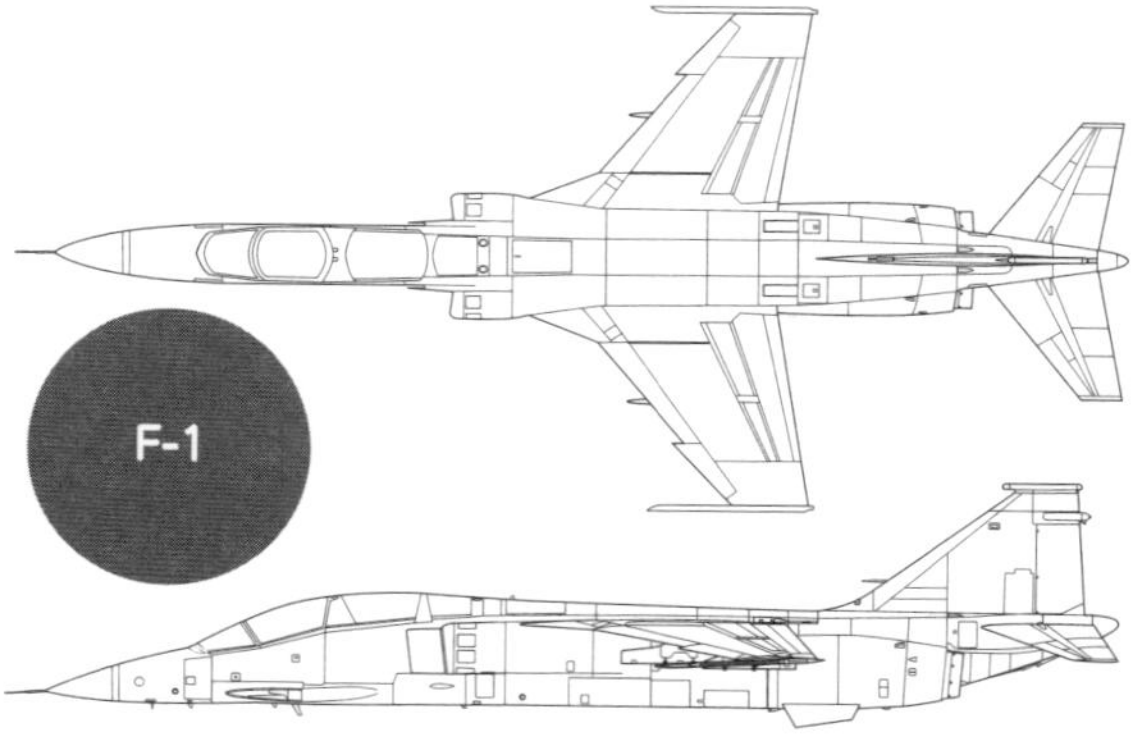

●三菱F-2

1982年に決定された「五六中業（昭和58年度から昭和62年度までを対象とする中期業務見積もり）」で、三菱F-1の後継となる次期支援戦闘機（実質的には戦闘攻撃機）FS-Xを24機購入することが決まった。

その後、F-1の機体寿命の見直しなどによって調達開始時期に余裕ができたため、一旦は国内開発の可能性も出たものの、1987年に日米共同開発とすることが正式に決まり、ジェネラルダイナミクス社（現在のロッキード・マーチン）のF-16をベースとして、三菱を主契約者として共同開発が行われることになった。1995年には

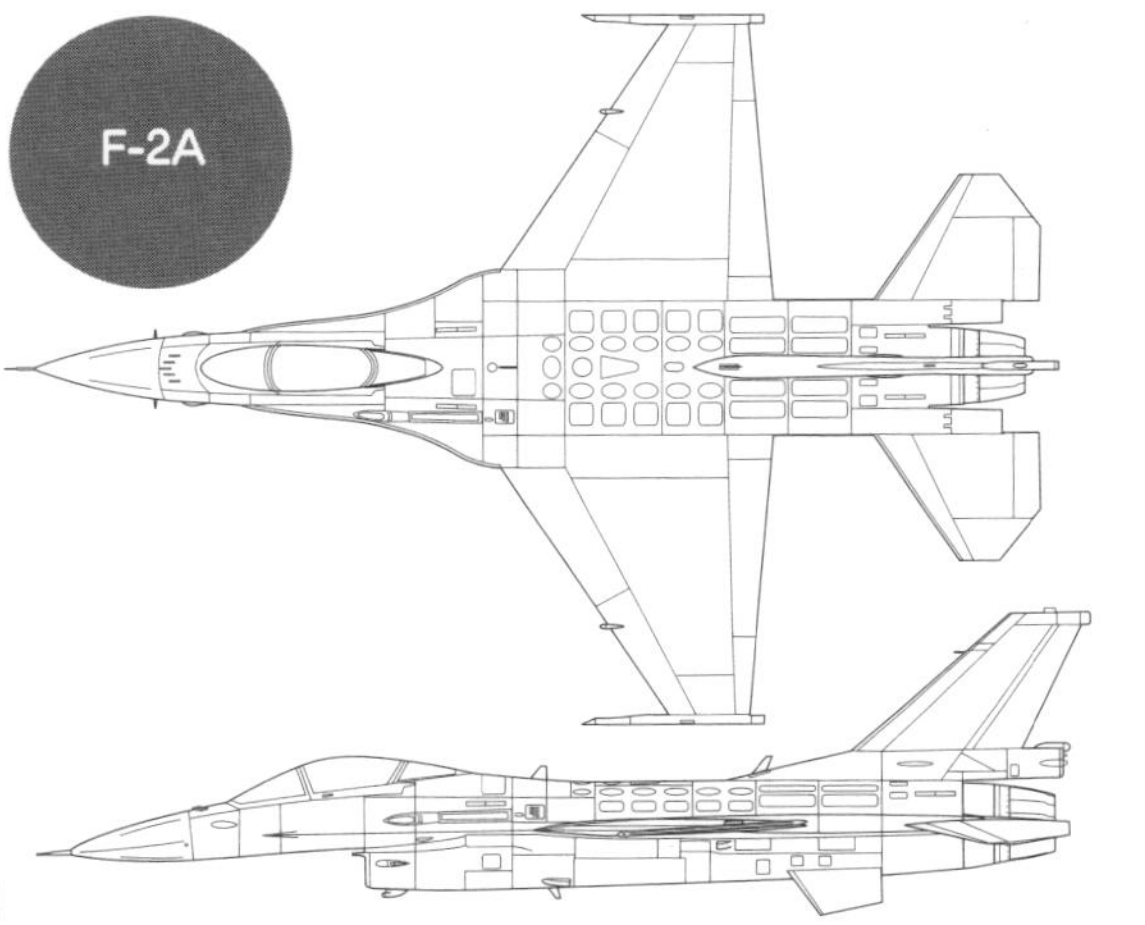
F-2A

作ろう！作ろう！あすは国産機を作ろう!!
F-1支援戦闘機
○初の国産超音速ジェット機 どちらかと言えば攻撃機としての性能を重視し、対艦ミサイルの運用能力を持つ。
純国産
ただしエンジン除く エンジンはヨーロッパ製のアドーア・ターボファン（ライセンス生産品）
半国産
F16の再設計機 胴体・主翼等を延長・拡大し、複合材料も多用されている。
国産戦闘機は見果てぬユメなんだよ！
F-2 支援戦闘機
○F-1と同様に、対艦ミサイルの運用能力を重視しているが、エンジンが強力なので、空戦能力も高い。
FS-Xで実現しそうだったけど、アメリカの圧力でF-16ベースのF-2になってしまいました…果たして"心神"はF-3になるのかな…？

試作機のXF-2が初飛行し、2000年から量産機の部隊配備が始められた。

F-2は、F-16をベースとしているが、レーダーや主翼など各部に大幅な改良が加えられている。固定武装の20㎜機関砲（ヴァルカン）に加えて、国産の93式空対艦誘導弾ASM-2を最大4発、セミアクティブ・レーダー誘導の空対空ミサイルを最大4発、赤外線誘導方式の空対空ミサイルを最大4発など、各種の兵装を搭載可能となっている。1995年に130機の調達が正式決定されたものの、2004年には98機に削減され、さらに2006年には94機で調達を打ち切られることが決まった。

写真の手前がF-2だよ！ F-1と同じく対艦戦闘が主任務だけど、対空戦闘も十分こなせるの。それからF-2のことを「バイパーゼロ」って呼ぶ人もいるんだって。

この本の裏表紙の飛行機もF-2だけど…青一色って珍しい塗装ね!

洋上迷彩っていうんだよ。海の色に溶け込んで目立たなくさせるための塗装なの。

三菱F-2A

全幅	11.13m（主翼端ランチャー含む）
全長	15.52m
全高	4.96m
主翼面積	34.84㎡
最大離陸重量	22,100kg
エンジン	ジェネラルエレクトリック F110-IHI-129（A/B使用時推力131.23kN）×1
最大速度	マッハ2.0
戦闘行動半径	830km（対艦攻撃）
固定武装	20mm機関砲×1
乗員	1名

その他の国の戦闘機

このほかの国の戦闘機としては、カナダのアヴロ・カナダ社が開発した全天候迎撃戦闘機CF-100カナック、イタリアのフィアット社が開発した軽快な戦闘攻撃機フィアットG91ジーナ、フォッケウルフFw190を設計したクルト・タンク技師の設計によるインドの戦闘爆撃機HAL HF-24マルート、中国がソ連製戦闘機のMiG-21の技術を応用して開発した瀋陽

CF-100カナック

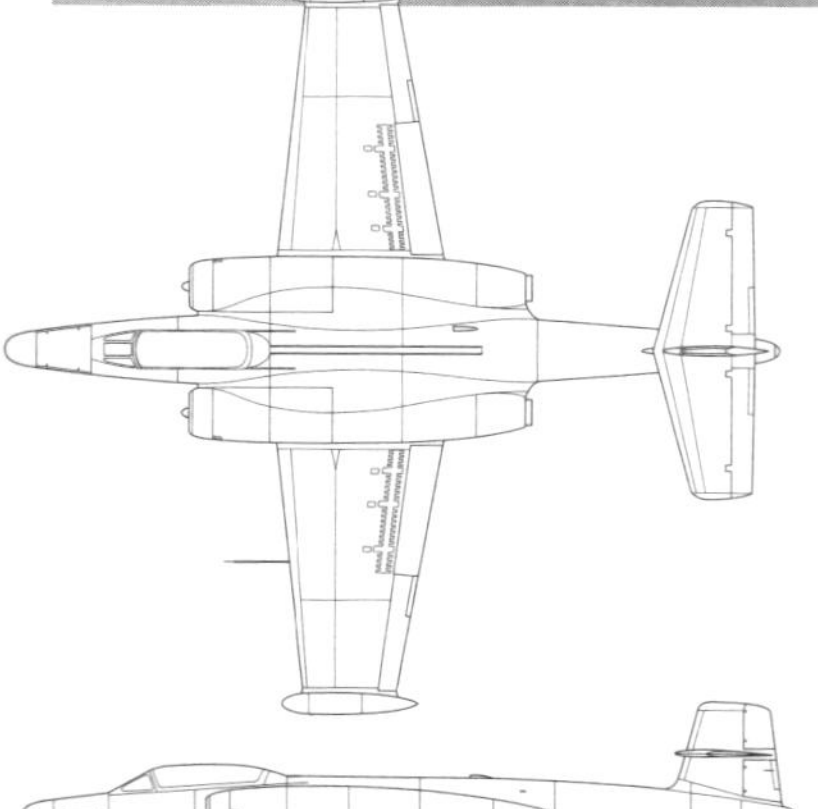

CF-100 カナック Mk.4

CF-100カナックMk.5（カナダ）

全幅	17.4m
全長	16.5m
全高	4.4m
主翼面積	54.9㎡
全備重量	15,170kg
エンジン	オレンダ11（推力33kN）×2
最大速度	888km/h
航続距離	3,200km
武装	70mmロケット弾ポッド×2
乗員	2名

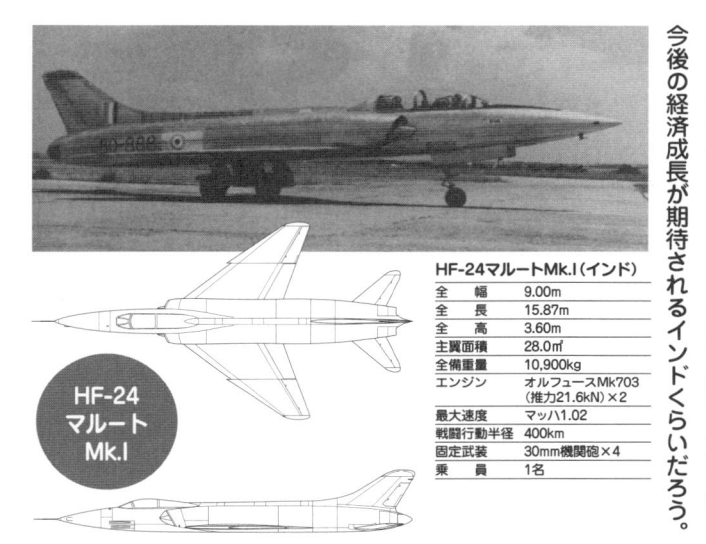

陽（シェンヤン）殲撃《ジャンジー》8型（J-8）、それを発展させた殲撃8Ⅱ型（J-8Ⅱ）、さらにそれを発展させた殲撃8Ⅱ型M（J-8ⅡM）、台湾がジェネラルダイナミクス社などの協力で開発したAIDC F-CK-1IDF経国（チンクオ）などがある。

これらの国々の中で、今後も高性能の戦闘機の独自開発が行われる可能性があるのは、大幅な経済成長を続けている中国と今後の経済成長が期待されるインドくらいだろう。

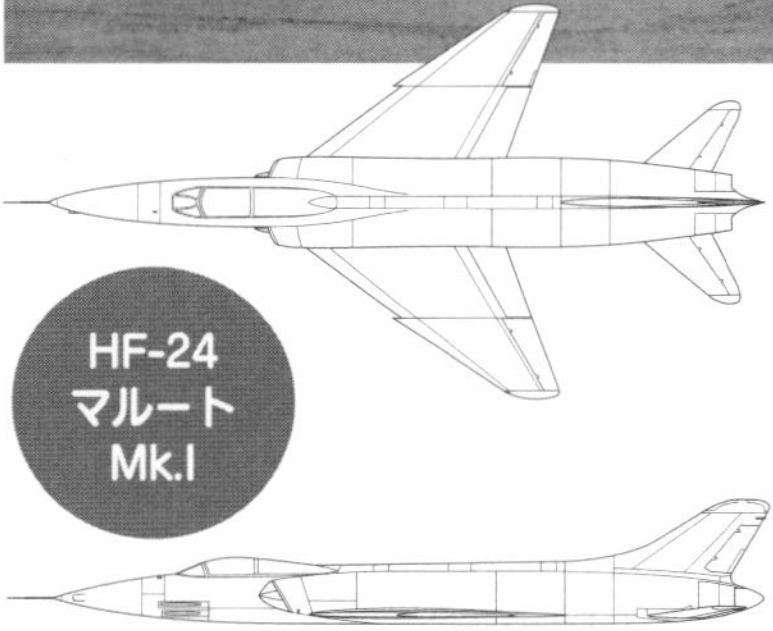

HF-24
マルート
Mk.I

HF-24マルートMk.I（インド）

全　幅	9.00m
全　長	15.87m
全　高	3.60m
主翼面積	28.0㎡
全備重量	10,900kg
エンジン	オルフュースMk703（推力21.6kN）×2
最大速度	マッハ1.02
戦闘行動半径	400km
固定武装	30mm機関砲×4
乗　員	1名

AIDC F-CK-1A IDF経国（台湾）

全幅	8.53m
全長	14.21m
全高	4.65m
主翼面積	24.3㎡
全備重量	12,245kg
エンジン	TFE1042-70（A/B使用時推力41.1kN）×2
最大速度	マッハ1.8
航続距離	1,500km
固定武装	20mm機関砲×1
乗員	1名

F-CK-1
IDF経国

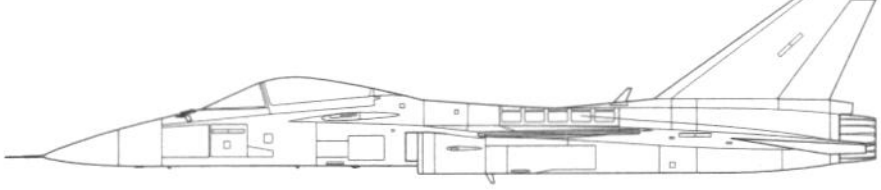

殲撃8型Ⅳ（J-8Ⅳ）（中国）

全幅	9.34m
全長	21.59m
全高	5.41m
主翼面積	42.2㎡
全備重量	18,800kg
エンジン	渦噴13型AII（A/B使用時推力65.9kN）×2
最大速度	マッハ2.2
戦闘行動半径	1,000km
固定武装	23mm機関砲×1
乗員	1名

殲撃8型Ⅳ

欧州その他の国の
おもな戦闘機登場時期

●フランス

	初飛行	世代
ウーラガン／ミステール	1949年	第1世代
ボートゥール	1952年	第2世代
ミラージュIII	1956年	第3世代
ミラージュF.1	1966年	
ミラージュ2000	1978年	第4世代
ラファール	1986年	第4.5世代

●イギリス

ヴァンパイア	1943年	第1世代
ヴェノム	1949年	
ハンター	1951年	
ジャベリン	1951年	
ライトニング	1957年	第2世代
ハリアー	1960年	第3世代

●スウェーデン

ランセン	1952年	第1世代
ドラケン	1955年	第2世代
ヴィゲン	1967年	第4世代
グリペン	1988年	第4.5世代

●国際共同

トーネード	1974年	第4世代
タイフーン	1994年	第4.5世代

●日本

F-1	1975年	第4世代
F-2	1995年	第4.5世代

第五講 歴史に残る航空戦と空中戦戦術の発達

最高撃墜数352機?! 世界の名だたるトップエースの栄光！

はぁーい今日の授業を始めますよー
あれ？
先生！どしたのその格好
©野上武志
コスプレに目覚めた？
・・・・
芸風が秋山教官とかぶってません？
かっこいー
今日の授業に関係あるんですッ！

ジャジャーん
はい、それでは皆さんにも各時代のパイロットになりきっていただきましょう！
第一次大戦から現代まで、コスチュームはいろいろ揃っていますよ！
はじまりはWWI!
戦闘機が戦場に現れた第一次大戦、パイロットは貴族やお金持ちしかなれず
ごく限られた特別な存在でした
第一次大戦編
その戦い方は徹底した格闘戦！
旋回性能を競うように何十機もの戦闘機が乱舞したのです！
ぐるぐる回って相手の背後をとろうとする様が犬のケンカみたいなので"ドッグファイト"と呼ばれる

第二次世界大戦・欧州編
そして WWⅡ！（欧州戦線）
欧州では米英仏vs.独の西部戦線とドイツvs.ソ連の東部戦線に大きく分けられます
フィンランド
レニングラード
ノルウェー
スウェーデン
エストニア
モスクワ
ラトビア
ソビエト連邦
リトアニア
スモレンスク
デンマーク
ブリャンスク
ケーニヒスベルグ
ミンスク
クルスク
イギリス
北海
オランダ
ロンドン
アントワープ
ベルリン
ワルシャワ
ハリコフ
キエフ
ベルギー
ドイツ
ポーランド
コルスン
スターリングラード
パリ
ルクセンブルク
チェコスロバキア
オデッサ
ロストフ
ブダペスト
スイス
オーストリア
ハンガリー
ルーマニア
フランス
セヴァストポリ
黒海
ユーゴスラビア
ブルガリア
イタリア
バルカン半島
コルシカ島
ローマ
アルバニア
スペイン
トルコ
サルジニア島
ギリシア
英領ジブラルタル
シチリア島
チュニス
英領マルタ
クレタ島
英領キプロス
仏領シリア
仏領モロッコ
仏領アルジェリア
仏領チュニジア
地中海
英領パレスチナ
英領ヨルダン
エルアラメイン
英領エジプト
伊領リビア
地中海では独伊vs.英（米）…
当初は第一次大戦と同じく格闘戦が主流でしたが、戦闘機の高速化などによって
スピードと火力を活かす「一撃離脱」の集団戦法が主流になっていきます
エーリッヒ・ハルトマン専用機“黒いチューリップ”
Bf109G-6
総撃墜数352機
その象徴がドイツ空軍のトップエースエーリッヒ・ハルトマン！
一撃離脱と編隊空戦を徹底して前人未到の大記録を達成するの！
徹底した一撃離脱戦法を貫き1405回の出撃で一度も負傷しなかった。

またまた
WWⅡ!
(太平洋戦線)
太平洋戦線は戦域の広さが特徴!日米の海軍機が大活躍したのも欧州との違いです!
零戦なんて往復3000キロの作戦にも参加したんですよ?
ソ連
満州
大日本帝国
民国
英領インド
英領ビルマ
タイ
仏領インドシナ
日本領台湾
米領フィリピン
英領マレー
第二次世界大戦・太平洋編
陸軍の主力戦闘機「隼」も零戦と同じく
格闘戦重視の軽量機でしたが、世界の趨勢《すうせい》に沿って一撃離脱へとシフトしていきます
一式戦「隼」
四式戦「疾風」
坂井三郎
○恐らく国内外で一番有名な日本人エースパイロット
○ラバウルの激戦で右眼失明の重傷を負うが、奇跡の生還を果たす。
○本土防空では、片目でグラマンを墜とし、15対1でも負けなかった!
でも!
坂井三郎のように海軍パイロットたちの多くは最後まで零戦で戦い抜いたのです!
一方、海軍の零戦は時代に取り残されたまま最後まで後継機に恵まれませんでした
しょぼーん
スゴイ!

朝鮮戦争編

次は朝鮮戦争
二度の大戦に比べると局地的な戦いでしたが、航空機史上では重要です
ヒョンヤン
38°
金浦
ソウル
大邱
浦項
群山
釜山
なぜなら、ここで初めて本格的なジェット戦闘機同士の戦いがあったから
上昇力に優れた共産側のMiG-15に対して米国のF-86セイバーは運動性で優っていました
ハード的には互角だったのですが
WWⅡを体験した優秀なパイロットを投入した米国側が戦いを有利に進めたのです！
この戦いの後、空対空ミサイルが実用化され、空戦に対する考え方も大きく変わっていきます
独特の蛇行する航跡と、赤外線追尾式である事からガラガラヘビにちなんでこの名がついた。
AIM-9
“サイドワインダー”
というキャッチフレーズだった
“最後の有人戦闘機”
F-104 スターファイター
超音速の戦いではもはやドッグファイトは成立せず、ミサイルが決め手になると考えられるようになり
格闘戦能力よりもミサイルや爆弾の搭載能力を重視した戦闘機が増えていきました
とにかくマッハ2を出すために高速を追求した設計、主翼の前縁はカミソリ並に鋭い！

北ヴェトナム
ハノイ
メコン川
ドンホイ
ウドーン
ウボン
ラオス
ダナン
ブレイク
カンボジア
南ヴェトナム
タンソンニュット
サイゴン
(現/ホー・チ・ミン)
ヴェトナム戦争では…
ところが!
このっ! 当たれ!
ひょーい
ひょい
ヴェトナム戦争編
ボボボッ
ムキーッ!! ミサイルなんて当たんないじゃん!! おまけに機関砲積んでないしー!!
不発も多すぎ!
ムキーーッ
F-4ファントムIIは空軍のE型以前は機関砲無しの純ミサイル機だった
赤外線誘導方式
AIM-9 “サイドワインダー”
AIM-7 “スパロー”
レーダー誘導方式
とまあヴェトナム戦争ではミサイルも絶対ではないという事が分かった訳です
しかし、それから改良が加えられてミサイルの信頼性も上がっていき…
AMRAAMとかね.

ボスニア紛争、湾岸戦争では圧倒的な戦いをくり広げるのです！
やっとアタシの出番ね
湾岸戦争編
我らがアメリカ軍の強みは強力なバックアップ体制！
早期警戒機（AEW）や早期警戒管制機（AWACS）の支援！
F-15
F-16
F-117
F/A-18
E-3
E-8
E-2C
E-3やE-2は早期警戒や空中管制、E-8は地上監視や対地攻撃管制を主に担当
うっ、うるさいわねー！
勝たなきゃ意味ないのよ！
ずるーい
ひきょーだ
いくら小回り出来ようが意味はないのよ？
なんと言っても今必要なのは相手に見つからないステルス性！
〜♪
？

先に見つけて《ファーストルック》
先に撃墜《ファーストキル》！
これこそ空戦の
永遠の大原則！
21世紀のトレンドは
ステルス機で
先制攻撃・先制撃破！
ステルスにあらずんば
戦闘機にあらず！
なんか…
ニケちゃんって
遠いな…
ロマン女
違う世界の
人みたい…
彼女は
もう変わって
しまった
のよ
え？
ちょ、ちょっと
待ってよ
みんな〜〜っ
戦わなきゃ
現実と!?
でもこれ
現実なん
だって！

第5講 歴史に残る航空戦と空中戦戦術の発達

ここでは航空戦のおおまかな歴史と空中戦での戦術の発達を見てみよう。

第一次大戦

第一次大戦前

1911（明治44）年に始まった伊土戦争で、イタリア軍がトルコ軍に対して史上初めて飛行機を軍事作戦に使用した。当時の航空部隊のおもな任務は偵察や砲兵部隊の着弾観測だったが、同年12月初めにはイタリア軍機がトルコ軍陣地に手榴弾を投下したことが知られている。

また、1912年に始まったバルカン戦争でも、バルカン諸国がフランス人やイタリア人などの操縦手を飛行機ごと雇って作戦に投入した。

第一次大戦

1914年に勃発した第一次大戦では、参戦各国によって飛行機が歴史上初めて大規模に軍事作戦に使用された。

ほほほっ
TAM!TAM!TAM!
皇帝に代わっておしおきよ!
いや〜ん
フォッカーE.III
進行方向に機銃を撃つので、命中率が高い
"フォッカーの懲罰"
○プロペラが前についている戦闘機はプロペラが邪魔で前方に機関銃を撃つ事が出来ない。その常識を破ったのが"プロペラ同調装置"を装備したフォッカーEシリーズだった。
ヴィッカース
F.B.5
○1915年に登場したEシリーズはその同調機銃の威力で連合国側の戦闘機を次々と血祭りにあげていった…。

インメルマン・ターン

ドイツ軍のマックス・インメルマン中尉は、第一次大戦中頃に空中戦で自らの考案した機動（マニューバー）を駆使してエースとなり、1916年1月に操縦手としては初めてドイツ軍最高のプール・ル・メリット勲章（いわゆるブルー・マックス）を授与された。

現在でも、半宙返り（ハーフ・ループ）に続けて半横転（ハーフ・ロール）を行う機動は、彼の名をとって「インメルマン・ターン」と呼ばれている。もっとも、彼が編み出した機動は、機体を上昇させて速度を殺しつつ急旋回し、すぐに降下して加速するという現在のウィングオーバーに近いものだったようだ。

いずれにしても、空中戦におけるマニューバーの歴史は、彼から始まったといえるだろう。

マックス・インメルマン

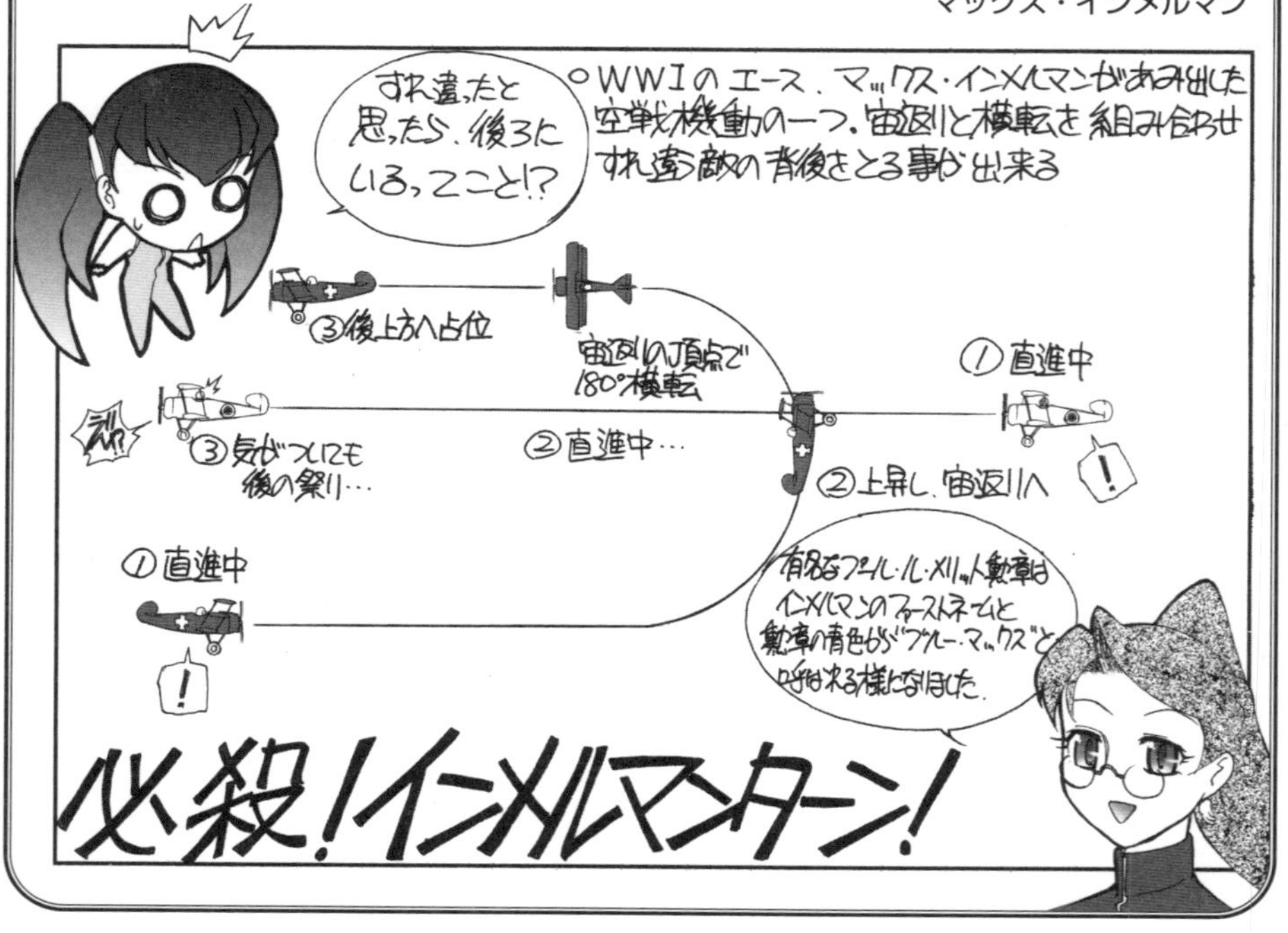
すれ違ったと思ったら、後ろにいるってこと!?
○WWIのエース、マックス・インメルマンがあみ出した空戦機動の一つ。宙返りと横転を組み合わせすれ違う敵の背後をとる事が出来る
③後上方へ占位
宙返りの頂点で180°横転
①直進中
!
③気がついても後の祭り…
②直進中…
②上昇し、宙返りへ
①直進中
!
有名なプール・ル・メリット勲章はインメルマンのファーストネームと勲章の青色から"ブルー・マックス"と呼ばれる様になりました。
必殺!インメルマンターン!

大戦初期は、おもに偵察や砲兵観測などに使われたが、やがて敵機との戦闘を主任務とする専用の戦闘機が開発されるようになった。なかでも同調装置付きの前方固定機関銃を搭載するドイツ軍のフォッカーE（Eindecker《アインデッカー》：単葉機の略）系列は、連合軍機に大打撃を与えて「フォッカーの懲罰《ちょうばつ》」と呼ばれた。

しかし、ほどなくして連合軍も同調装置の秘密を把握《はあく》し、フランス軍はニューポール17、イギリス軍はエアコDH.2などの新型戦闘機を登場させたことなどから、「フォッカーの懲罰」も長くは続かなかった。

これに対してドイツ軍は、単座戦闘機に加えて軽爆撃機や偵察機を含む旋回機関銃搭載の複座機を、当該地域上空に多数在空させて遮断幕

これは第一次大戦前半のフランスの主力戦闘機、ニューポール17よ。誰でも操縦しやすい軽快な戦闘機だったの。一応複葉機だけど、下の主翼が細いので「一葉半」ともいわれるわ。

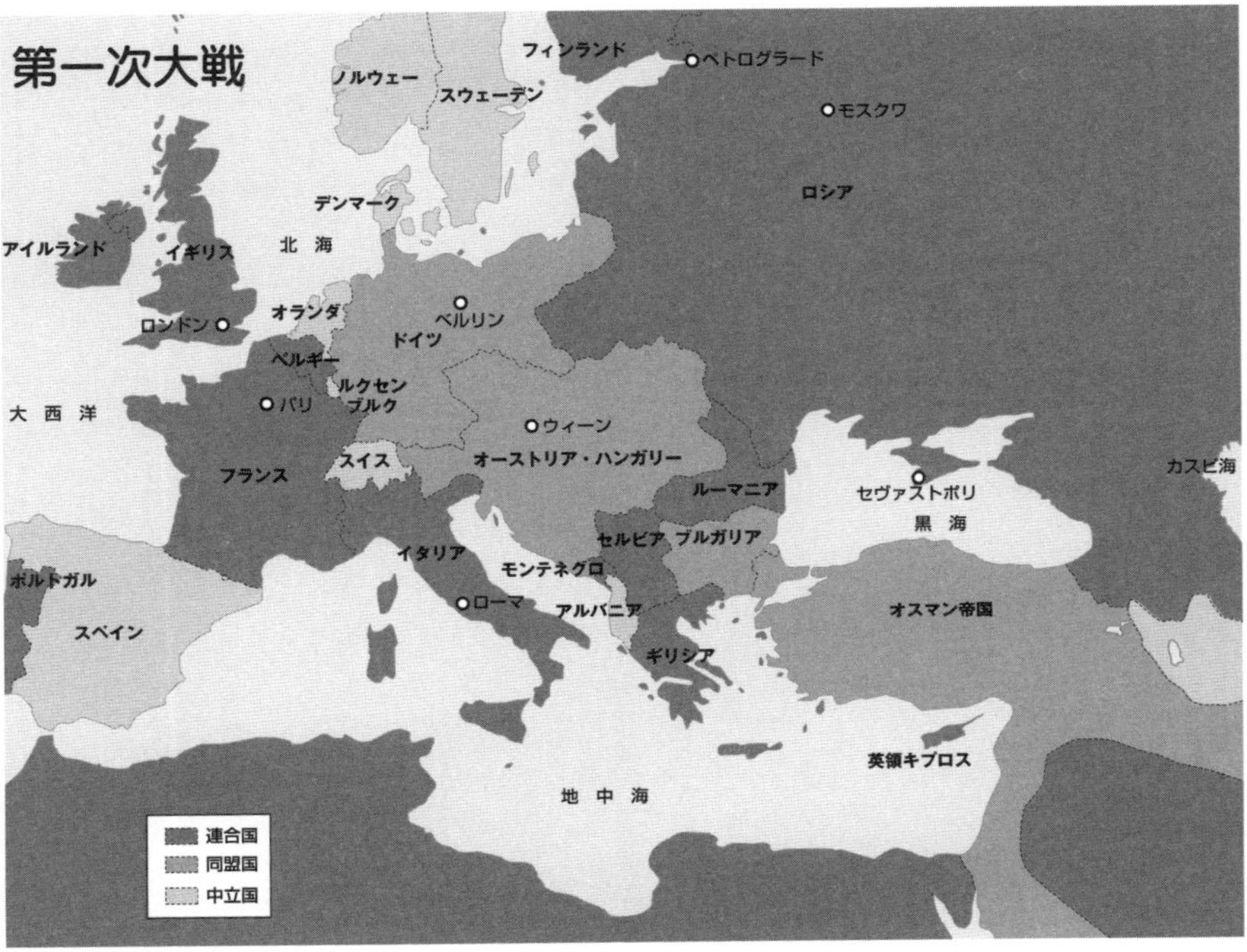
第一次大戦
フィンランド
ペトログラード
ノルウェー
スウェーデン
モスクワ
ロシア
デンマーク
アイルランド
イギリス
北 海
オランダ
ベルリン
ロンドン
ドイツ
ベルギー
ルクセンブルク
パリ
大 西 洋
ウィーン
スイス
オーストリア・ハンガリー
カスピ海
フランス
ルーマニア
セヴァストポリ
黒 海
セルビア
ブルガリア
イタリア
モンテネグロ
ポルトガル
ローマ
アルバニア
オスマン帝国
スペイン
ギリシア
英領キプロス
地 中 海
連合国
同盟国
中立国

（スクリーン）を形成する空中阻《そ》塞《さい》を行って対抗した。

そして、1916年2月に始まった「ヴェルダンの戦い」では、戦場上空の制空権を掌握してフランス軍偵察機の活動を阻止し、ドイツ軍地上部隊の集結や移動を秘匿して緒戦の攻撃を有利に進めることができた。

同年7月に始まった「ソンムの戦い」では、対する英仏連合軍も戦闘機を大量投入して戦場上空の制空権を掌握した。

一方、ドイツ軍では、エースのオズヴァルト・ベルケが、多数の戦闘機を集中して敵機の駆逐を主任務とする「戦闘飛行中隊（ヤークトシュタッフェル略してヤシュタ）」の新編を提案し、自らが選抜した熟練操縦士を集め

マンフレート・フォン・リヒトホーフェン大尉

ドイツ軍のマンフレート・フォン・リヒトホーフェン大尉は、第一次大戦最高の撃墜記録を持つエースの中のエースだ。真紅のアルバトロスD.ⅢやフォッカーDr.Ⅰを愛用し、「ディアブル・ルージュ（赤い悪魔）」「レッドバロン（赤い男爵）」といった異名を付けられた。

1916年9月に初めて敵機を撃墜し、さらにヴィクトリア十字勲章を授与されたイギリス軍のエース、ラノー・ジョージ・ホーカー少佐を撃墜。1917年1月には、16機撃墜の武功を認められてプール・ル・メリット勲章を授与された。

1918年4月まで計80機を撃墜したが、同年4月21日に、空中戦でイギリス軍のアーサー・ロイ・ブラウン大尉に射撃を受けるとともに、地上のオーストラリア軍から対空砲火を受けて墜落、死亡した。

シャア専用?!華やかなりし騎士の世紀
自信の現われとして、乗機フォッカーDr.Iを真紅に染めあげた
某ライバルの元ネタである
〈赤い男爵《レッド・バロン》〉マンフレート・フォン・リヒトホーフェン
飛行機が初めて戦争に使われたWWIにおいて最も有名なエース。最終スコアは80機

たヤシュタ2（第二戦闘飛行中隊）の指揮官に就いた。

そして、「ソンムの戦い」の開始時には東部戦線などで戦闘機部隊の巡回指導を行っていたベルケが、9月にソンム方面に移動してヤシュタ2が活動を始めると、空中戦での戦勢は一変。翌10月にベルケは味方機との空中衝突で死亡するが、ドイツ軍のヤシュタは猛威を振るい続けた。

そして、ドイツ軍の高性能の新型戦闘機アルバトロスD.Ⅲが大活躍した1917年4月には、連合軍の航空部隊に「ブラッディー・エイプリル（血の4月）」と呼ばれるほどの大打撃を与えた。

しかし、この4月にはアメリカが連合側で参戦。ドイツ軍も新型戦闘機を投入して対抗したものの、連合軍側に数で圧倒された。そして、1918年11月11日には、ドイツと連合国の間で休戦協定が結ばれ、終戦を迎えることになった。

第一次大戦では、ベルケによって戦闘機部隊の基本的な運用法が確立され、戦闘機による制空権の掌握と敵の偵察機や爆撃機の活動阻止、味方の制空優勢下で前線の敵部隊に対する対地攻撃などが行われるようになった。

また、第一次大戦では、大型の飛行船や爆撃機によって、前線で対峙する敵の戦闘部隊を攻撃するのではなく、戦線後方の市民の戦意や生産活動などへの打撃を狙った恐怖爆撃が行われるようになった。これは、のちの戦略爆撃の起源といえる。

第二次大戦

欧州戦線

1939年9月1日、ドイツ軍はポーランドへの進攻を開始。これに対してイギリス、フランス両国は、ドイツに宣戦を布告して、第二次大戦が勃発した。

大戦初期のドイツ軍は、メッサーシュミットBf109による航空優勢の確保を基盤として、高い機動力を持つ装甲部隊（ドイツ軍の機甲部隊は一般にこう呼ばれる）と急降下爆撃機などによる対地攻撃を組み合わせた空地一体の「電撃戦（ブリッツ・クリーク）」を展開。まずポーランドを、翌1940年にはフランスを、いずれも短期間で屈服させるなど目覚しい戦果をあげた。

しかし、続く1940年8月からのイギリス本土上空での航空戦「バトル・オブ・ブリテン」では、イギリス空軍の地上レーダーを活用した的確な迎撃管制に加えて、メッサーシュミットBf109の航続距離の短さ、ドイツ空軍総司令官の作戦方針の不徹底などにより、ドイツ空軍は英仏海峡上空の航空優勢の確保に失敗。結局、イギリス本土への上陸作戦を発動することができなかった。

また、大西洋などの洋上では、ドイツ海軍やイタリア海軍に

空母がなかったために、イギリス海軍の空母艦載機の活躍を許すことになった。

1941年6月には、ドイツ軍がソ連への進攻を開始。ドイツ空軍は緒戦でソ連航空隊に大打撃を与えるとともに、ドイツ陸軍とともに「電撃戦」を展開してソ連の首都モスクワに迫った。

しかし、ドイツ軍は、補給不足や厳冬などによりモスクワの攻略に失敗。やがて、ソ連軍は、米英からの援助（レンドリース）もあって、1942年冬のスターリングラード戦の頃から戦局を逆転し始めた。

それでも、1943年7月に行われたドイツ軍の攻勢作戦「ツィタデレ（城塞）」の頃までは、基本的にドイツ空軍が航空優勢を握り対地支援などに活躍したが、それ以降はソ連軍の航空隊がドイツ空軍を数で押し返すようになった。

東部戦線では、両陣営の航空部隊の密度が比較的低く、対戦車攻撃を含む対地支援が活発に行われたこともあって低高度での空中戦が多かった。このため、米英では高々度性能の不足のために評価が低い機体も意外な活躍を見せている。

大戦後半、西部戦線では、1944年6月の連合軍によるノルマンディー上陸作戦「オーヴァーロード」の前後に、連合軍が西部戦線上空の制空権を掌握し、戦闘爆撃機による対地攻撃

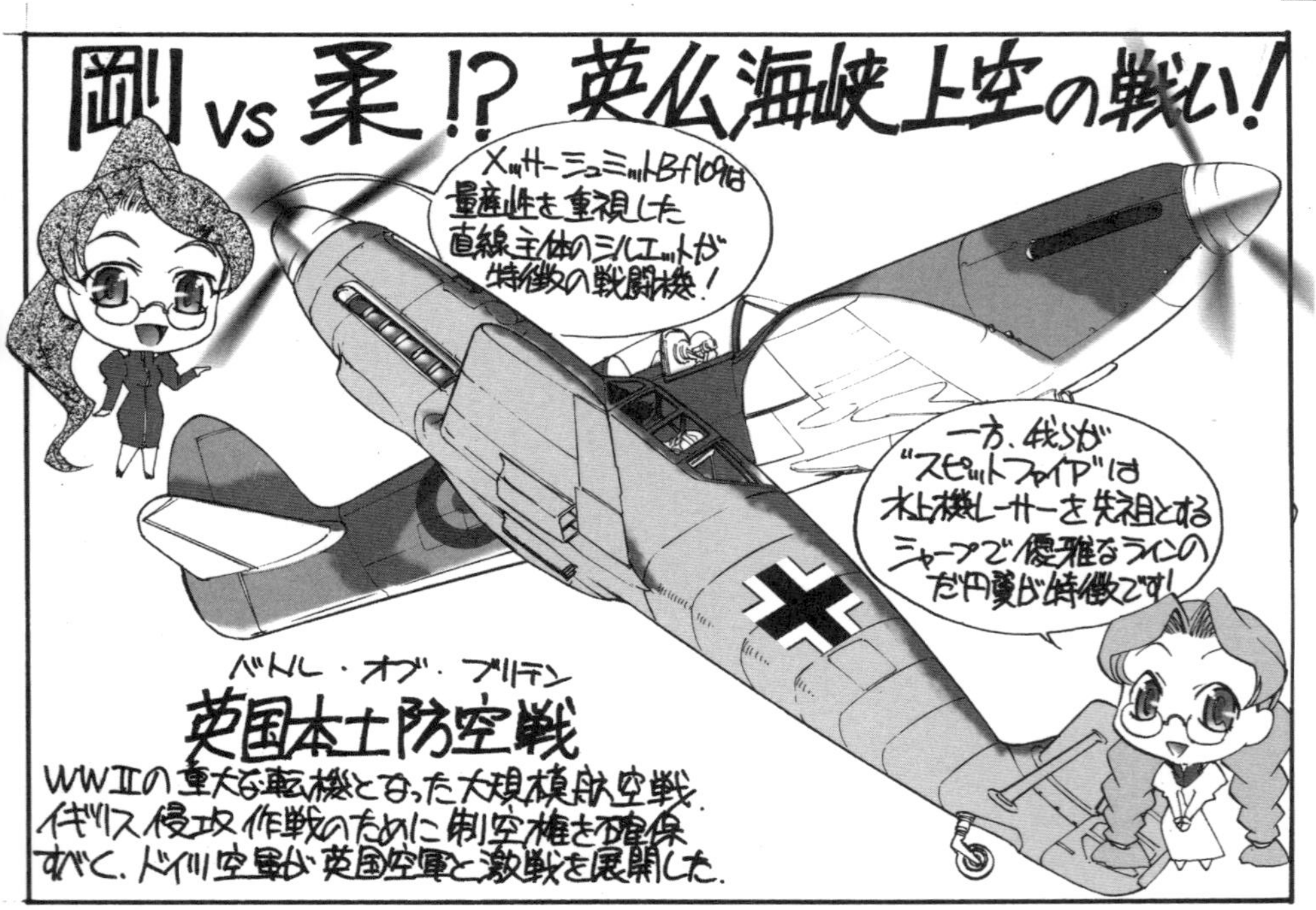
剛vs柔!? 英仏海峡上空の戦い!
メッサーシュミットBf109は量産性を重視した直線主体のシルエットが特徴の戦闘機！
一方、我らが"スピットファイア"は水上機レーサーを先祖とするシャープで優雅なラインのだ円翼が特徴です！
英国本土防空戦《バトル・オブ・ブリテン》
WWⅡの重大な転機となった大規模航空戦。イギリス侵攻作戦のために制空権を確保すべく、ドイツ空軍が英国空軍と激戦を展開した。

「アフリカの星」ハンス・ヨアヒム・マルセイユ大尉

ドイツ軍のハンス・ヨアヒム・マルセイユ大尉は、大戦中のドイツでカリスマ的な人気を誇ったエースで、戦後の西ドイツの映画「撃墜王アフリカの星」の主人公としても知られている。黄色で14を描いた「ゲルプ14（黄14）」と呼ばれるメッサーシュミットBf109Fを愛用し、とくに旋回しながらの見越し射撃を得意としていた。

「バトル・オブ・ブリテン」で初撃墜を記録し、おもに北アフリカ戦線で1942年9月までに158機を撃墜した。そのすべてが米英軍機で、ドイツ空軍内でもソ連機の戦果を除くとトップエースとなる。

しかし、1942年9月30日に受領したばかりのBf109Gのエンジン火災によりパラシュートで脱出したが、水平尾翼に激突してパラシュートが開かないまま墜死した。

砂漠の貴公子、栄光の黄14番
〈驚異の予測射撃〉
敵の未来位置を予測したかの様に
叩き込むニュータイプの如き戦法。
1日で17機を撃墜した事も…！
14
当時のドイツでは
キムタクも真っ青の
超人気アイドルだった
ハンス＝ヨアヒム＝マルセイユ
〈アフリカの星〉熱砂のアフリカで散った
悲運のエースパイロット。手強い英米軍相手に
158機のスコアを記録した。
マルセイユさまぁ〜ん

第二次大戦
欧州戦線
フィンランド
ノルウェー
スウェーデン
エストニア
モスクワ
ラトビア
ソビエト連邦
デンマーク
リトアニア
アイルランド
イギリス
北 海
ミンスク
クルスク
ハンブルク
オランダ
ベルリン
ワルシャワ
ハリコフ
ロンドン
アントワープ
キエフ
ベルギー
ドイツ
ドレスデン
ポーランド
スターリングラード
パリ
ルクセン
ブルク
チェコスロバキア
大 西 洋
ブダペスト
スイス
オーストリア
ハンガリー
ルーマニア
フランス
カフカス地方
ユーゴスラビア
ブルガリア
黒 海
イタリア
ポルトガル
ローマ
アルバニア
スペイン
トルコ
ギリシア
英領
ジブラルタル
英領マルタ
クレタ島
地 中 海

でドイツ陸軍の装甲部隊の機動を封殺した。この連合軍の戦闘爆撃機は、ドイツ軍の地上部隊の将兵に「ヤーボ（ヤークトボ

ドイツ空軍のBf110E夜間戦闘機と隊員たちのショットです。連日の英軍の夜間爆撃に対し、夜間戦闘機隊も奮戦しました。ドイツ空軍は機材や技量では劣っていませんでしたが、最終的には物量に圧倒されたのです…。

ンベルの略：戦闘爆撃機）」と呼ばれて恐れられた。

また、東部戦線では、「オーヴァーロード」作戦と連動して開始されたソ連軍の白ロシアでの大攻勢作戦「バクラチオン」の初頭に、ソ連航空隊が東部戦線のドイツ空軍に大打撃を与えた。

加えて、イギリス空軍やアメリカ陸軍航空隊の重爆撃機によるドイツ本土への本格的な戦略爆撃が行われるようになり、ドイツ空軍の迎撃戦闘機との間で激しい空中戦が展開された。その中でも、イギリス空軍を主力とする夜間爆撃の迎撃では、機上レーダー搭載の夜間戦闘機が活躍し、ドイツ軍の地上レーダーの妨害など活発な電子戦も展開された。

大戦末期になるとドイツ空軍は、連合軍による石油精製施設への戦略爆撃で燃料が不足したこともあって十分な活動ができなくなり、最後は連合軍航空部隊の数に圧倒された。そして、1945年5月8日、ドイツは無条件降伏し、欧州戦線は終戦を迎えたのだった。

これは大戦後半のイギリスの戦闘爆撃機、ホーカー タイフーンMk.Ⅰですわ。ハリケーンの後継機として開発され、最初は不具合が続出したのですが、なんとか改修されて地上攻撃に活躍しました。

COLUMN ● 撃墜王

エーリッヒ・ハルトマン大尉

ドイツ軍のエーリッヒ・ハルトマン大尉は、352機撃墜という空前の記録を持つトップエースだ。この記録は、おそらく永遠に破られることはないだろう。

1942年10月に東部戦線に展開する戦闘航空団に配属され、翌11月に初撃墜を記録。ドイツが降伏した1945年5月8日に352機目を撃墜した。そのほとんどはソ連機だが、ルーマニア上空で撃墜したP-51ムスタング8機も含まれている。配属時期からもわかるように、独ソ戦初期にソ連軍の旧式機を撃墜してスコアを稼いだわけではなく、東部戦線の戦局がソ連軍有利に傾いていった時期以降のものであることは、高く評価されるべきだろう。

大戦後は、ソ連に10年間抑留されたが、1955年に帰国。西ドイツ（当時）空軍に入隊し、1970年に退役して、1993年に死去した。

これは1944年春、ハルトマン少尉時代の写真です。童顔のため、あだ名は「ブービー（坊や）」でしたが、すでにこのとき200機を撃墜していました。すごい…。

太平洋戦線

昭和16（1941）年12月8日、日本陸軍はマレー半島に上陸するとともに、日本海軍の航空母艦を主力とする機動部隊がハワイを奇襲し、日本は、アメリカ、イギリス、オランダとの戦争に突入した。

　このハワイ作戦で、日本海軍の機動部隊の艦載機部隊は、アメリカ海軍の戦艦4隻を撃沈するなどの大戦果を挙げた。また、日本海軍の陸上基地航空部隊は、「マレー沖海戦」でイギリス海軍の戦艦「プリンス・オブ・ウェールズ」、巡洋戦艦「レパルス」を撃沈。史上初めて戦闘航行中の戦艦を航空攻撃だけで撃沈した。

　その後、日本陸海軍の基地航空部隊は、連合軍の基地航空部隊に対する航空撃滅戦、自軍の陸上部隊の進攻、自軍の航空基地の推進を繰り返す航空進攻作戦を展開し、フィリピン、シンガポール、蘭印（オランダ領東インド）などを攻略して、南方の資源地帯を確保した。

　また、日本海軍の艦載機部隊は、ラバウルやポートモレスビーの攻略支援、セイロン島の攻

これは日本海軍機動部隊のエース空母「瑞鶴」だよ！　日本海軍の空母機動部隊は戦争のはじめのころは、世界最強！って言えるくらい強かったの。後半になると米軍の空母がた〜くさん完成して、勝負にならなくなっちゃったけど…。

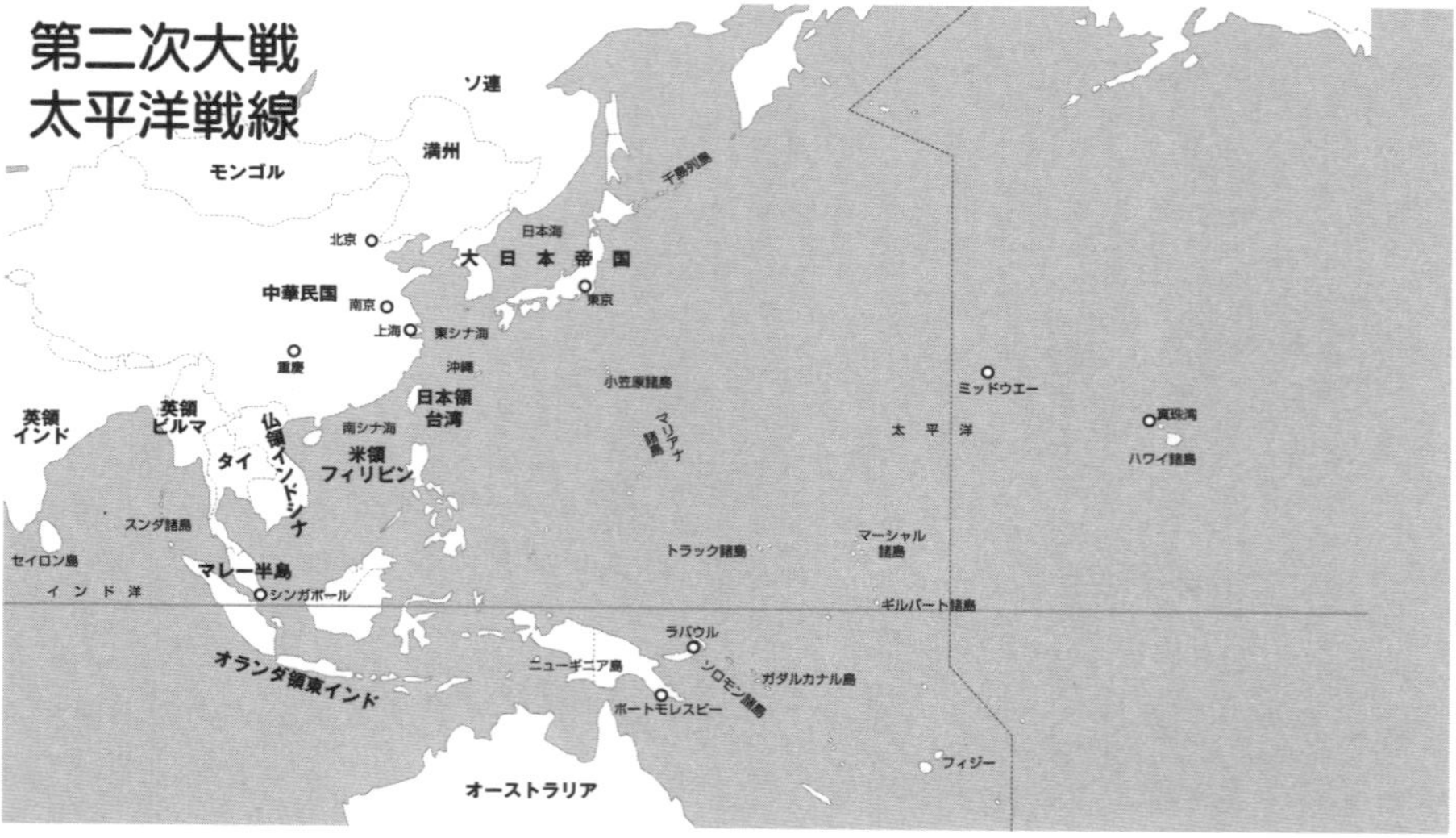

撃などを行ったが、昭和17年6月の「ミッドウェー海戦」で正規空母4隻を失うなどの大損害を出した。

その後、日本海軍の基地航空部隊は、ラバウル方面からフィジー・サモア方面への進攻を狙ったが、ソロモン・ニューギニア方面での連合軍の基地航空部隊との陸上航空戦で消耗を重ねた。このため日本海軍は、貴重な艦載機部隊まで増援に注ぎ込んだが、十分な戦果をあげることな

飛行第六四戦隊長　加藤建夫《たてお》少将

日本陸軍の飛行第六四戦隊は、映画「加藤隼戦闘隊」のなかで紹介された戦隊歌とともに、陸軍でもっとも有名な戦闘機部隊だろう。

この六四戦隊の戦隊長だった加藤建夫少佐は、そのすぐれた操縦技量と高い指揮能力で戦隊を引っ張り、六四戦隊は南方作戦だけで3度も部隊感状（戦功をたたえる賞状）を授与されるほどの活躍を見せた。

その後、ビルマのアキャブに進出した六四戦隊は、昭和17年5月22日に来襲したイギリス空軍のブリストル　ブレニム爆撃機を迎撃。この時、ブレニムの後部銃塔からの銃撃で2機が被弾し、さらに加藤戦隊長機も被弾して発火、すぐに急反転して海面に突っ込み自爆した。

加藤中佐は、それまでの戦功と壮烈な戦死をたたえられ、2階級特進とともに個人感状が授与されて「軍神」としてあがめられることになった。加藤少将個人の撃墜スコアは18機とされている。

また、六四戦隊は、終戦までに撃墜283機（うち不確実25機）、地上撃破144機の戦果を挙げ、部隊感状は前身である飛行第2大隊時代をあわせて合計9度も授与されている。

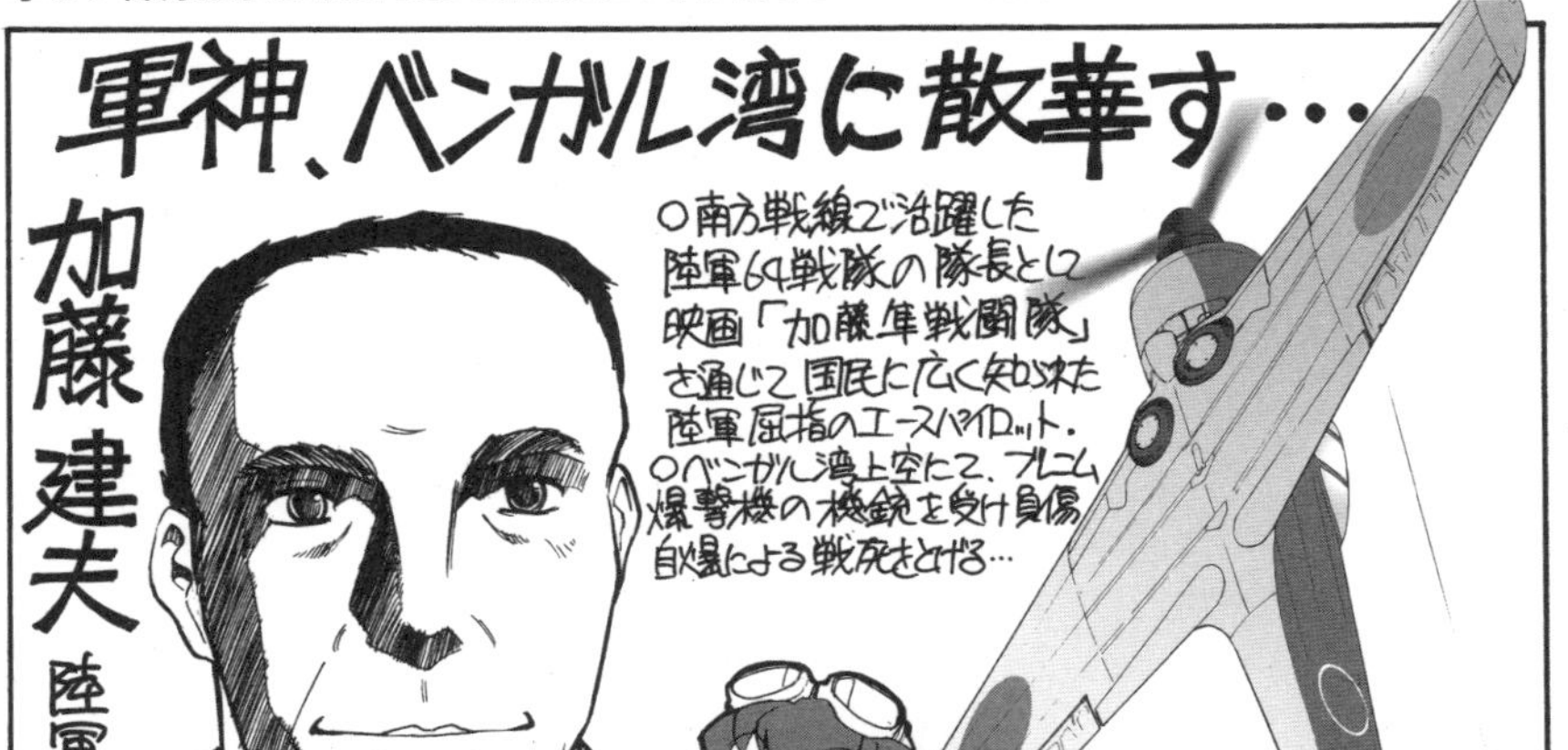
軍神、ベンガル湾に散華す…
加藤建夫
陸軍少将
○南方戦線で活躍した陸軍64戦隊の隊長として映画「加藤隼戦闘隊」を通じて国民に広く知られた陸軍屈指のエースパイロット。
○ベンガル湾上空にて、ブレニム爆撃機の機銃を受け負傷自爆による戦死をとげる…
おヒゲで有名なんだけど、隊長になった時は生やしてなかったんだって！

昭和18年4月、「い」号作戦のときの、ブーゲンビル島ブイン基地の光景だよ。この日は零戦など200機以上が出撃して米軍への攻撃を行ったの。このころまではなんとか連合軍と互角に戦っていたんだけど…。

く消耗してしまった。

　一方、日本陸軍の航空部隊は、ビルマ方面などで航空戦を展開したが、ラバウル方面での海軍の航空部隊の消耗が激しくなったために、同方面にも展開するようになった。その後は、ニューギニア方面に重点を置いて航空部隊を展開させたが、航空基地や補給網など航空作戦の基盤を十分に構築できずに消耗を重ねた。

　対する連合軍は、昭和17年8月のアメリカ海兵隊を主力とするガダルカナル島への反攻を皮切りに、本格的な反攻を開始した。そして、前述のようにソロモン・ニューギニア方面での陸上航空戦では、日本軍の航空部隊に多大な消耗を強いて航空優勢を奪取した。また、中部太平洋方面では、アメリカ海軍の空母機

ビルマ航空戦

ビルマ・マレーを含む南方戦線で最後まで戦い抜いたのが、陸軍の飛行第六四戦隊（加藤隼戦闘隊）でした。
黒江保彦少佐
隼で、P51やモスキート、B29などの強敵と戦いました！
1000馬力級軽量戦闘機の極致とも言うべき機体。最後まで武装は機首の機関砲×2門のみ…
中島キ43III
“隼III型”
○加藤少佐亡き後の六四戦隊をまとめ戦い続けたエース。戦後は航空自衛隊に入隊し、第6航空団司令となる。
満足な補給も無く、最後に残ったのは、わずかな隼だけだったという…
かえらざる隼戦闘機隊

動部隊の艦載機部隊の支援のもと、ギルバート諸島およびマーシャル諸島の攻略を手始めに日本軍を押し返していった。

これに対して日本軍は、戦線を思い切って縮小し、千島、小笠原、内南洋（中西部）および西部ニューギニア、スンダ、ビルマを結ぶ圏域を「絶対国防圏」として確保することを決めた。

しかし、アメリカ軍は、昭和19年6月に空母機動部隊の艦載機の支援のもとでマリアナ諸島の攻略を開始。日本海軍は「あ」号作戦を発動したが、事前の基地航空部隊の消耗と「マリアナ沖海戦」での機動部隊によるアウトレンジ攻撃の失敗などから、マリアナ諸島を失って絶対国防圏はもろくも崩壊した。

また、この6月には、アメリカ陸軍航空隊の爆撃機B-29スーパーフォートレスが、中国奥地の成都から日本本土への空襲を開始。次いで11月には、マリアナ諸島から日本本土への空襲を開始した。

これに対して、日本軍の防空部隊は、早期警戒能力や迎撃管制能力の低さ、昼間高々度精密爆撃に対しては戦闘機の高々度性能の低さ、夜間無差別焼夷弾爆撃に対しては実用的な機上レーダーの欠如などから、効果的な迎撃ができなかった。

日本海軍はフィリピン戦から「神風特別攻撃隊」の航空機による敵艦艇への体当たり攻撃を始め、日本陸軍の航空隊もそれに続いた。しかし、アメリカ海軍機動部隊の高い早期警戒能力や

COLUMN ● 撃墜王

「大空のサムライ」坂井三郎中尉

日本海軍の坂井三郎中尉は、日本でもっとも有名なエースといえる。撃墜数は、自著等では64機とされているものの、実際には30機程度と思われる。

坂井中尉は、支那事変で初めて実戦に参加し、昭和13年10月に初撃墜を記録。昭和16年10月には陸上基地航空部隊である台南海軍航空隊に配属されて、対米英蘭戦の開始とともにフィリピン方面の航空撃滅戦に参加。その後、蘭印方面、次いでニューギニア方面の航空戦に参加し、多数の敵機を撃墜した。

しかし、昭和17年8月7日のガダルカナル島への第1次攻撃で、アメリカ海軍のSBDドーントレス急降下爆撃機の後部旋回銃の銃弾を頭部に受けて負傷し、意識朦朧となりながらも4時間半も飛行してラバウルに帰還した。

その後、本土での療養と教官勤務を経て、昭和19年4月には横須賀海軍航空隊に配属され、翌6月には「あ」号作戦に連動して硫黄島での迎撃戦に参加。その後、第三四三海軍航空隊戦闘七〇一飛行隊などを経て横須賀海軍航空隊で終戦を迎えた。

自著「大空のサムライ」では、「左ひねりこみ」に代表される空戦機動などよりも、優れた視力による見張りの重要性が強調されており、ここに空戦術の極意があったことがわかる。

迎撃管制能力、敵機に近づいただけで炸裂する近接信管付の対空砲弾や新型戦闘機などによる強力な防空網を突破することはむずかしかった。

大戦末期の日本軍は、アメリカ軍のフィリピン攻略による南方の資源地帯との海上交通路の遮断、B-29による本土爆撃や機雷投下による港湾封鎖などによって物資が極度に不足し、日本軍の航空部隊は、燃料の不足や練度の低下などによって十分な戦力を発揮できなくなった。

さらにB-29は、昭和20年8月6日に広島、9日に長崎へ相次いで原子爆弾を投下。8月15日には天皇の玉音放送が行われ、終戦を迎えることになった。

第二次大戦では、航空戦力の重要性が飛躍的に増大した。まず戦術レベルでは、陸戦でも海戦でも自軍の航

ロッテ戦法

ドイツ空軍では、第二次大戦前のスペイン内乱の戦訓などから、早くから2機1組のロッテを最小単位として、ロッテ2組でシュヴァルムを構成し、相互に支援し合いながら空戦を行う、いわゆる「ロッテ戦法」を採用していた。次いで、イギリスやアメリカでも、同様の4機編隊が採用されるようになった。

日本軍では、まず陸軍で昭和17年後半頃から4機編制の小隊による編隊戦闘として「ロッテ戦法」が導入されるようになり、小隊の編制機数がそれまでの3機から4機になった。海軍航空隊では、陸軍より遅れて昭和18年後半頃以降に4機編隊が導入されるようになった。

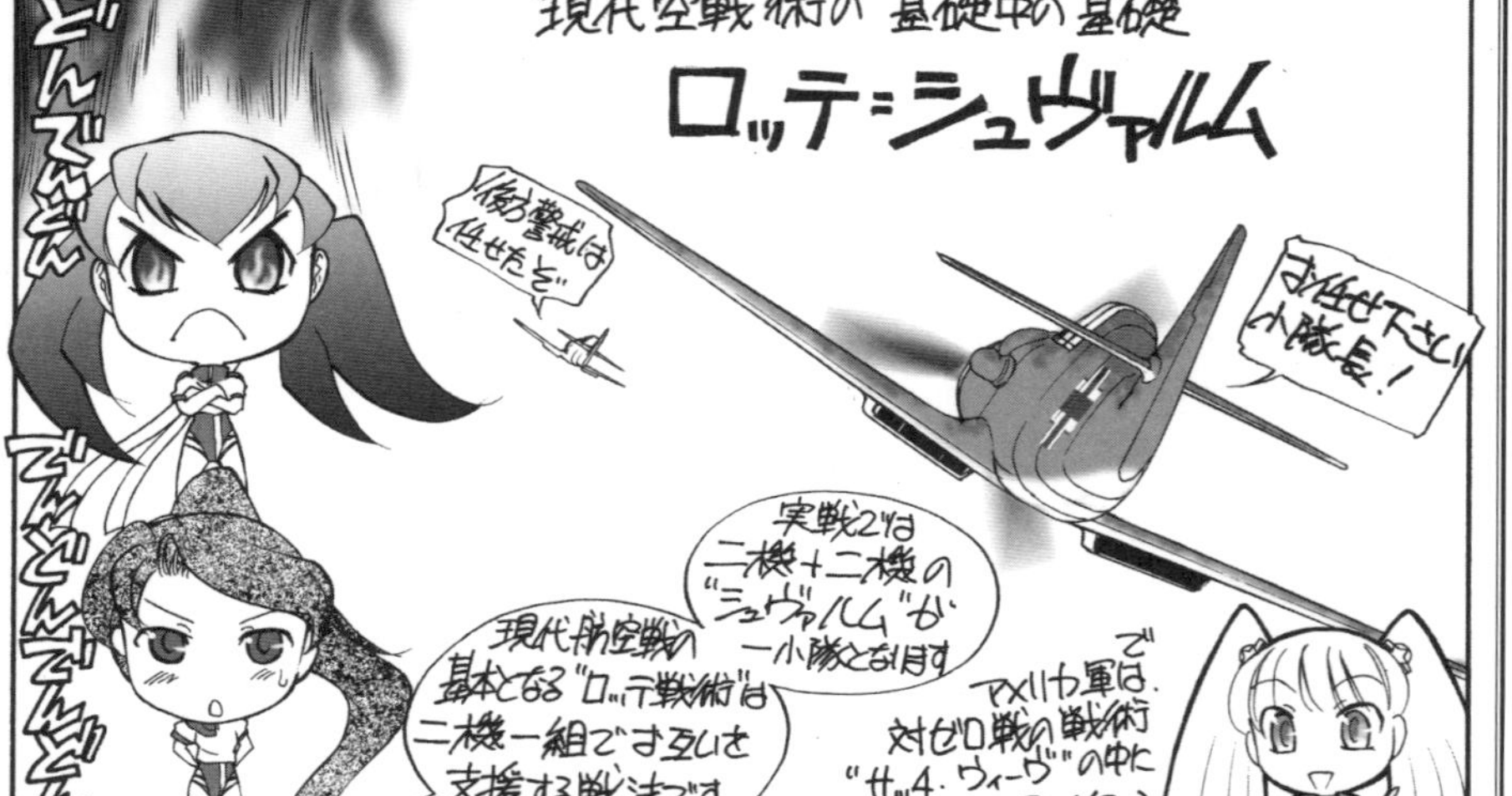

B-29 vs. 日本軍戦闘機隊

超高空に連なる白銀の無敵要塞！
ぐすん…
高度1万メートル。越えられない壁…
○太平洋戦争末期、長駆日本本土を爆撃したB-29は高々度爆撃から焼夷弾による低高度無差別爆撃に切替え多くの民間人ごと工業地帯を焼き払った…。
くそぉっ
ひーっ
○日本機は、ターボチャージャーの実用化に立ち遅れ、空気の薄い高々度では十分な出力を出せず、高度1万メートルでは満足に迎撃出来なかった…

米海軍の新鋭空母エセックス上に満載された、F6Fヘルキャット戦闘機とSBDドーントレス急降下爆撃機、そしてTBFアヴェンジャー雷撃機。大戦中盤以降の米海軍は、高性能な艦艇と航空機を大量に前線に送って、質量ともに日本軍を圧倒していったのよ！

空優勢無しに勝利を得ることがむずかしくなった。また、戦略レベルでは、原爆とそれを搭載できる大型爆撃機の実用化によって、打撃力が飛躍的に大きくなった。

空中戦では、単機中心の格闘戦から編隊中心の一撃離脱へとシフトしていった。また、航空機の性能向上、とくにジェット機の実用化によって速度が大幅に向上したことなどから、空中戦はより高い速度域で行われるようになり、射撃のチャンスはごく短い時間に限られるようになった。

朝鮮戦争

1950年6月25日、北朝鮮軍は、韓国への進攻を開始。有効な対戦車火器が不足していた韓国軍は、ソ連製のT－34／85中戦車を装備する北朝鮮軍の進撃を阻止できず、首都ソウルはあっという間に陥落した。

これに対してアメリカは、海空軍、次いで地上軍の投入を決定。九州に進駐していた第24師団などを送り込んだが、韓国軍とともに朝鮮半島南端のプサン周辺に押し込められてしまう。

しかし、7月7日にはアメリカ軍を主力とする国連軍（より正確には、正規の国連軍ではなく多国籍軍）の創設が決まり、朝鮮半島に送り込まれた国連軍はアメリカ海空軍の航空部隊の強力な対地支援のもとプサンを死守した。この間、アメリカ空軍のB－29は、38度線以北の交通網に爆撃を加えて北朝鮮軍の増援や補給の遮断に努めた。

そして、9月15日には、国連軍がプサン西方のインチョンに上陸して本格的な反攻を開始し、10月下旬には北朝鮮軍を中国との国境近くまで押し込んだ。

ところが、10月25日から義勇軍として北朝鮮側で参戦した中国軍が巨大な兵力による「人海戦術」で国連軍への攻撃を開始。翌1951年1月にはソウルを再び占領した。また、中朝軍は、

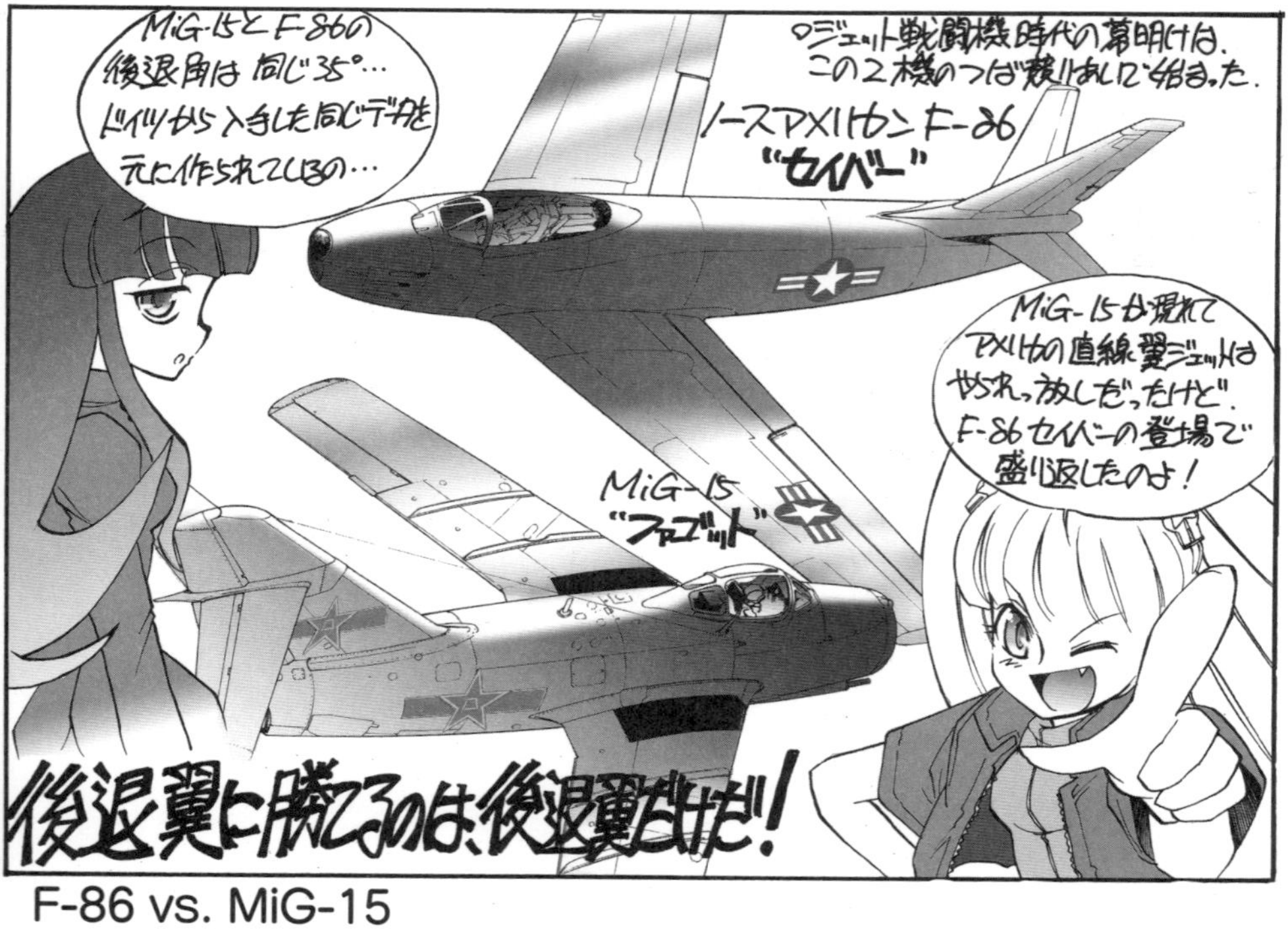

ジェット戦闘機時代の幕明けは、この2機のつば競りあいで始まった。
ノースアメリカン F-86 "セイバー"
MiG-15とF-86の後退角は同じ35°…ドイツから入手した同じデータを元に作られているの…
MiG-15が現れてアメリカの直線翼ジェットはやられっ放しだったけど、F-86セイバーの登場で盛り返したのよ！
MiG-15 "ファゴット"
後退翼に勝てるのは、後退翼だけだ！

F-86 vs. MiG-15

後退翼を持つソ連製のジェット戦闘機ＭｉＧ－15を投入し、直線翼を持つアメリカ空軍のジェット戦闘機Ｆ－80（旧名称Ｐ－80）シューティングスターやアメリカ海軍のジェット艦上戦闘機Ｆ9Ｆパンサーに対して優位に立った。

これに対してアメリカ空軍は、後退翼を持つ新型戦闘機Ｆ－86セイバーを投入し、国連軍の地上部隊も態勢を立て直して航空部隊の支援のもとで反撃を加え、3月にはソウルを再度奪回した。

その後、ソ連の提案によって7月から休戦交渉が始められたものの、両陣営とも交渉を有利に進めることを目指して戦闘を続けた。たとえば、中朝軍は、9月に大規模な空中攻勢に出て、アメリカ空軍はＢ－29の昼間出撃を一時中止したほどだった。また、アメリカ海軍は空母艦載機で北朝鮮のダムを爆撃し、アメリカ空軍は北朝鮮の交通網や飛行場を爆撃するなどして、空中から圧力を加え続けた。

そして、1953年7月27日にようやく休戦協定が成立し、朝鮮戦争は事実上の終結を迎えることになった。

朝鮮戦争では、国連軍がほぼ全期間を通じて航空優勢を維持し、地上部隊の戦闘を強力に支援するとともに、北朝鮮国内への戦略爆撃を行って、大きな成果をあげた。

ただし、中朝国境付近のいわゆる「ミグ回廊」では、アメリカが中国との全面戦争を恐れて中国領空への侵入を避けたために、国連軍の航空部隊が中朝軍の航空部隊を撃滅することができず、中朝軍が局地的な航空優勢を得ることができた。

この「ミグ回廊」を中心として、ジェット戦闘機同士の本格的な空中戦が初めて行われ、とくにアメリカ空軍の戦闘機部隊は圧倒的な戦果を報告したが、のちに過大報告だったことが判明している。

そして、これ以降は、地域紛争においてもジェット戦闘機同士の空中戦が一般化することになる。

朝鮮戦争

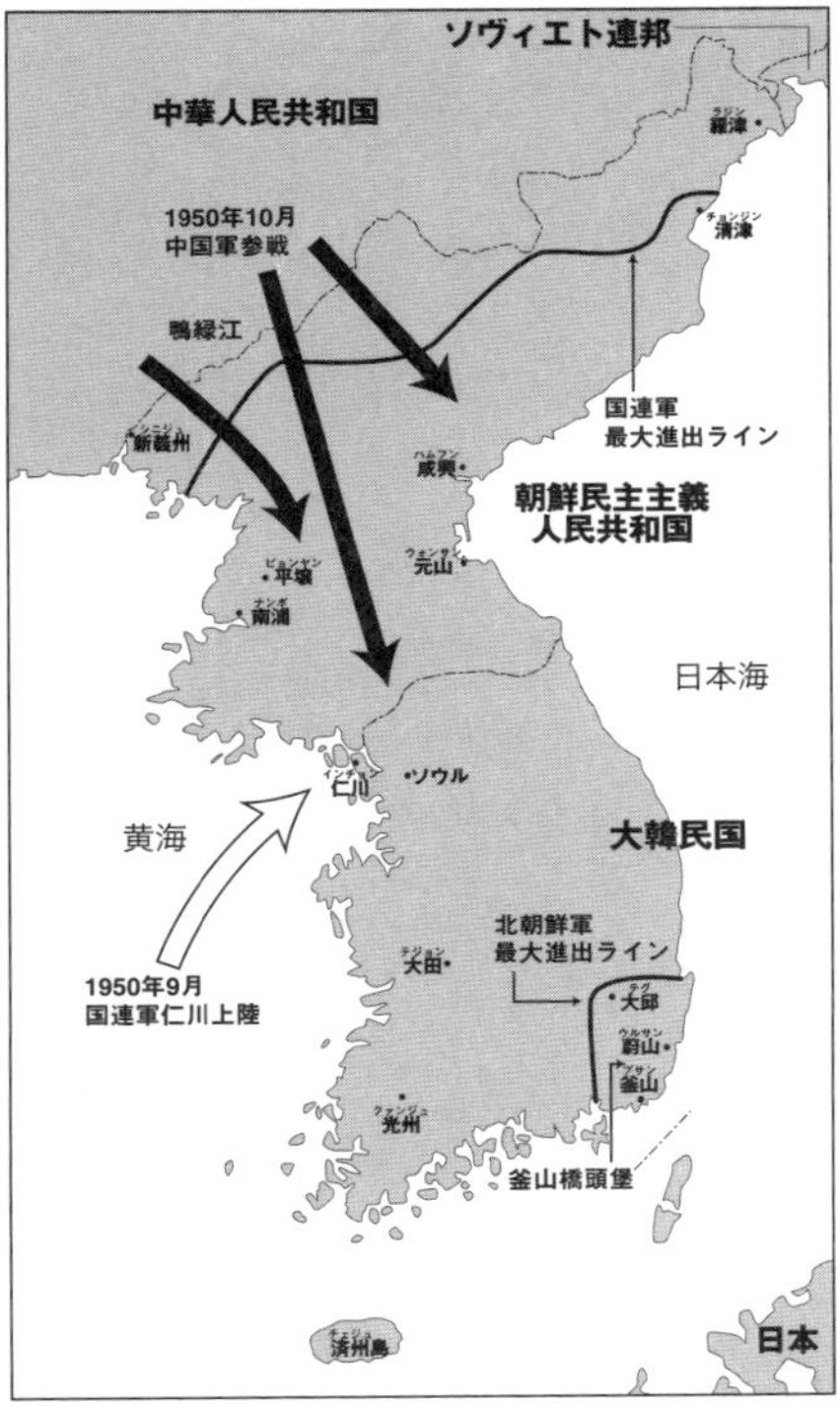

朝鮮戦争以降のおもな地域紛争

朝鮮戦争以後、アメリカがヴェトナム戦争に本格介入する頃までのおもな地域紛争としては、台湾海峡を挟んだ中国国民党政権と中国共産党政権の紛争、第2次中東戦争、第2次印パ戦争などがあげられる。

台湾紛争では、1958年に国民党軍のアメリカ製戦闘機F-86セイバーが、同じくアメリカ製の赤外線誘導方式の空対空ミサイルAIM-9サイドワインダーによって、空対空ミサイルによる空中戦での初撃墜を記録した。

1956年に勃発した第2次中東戦争では、まずイスラエル空軍がエジプト空軍と交戦し、次いで介入した英仏連合軍の空母機動部隊や陸上基地航空部隊がエジプト空軍に対して航空撃滅戦を展開して航空優勢を確保した。この戦争では、イスラエル空軍のフランス製の戦闘機ダッソー ウーラガンやダッソー ミステールなどと、エジプト空軍のイギリス製の戦闘機グロスター ヴァンパイアやソ連製の戦闘機MiG-17などが、空中戦を繰り広げている。

1965年に勃発した第2次印パ戦争では、パキスタン空軍の主力戦闘機だったF-86セイバーがAIM-9サイドワインダーを使用して、イギリス製のホーカー ハンターを主力戦闘機と

空対空ミサイル出現！

世界初の実用空対空ミサイルが、アメリカの開発した赤外線誘導方式の"サイドワインダー"！
ミサイルの実用化で空戦は大きく変わります
さらに空戦が音速で行なわれる様になると、もう戦闘機同士の接近戦は成立しないと考えられました
ひょ
ひょ
ひょ
熱いのが好き…♡
ジェット機の出す高温の排気を追いかけてくから、射ちっ放しが出来るのよ！
ギャー！
名前の由来となったガラガラヘビは
同じ原理でエモノの熱を感知する。
毒蛇の頭はどこまでも

するインド空軍に対して優位に立った。

これらの空中戦ではいずれもジェット機が主力として活躍し、レシプロ機時代に比べると格段に速い速度域で空戦が行われるようになった。また、空対空ミサイルが大きな威力を発揮し、将来は進歩したミサイルがさらに大きな威力を発揮するものと思われたが…。

ヴェトナム戦争

1964年8月5日、アメリカ海軍の空母艦載機が北ヴェトナムの海軍基地を攻撃し、いわゆる「北爆」が開始された。翌1965年、アメリカは、南ヴェトナムに大規模な地上部隊を派遣し、ヴェトナム戦争への本格介入を始めた。

当時、北ヴェトナム空軍はジェット戦闘機を1機も保有していなかったが、ソ連や中国がMiG-17やMiG-21などのジェット戦闘機とともに地対空ミサイル、高射砲、レーダー施設などを供与し、やがて強力な防空網が築かれた。

対するアメリカ軍は、トンキン湾を遊弋《ゆうよく》する空母機動部隊の艦載機、南ヴェトナムやタイ、グァムなどの航空基地に配備された空軍機、それに海兵隊機や南ヴェトナム空軍機などを戦闘に投入。1965年3月にはアメリカ軍による大規模な北爆作戦「ローリングサンダー」が開始された。それから2年も経たない1967年1月には北ヴェトナムに侵入したアメリカ軍機および南ヴェトナム軍機の延べ機数が10万機を超えている。

北ヴェトナム・南ヴェトナム民族解放戦線（以下、NFLと略す）側は、アメリカ軍の兵力増強にともなって一旦は劣勢に追い込まれたかに見えたが、1968年1月のヴェトナムの旧正月

ベトナム戦争時の東南アジア
中華人民共和国
北ベトナム
ビルマ
(現/ミャンマー)
ハノイ
ハイフォン
トンキン湾
海南島
ビエンチャン
ドンホイ
メコン川
ウドーン
タイ
ラングーン
(現/ヤンゴン)
ダナン
タクリ
ウボン
ラオス
コラート
ドンムアン
プレイク
バンコク
カンボジア
南シナ海
アンダマン海
南ベトナム
ウタパオ
プノンペン
シャム湾
タンソンニュット
サイゴン
(現/ホー・チ・ミン)

に「テト攻勢」と呼ばれる大攻勢を開始してアメリカの世論に大きなショックを与えた。
　そして、同年3月には、アメリカのジョンソン大統領が北爆の停止、北ヴェトナムとの和平交渉の開始、アメリカ軍の段階的撤退などを発表し、戦闘の主役をアメリカ軍から南ヴェトナム軍に移行する、いわゆる「ヴェトナム化」が進められることになった。
　その間も、アメリカ・南ヴェトナム軍は、1970年3月にカンボジア、1971年2月にラオスに進攻し、

カニンガム大尉とドリスコル中尉

アメリカ海軍の操縦士のランドール・H・カニンガム大尉とレーダー迎撃士官（Rader Intercept Officer略してRIO）のウィリアム・P・ドリスコル中尉は、1972年1月19日に1機、5月8日に1機撃墜し、5月10日に一挙に3機を撃墜して、ヴェトナム戦争におけるアメリカ軍初のエースとなった。

しかし、母艦への帰還途中で北ヴェトナム軍が発射した地対空ミサイルが至近距離で炸裂して操縦不能に陥ったため、射出座席を使って海上に脱出し、味方ヘリコプターに救助されている。

なお、5月10日の空戦で最後に撃墜された敵機のパイロットは13機の撃墜記録を持つ北ヴェトナム空軍のエース、トゥーン大佐と考えられていたが、のちにそのような人物は存在しなかったことが判明している。

左から2人目がカニンガム大尉、3人目がドリスコル中尉

〈赤外線誘導〉太陽や味方の熱源にも向かってしまう
ミサイルの弱点
〇万能と思われたミサイルも、用兵上は様々な制限や欠点がある事が分かり、戦闘機同士のドッグファイトも無くならなかった…
〈電波誘導〉妨害に弱い、誘導に手間がかかる。
海軍は外付けのガンポッドで済ませましたが
〈M61 20ミリバルカン〉6本の銃身を回転させて高い発射速度を実現している。
ミサイル専用機として開発されたF-4もベトナム戦の途中から機関砲を復活させることになります。
ま、最近はミサイルの性能が上がって、また機関砲不要論が出てるけど
IR式はフレア(目くらまし)も有効…
機関砲《マシン・ガン》は最後の武器だ!

北ヴェトナム軍・NFLの拠点や補給路「ホー・チミン・ルート」を攻撃している。そして、1972年4月には大規模な北爆作戦「ラインバッカーI」が開始され、12月には最後の大規模な北爆作戦となった「ラインバッカーII」が実施された。

しかし、1973年1月27日にはパリで和平協定が調印され、この年のうちにアメリカ軍は南ヴェトナムから完全に撤退。1975年4月30日には、北ヴェトナム軍・NFLが南ヴェトナムの首都サイゴンを占領して、ヴェトナム戦争は終結を迎えることになった。

ヴェトナム戦争中にアメリカ軍は、空中戦で191機のMiG戦闘機、2機の輸送機などを撃墜した。一方、アメリカ軍機の損害は、空中戦で76機、対空火器で949機に達した(ヘリコプターを除く)。これを見てもわかるように、北ヴェトナム軍・NFLの戦果の大部分は地対空ミサイルを含む対空火器によるものだったが、北ヴェトナム空軍の戦闘機部隊は、アメリカ軍の編隊に攻撃を仕掛けることで攻撃機に爆弾を投棄させるなど、爆撃の阻止などに大きな役割を果たした。

ヴェトナム戦争前は、空対空ミサイルの命中率や最高速度の価値が過大評価され、格闘戦性能が過小評価される傾向が強かったが、ヴェトナム戦争では、空対空ミサイルの命中率が信頼性の不足などから意外に低いことがわかり、空中戦時の速度も思

爆弾を満載してヴェトナム上空を飛ぶF-105サンダーチーフね。F-105には戦闘機を示す"F"がついているけど、ヴェトナム戦争ではほとんど爆撃機として使われたのよ。

ったより遅かったことなどから、機関砲や格闘戦性能が再評価されることになった。アメリカ空軍のF－4ファントムⅡ戦闘機が当初は機関砲を搭載せず、途中から固定機関砲を搭載するようになったのはその表れといえる。

また、アメリカ軍がタン・ホア橋への攻撃でTV誘導方式の誘導爆弾ウォール・アイを、ポール・ドゥーマー橋への攻撃でレーザー誘導方式の誘導爆弾ペイヴ・ウェイを使用するなど、いわゆるスマート爆弾（利口な爆弾）が初めて実戦に投入され、航空機による対地攻撃に革新をもたらすことになった。

ヴェトナム戦争以降のおもな地域紛争

ヴェトナム戦争以後、湾岸戦争までのおもな地域紛争としては、第3次中東戦争、第3次印パ戦争、第4次中東戦争、イラン－イラク戦争、フォークランド紛争などがあげられる。

1967年に始まった第3次中東戦争では、ミラージュⅢなどを主力とするイスラエル空軍の先制奇襲攻撃によって、エジプト空軍機は大部分が地上で撃破された。次いでヨルダン、シリアの航空基地も攻撃を受けて、アラブ側の空軍兵力は短時間で壊滅してしまった。イスラエル空軍の発表によると、空中戦では、数機が撃墜されたものの、エジプト空軍のMiG－21やMiG－19、ヨルダン空軍のホーカー ハンターなどの撃墜を発表している。

エネルギー・マニューバー理論

例えば、空戦中に水平旋回を続けると、機体は速度と高度の両方を失ってしまう。

しかし、速度（≒運動エネルギー）を失っても高度（≒位置エネルギー）に余裕があれば、機体を降下させせることで速度を得られる。つまり、位置エネルギーを運動エネルギーに変換することができるのだ。

また、高度（≒位置エネルギー）を失っても十分な速度（≒運動エネルギー）があれば、機体を引き起こすことで高度を得られる。つまり、運動エネルギーを位置エネルギーに変換することができるのだ。

ジョン・ボイド大佐

言い換えると、機体の持っているエネルギーとは運動エネルギーと位置エネルギーの合計とほぼ同義語であり、空戦では機体のエネルギーを敵機よりも高いレベルに維持できれば、機動時に優位に立つことができる。つまり、パイロットは、空戦中に機体の総エネルギーをつねに高いレベルに維持するように考えて機動しなければならないのだ。

アメリカ空軍のジョン・ボイド大佐は、こうした考え方をもとにして「エネルギー・マニューバー理論」をまとめ、戦闘機の設計や機動の解析などに応用して多大な成果をあげた。

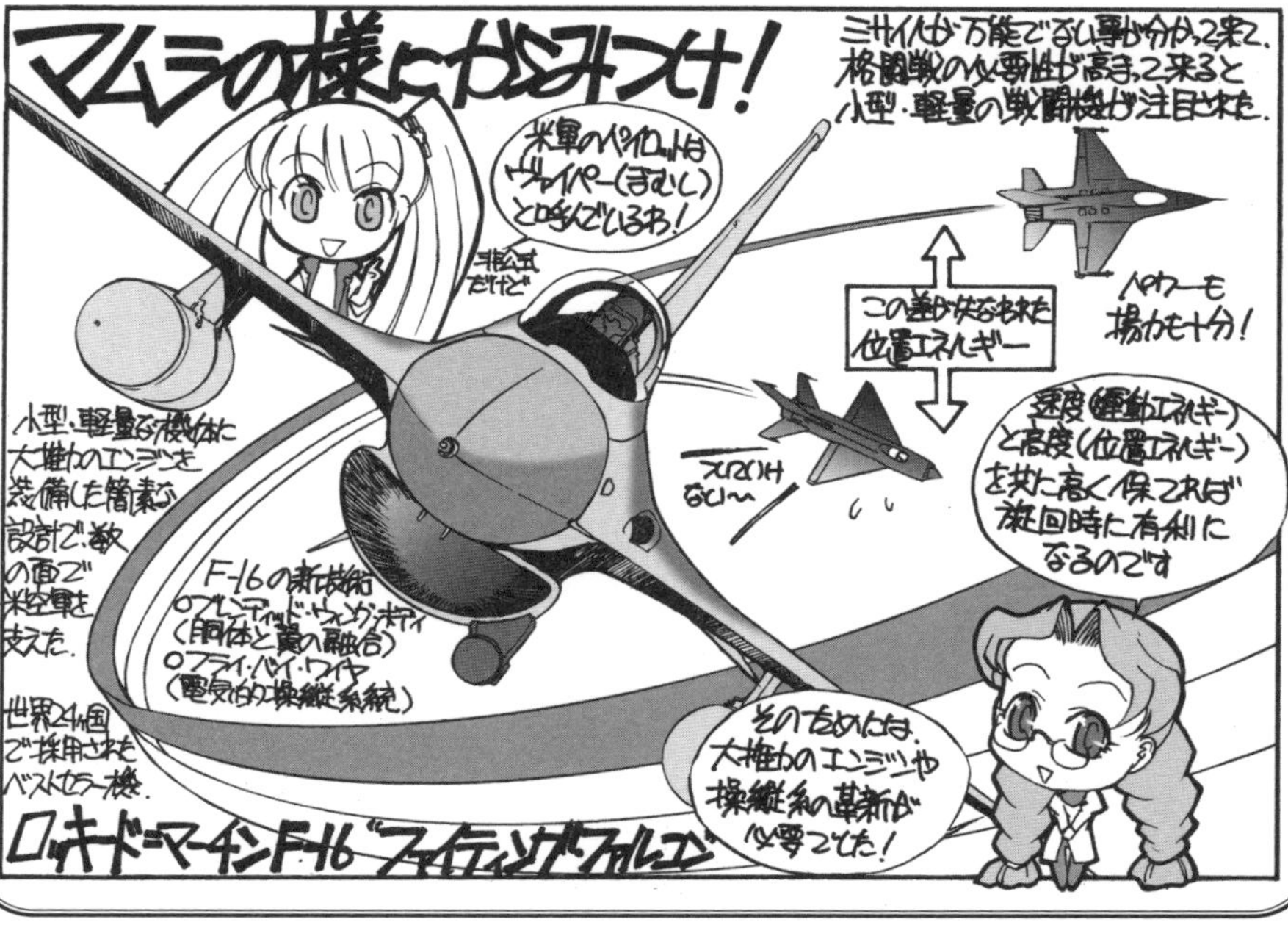

1971年に勃発した第3次印パ戦争では、アメリカ製のF-86セイバー、F-104スターファイター、F-5EタイガーⅡ、フランス製のミラージュⅢE、ソ連製のMiG-19などを保有するパキスタン空軍が、MiG-21、ミステール、ハンターなどを保有するインド空軍の各基地を少数機で先制急襲したが、大した戦果をあげることはできなかった。逆にインド空軍機やインド海軍の空母「ヴィクラント」の艦載機による反撃によって、とくに東部戦線

イギリスが開発した「世界で最も美しい戦闘機」ことホーカー ハンターは、その優雅なフォルムにも関わらず、多くの地域紛争で使用されて奮闘しましたわ。

ハイ・スピード・ヨーヨーとロー・スピード・ヨーヨー

ハイ・スピード・ヨーヨーとロー・スピード・ヨーヨーは、エネルギー・マニューバー理論を明快に把握できる空戦機動の代表例といえる。

ハイ・スピード・ヨーヨーでは、機体を上昇させて減速することで急角度での旋回を可能にし、機体を降下させて加速することで敵機との間合いを詰めることができる。つまり、機体の運動エネルギーを一旦位置エネルギーに変換し、再び位置エネルギーを運動エネルギーに変換していくことになる。

ロー・スピード・ヨーヨーでは、機体を降下させて加速することで敵機との間合いを詰め、機体を上昇させて減速することで敵機を捕捉することができる。つまり、機体の位置エネルギーをまず運動エネルギーに変換し、再び運動エネルギーを位置エネルギーに変換していくわけだ。

ハイ・スピード・ヨーヨー

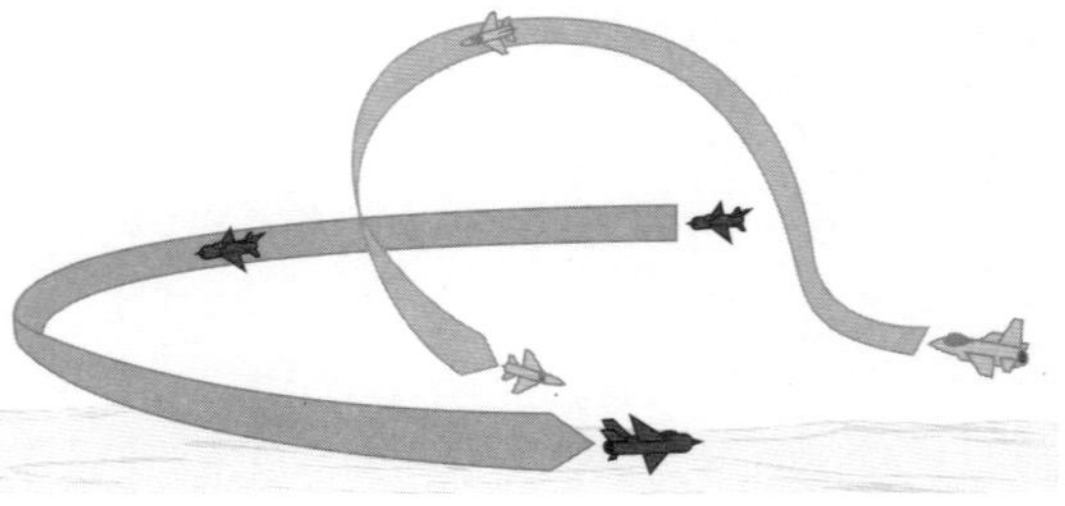

ロー・スピード・ヨーヨー

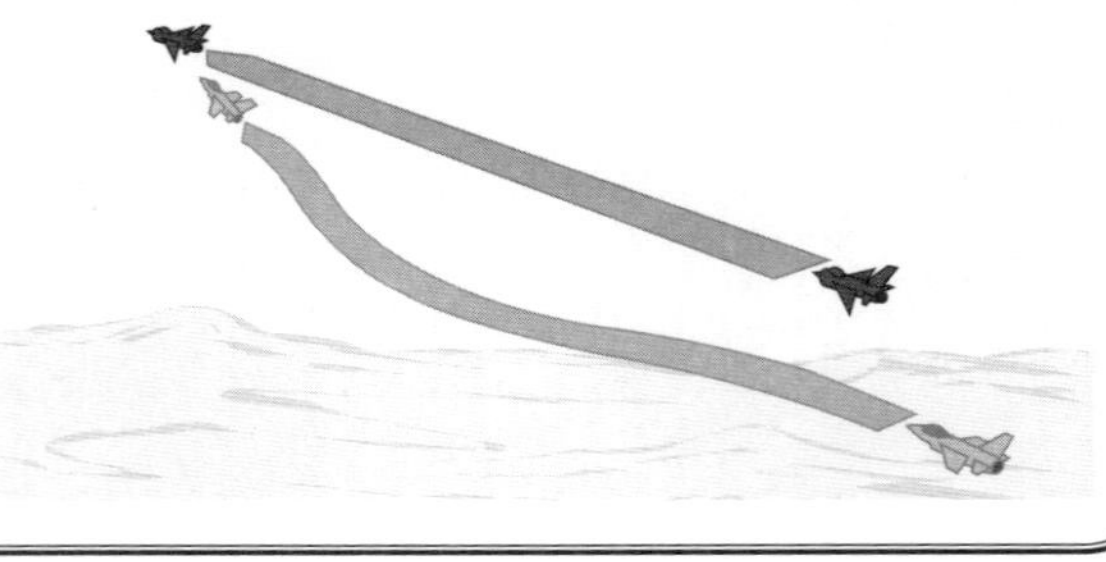

ではパキスタン空軍機がほぼ完全に撃滅されて、インド軍が短期間で航空優勢を確保し、対地支援などを展開した。緒戦のパキスタン空軍の兵力の分散使用による失敗が、航空戦の帰趨に大きな影響を与えたといえるだろう。

1973年に勃発した第4次中東戦争は、アラブ側の先制奇襲攻撃によって始まった。エジプト軍やシリア軍の地上部隊は、ソ連製の地対空ミサイルや対空機関砲などで構成される濃密な防空網によって局地的な航空優勢を確保し、イスラエル空軍はゴラン高原上空でダグラスA-4スカイホーク攻撃機やF-4ファントムⅡ戦闘機など約40機を撃墜されるなど苦戦を強いられた。しかし、イスラエル空軍は、A-4スカイホークやF-4ファントムⅡが高い電子戦能力やスマート爆弾などを活用してアラブ側の防空網を徐々に制圧し、ミラージュⅢなどがシリア空軍のMiG-21やイラク軍のハンターなどと空中戦を展開して航空優勢を奪取した。

1980年から8年続いたイラン-イラク戦争では、両軍とも航空作戦が活発だったとはいえず、特筆すべきような点はあまり見られなかった。

1982年のフォークランド紛争では、アルゼンチン海空軍のA-4スカイホーク攻撃機が対艦攻撃に活躍し、フランス製のダッソー シュペルエタンダール攻撃機が同じくフランス製の空対艦ミサイルAM39エグゾセでイギリス海軍の駆逐艦「シェフィールド」を撃沈するなどの打撃を与えた。しかし、その中でもイギリス海軍の空母に搭載されたBAeシーハリアーは、制空戦闘で一方的に戦果をあげ、軽空母とVTOL機の組み合わせに大きな価値があることを実証した。

湾岸戦争

1990年8月2日、イラク軍は、クウェートへの進攻を開始し、またたくまに全土を占領した。

これに対してアメリカは、まず空母機動部隊をアラビア海や東地中海に移動させ、次いでサウジアラビアの合意を得て「砂漠の盾」作戦を発動し、他の湾岸諸国などとともにサウジに陸上兵力や航空兵力を展開させて、サウジの防衛とクウェート奪還への準備を進めた。

そして、1991年1月17日に、アメリカ軍を中心とする多国籍軍は、「デザート・ストーム（砂漠の嵐）」作戦を発動して航空機や巡航ミサイルなどによるイラクへの攻撃を開始した。

このうち、アメリカ海空軍は、ステルス攻撃機F-117をはじめとする多数の航空機や各種の精密誘導兵器を投入して、イラク軍の指揮通信施設や変電所などを攻撃し、次いで地対空ミサイル陣地や飛行場などを攻撃して航空優勢を確立した。イラク空軍は、空中戦ではほとんど一方的に損害を出し、保有機の多くは地上で撃破されるかイランに逃げ込んだ。

アメリカ軍では、早期警戒管制機E－3セントリーAWACSが敵機の警戒や迎撃の管制に大きな威力を発揮し、テスト段階で急遽投入された統合監視目標捕捉レーダーシステムE－8

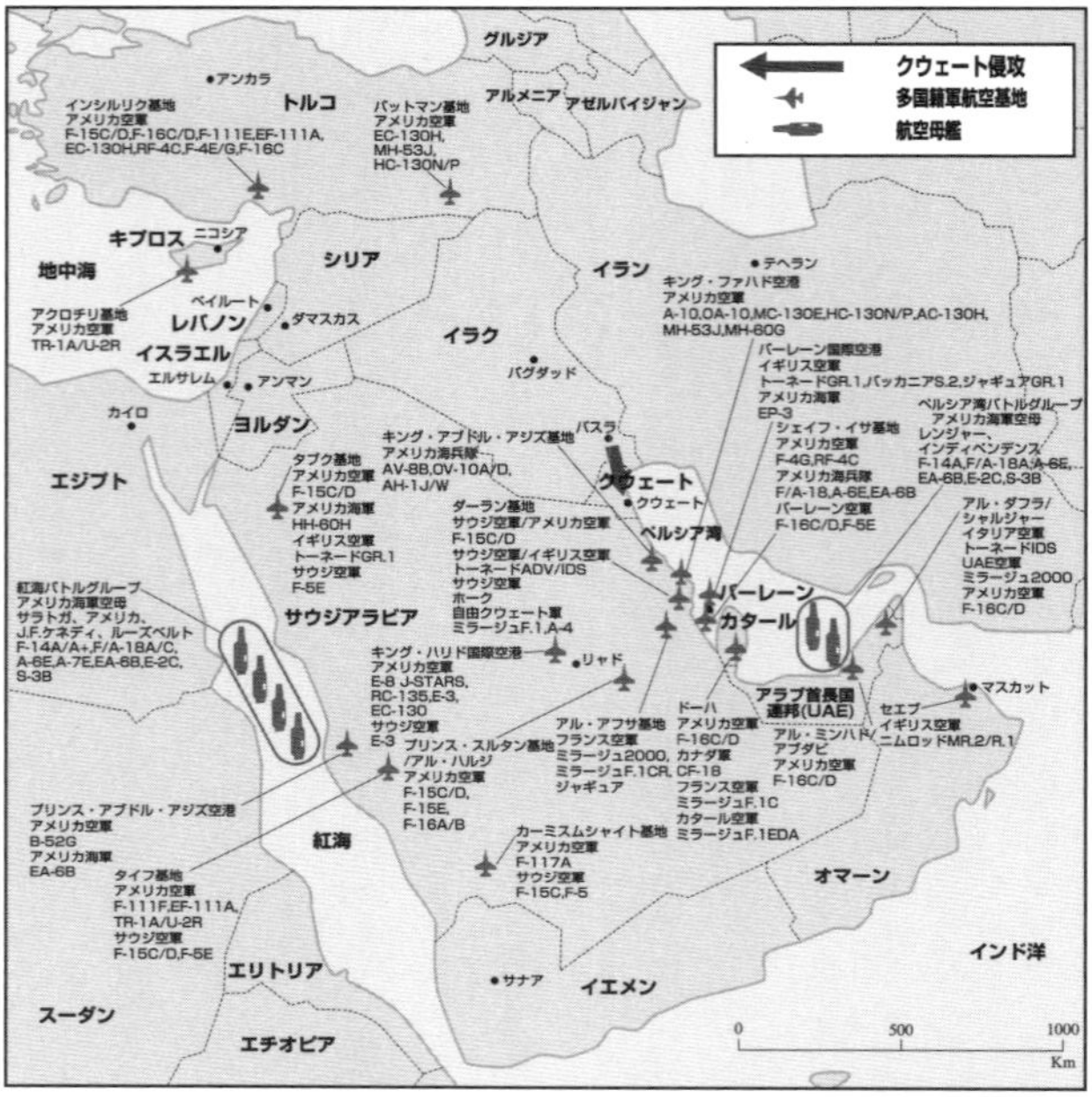

イラクのクウェート侵攻および砂漠の盾作戦における多国籍軍展開状況

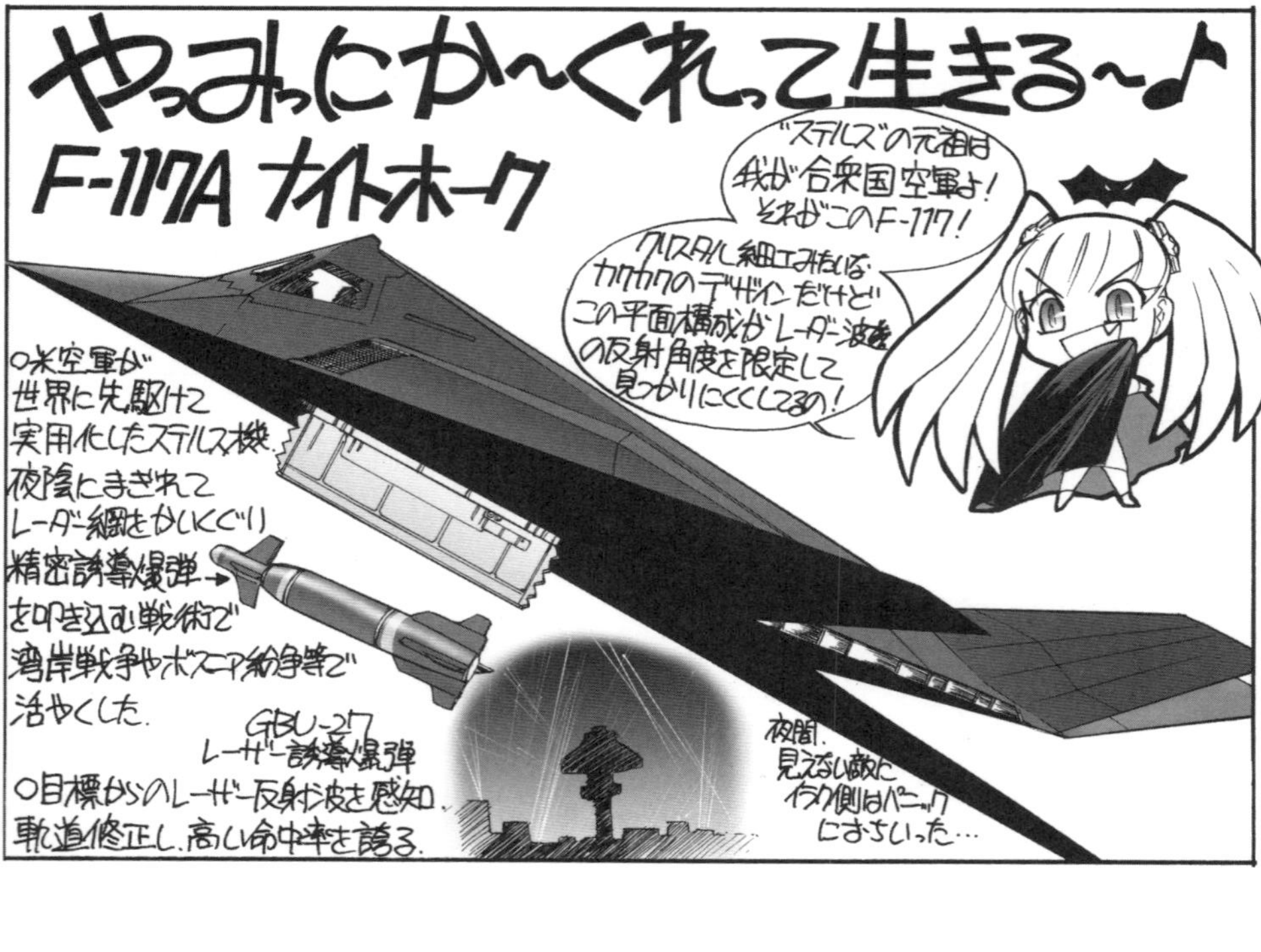

J-STARSが対地攻撃の支援に大きな活躍を見せた。また、パイオニアなどの無人機（Unmanned Air Vehicleまたは Unmanned Aerial Vehicle略してUAV）が本格使用された。

　このように湾岸戦争では、とくにアメリカ軍が、ステルス機、精密誘導兵器、早期警戒管制機、UAVなどのハイテク兵器を駆使して航空作戦を優位に進めた。

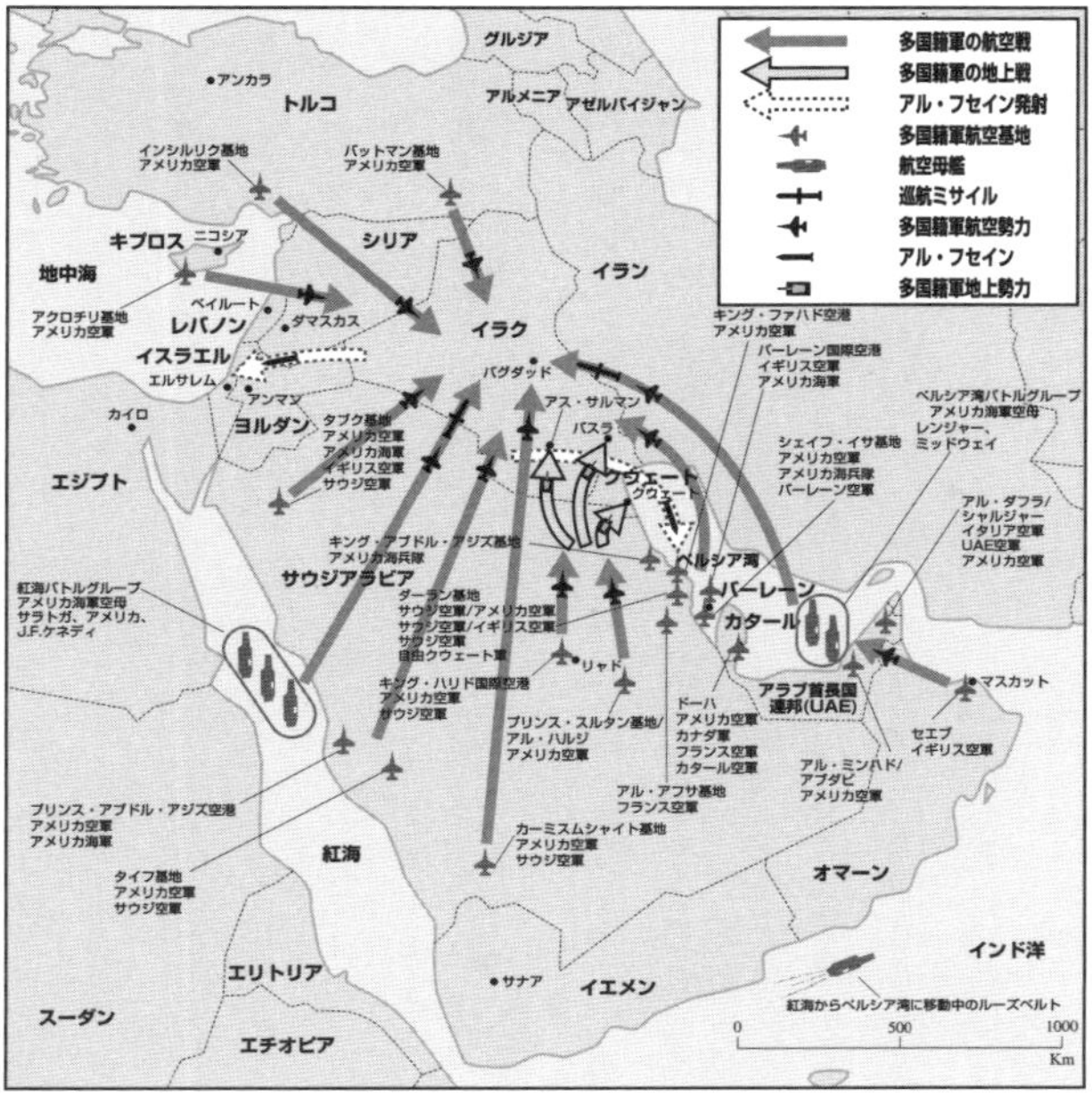

砂漠の嵐作戦における航空戦と地上戦

「砂漠の嵐」作戦で、油田の上を飛行する米戦闘機たち。上からF-16Cファイティングファルコン、F-15Cイーグル、F-15Eストライクイーグル、F-15E、F-16Cね。

湾岸戦争での航空戦は…戦力に差がありすぎ、一方的な展開となった…。

ただし、アメリカ軍の誘導爆弾の使用数は爆弾全体の約7パーセントに過ぎず、アメリカ海軍ではその日の爆撃目標を入力したフロッピーディスクを毎日空輸して各部隊に伝達していたほどで、ハイテク技術の活用といってもまだまだ限定的なものであった。

湾岸戦争以降のおもな地域紛争

湾岸戦争後のおもな地域紛争としては、2001年に始まったアフガニスタン紛争（アフガン戦争）、2003年に始まったイラク戦争などがあげられる。

これらの戦争では、アメリカ軍が統合直接攻撃弾JDAM（Joint Direct Attack Munitionの略）などの新型の精密誘導兵器やRQ-1プレデターなどのUAVを本格的に使用し、情報ネットワークの利用を本格化させて「ネットワーク中心の戦い」を実現するなど、湾岸戦争以上にハイテク技術の活用の幅を広げている。

その中でも、UAVのMQ-1プレデターに対戦車ミサイルAGM-114ヘルファイアが搭載されて、UAVによる対地攻撃が行われたことはとくに注目される。

これが対戦車ミサイル・ヘルファイアを搭載したMQ-1Bプレデターよ！

こうなるともう、無人機ってレベルじゃねーぞ！って感じだね…。

第六講

さらば空戦学校！猛禽たちの挽歌

「戦闘機の未来」

さて、皆さんと一緒に戦闘機についで学んできたワケですが
これから戦闘機がどうなっていくか考えてみましょう

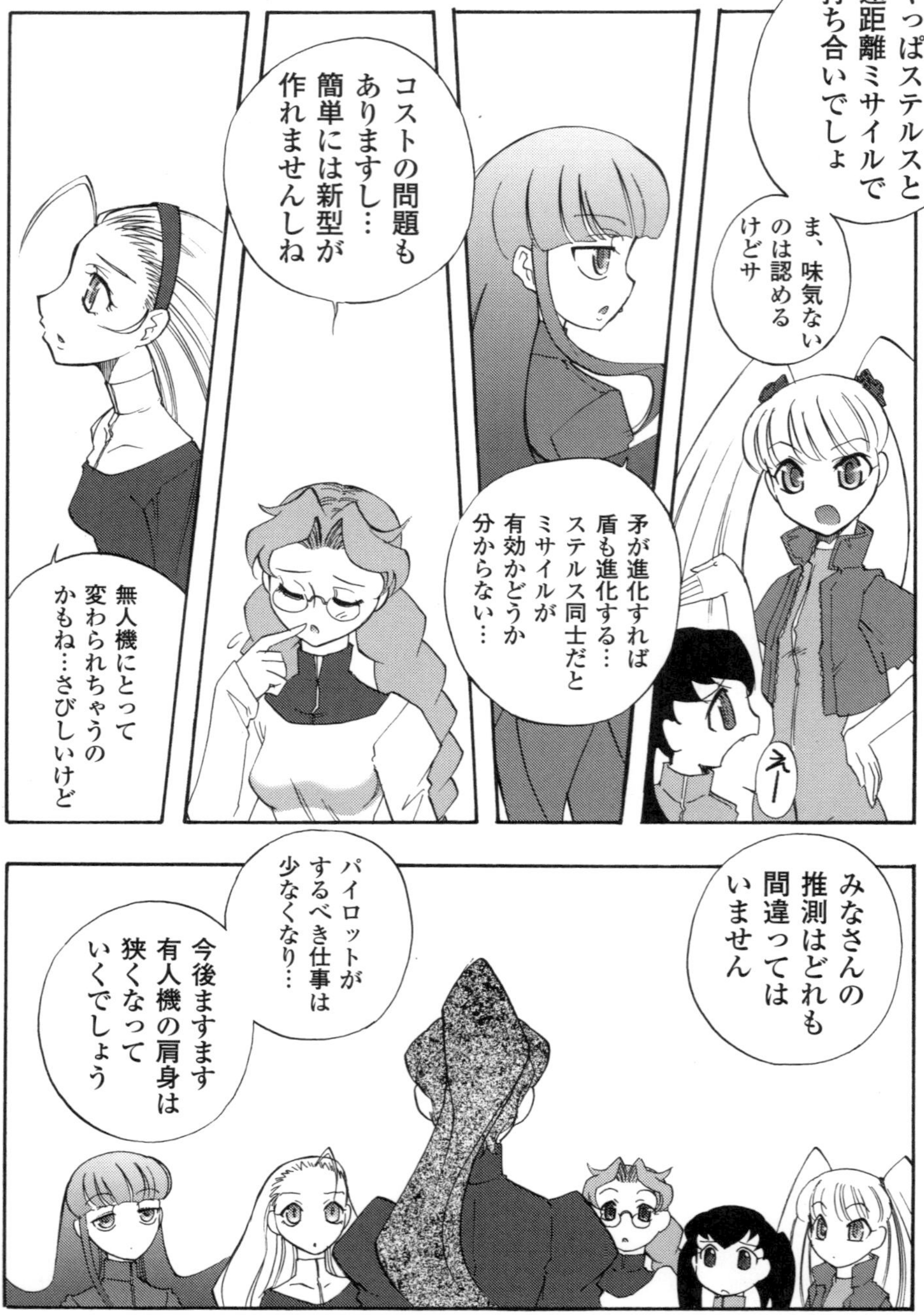
やっぱステルスと遠距離ミサイルで打ち合いでしょ
ま、味気ないのは認めるけどサ
えー
矛が進化すれば盾も進化する…ステルス同士だとミサイルが有効かどうか分からない…
コストの問題もありますし…簡単には新型が作れませんしね
無人機にとって変わられちゃうのかもね…さびしいけど
みなさんの推測はどれも間違ってはいません
パイロットがするべき仕事は少なくなり…
今後ますます有人機の肩身は狭くなっていくでしょう

このX-45のような無人機が主流になるかも知れません
無人機のプロトタイプの一つ
X-45
しかし!
意外とワタシは楽観的なんですよ?
チャイカさんが言ったように互いにレーダーが使えない状態での空戦が
?
何処?
どんな様相になるか未知の部分が大きいですしまた再びドッグファイトの価値が見直された時…
ドコダ?
?
あれ?ロストした?
どーしたらいいの~
?
?
無人機では対応しきれない局面があるはずです
そんな時

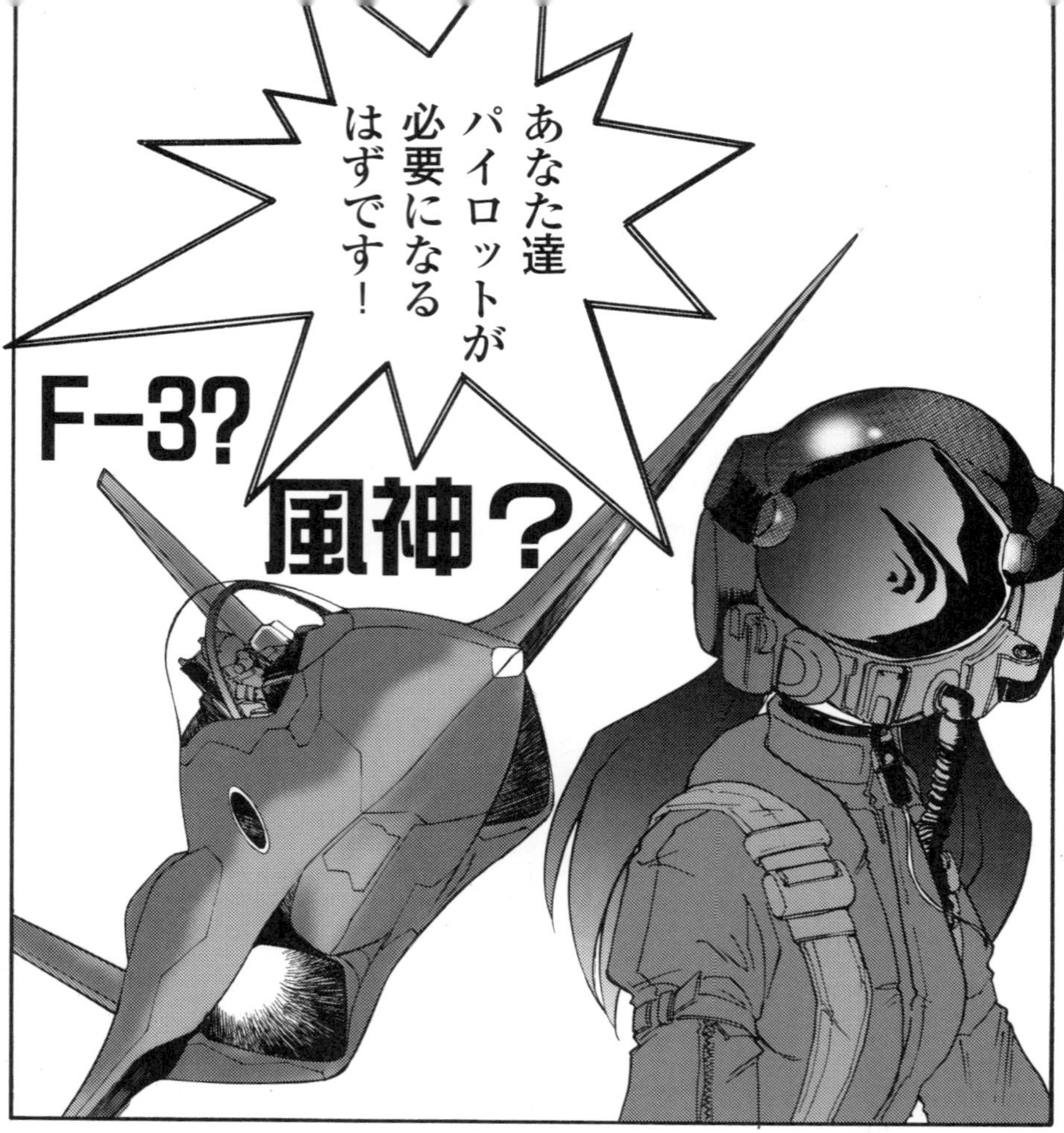
あなた達パイロットが必要になるはずです！
F−3?
風神？

ひとまず、授業はこれで終わりです。短い間でしたが皆さんと一緒に学べて楽しかったです！
ばいばーい!!
またどこかの空でお会いしましょう！

おしまい

第六講　戦闘機の未来

現在、先進各国では、最新鋭の第5世代ないし第4・5世代の戦闘機が開発あるいは配備が進められている最中で、その次の世代の戦闘機の具体的な姿はまだはっきりしていない。高性能の戦闘機の開発費が高騰を続けていることや開発期間が延びがちであることなどを考えると、次世代の戦闘機が完成、配備されるのは相当先の話になるだろう。

その一方で、前述したようにアメリカ軍では、すでに湾岸戦争の頃から偵察や観測を主任務とするＵＡＶを実戦に本格投入しており、アメリカやヨーロッパのいくつかの国では本格的な対地対艦攻撃能力を持つ無人作戦機（Unmanned Combat Air Vehicle略してＵＣＡＶ）の開発が進められている（ＵＣＡＶを直訳すると無人戦闘航空機になるが、いずれも対地攻撃を主任務とするもので、空対空戦闘を主任務とする戦闘機（Fighter）ではないので、無人作戦機とでも訳すべきだろう）。将来的には、こうしたＵＣＡＶに空対空戦闘能力が与えられることも十分に考えられる。

しかし、地上の固定目標あるいは比較的低速の移動目標を攻撃するという状況（シチュエーション）が限定された、あるいは状況の変化が限定的な対地攻撃に対して、3次元空間を複数の移動目標が相互に支援しつつ高速で機動するという状況の変化が大きく速い空中戦では、対地攻撃に比べるとはるかに高度な判断能力を要求されるはずだ。

そうした高度な判断能力を人工知能が実現するには、まだ時間がかかるだろう。空対空戦闘を主任務とする無人戦闘機に、人間のパイロットに匹敵するような高度な判断能力を備えた人工知能が搭載されるようになるまで、有人戦闘機が完全に姿を消すことはないと思われる。少なくとも筆者は、そう思いたい。

戦車
学校

戦車学校
Ⅱ型

陸自
学校

好評既刊

萌える!プロレスのススメ

文／萌えプロ製作委員会　イラスト／吉井ダン　●A5判　定価1500円（税込）

初心者の素朴な疑問に応えるルールや技の解説をはじめ、日本のプロレスの歴史、各レスラー列伝、魂に響く名言集、観戦の手引きまで、美少女たちと一緒に学んでいける入門書。

萌ゆる神の国!

文／鈴木ドイツ　イラスト／田中松太郎　●A5判　定価1500円（税込）

美少女たちが、歴史・外交・安全保障などについて主張する「萌え系オピニオン書」。
巫女さんみたいな女神様が、日本の歴史、憲法、靖國神社などをわかりやすく解説。

ドキッ! 乙女だらけの帝国陸軍入門!

文／堀場　亙　イラスト／峠タカノリ　●A5判　定価1700円（税込）

兵器、組織・編成、軍装、典令範（戦術マニュアル）、軍人、戦歴などなど、
第二次大戦時の帝国陸軍のすべてをミニスカ軍人たちが分かりやすく解説。

どくそせん

文／内田弘樹　イラスト／EXCEL　●A5判　定価1700円（税込）

史上最大の大地上戦、独ソ戦。開戦までの世界情勢や両軍の戦略、作戦の詳解、
兵器や人物など、独ソ戦にまつわるあらゆることを美少女戦車兵たちの戦いをまじえ解説する。

はつ恋連合艦隊

文／本吉　隆　イラスト／まもウィリアムズ　●A5判　定価1950円（税込）

明治時代の創設期から太平洋戦争まで、日本海軍のあゆみがイッキに分かる解説本。
海軍女子兵学校の生徒たちと女性教官がやさしく丁寧、時に大胆に解説をサポート。

萌える! タイの歩き方　萌えタイ

文／藤井伸二　イラスト／鮭　●A5判　定価1575円（税込）

高校生のシンジとタイからの留学生アムが、タイ全土を旅行しながら、"宿泊""食べる"をはじめ、交流のノウハウ、文化、風俗など、すべてのトピックを萌えっとレクチャー。

勝つための魔法教えます　まじかる将棋入門

文／椎名龍一・後藤元気　イラスト／乾ないな　●A5判　定価1500円（税込）

みんな知っている伝統のボードゲーム「将棋」。わかりにくいルールや駒の特徴を活かした攻め方、対局に勝つための秘訣まで、駒に変身した7人の美少女たちが優しくレクチャー。

萌える! 警察読本　もえぽり

文／はと　イラスト／ねろ　●A5判　定価1500円（税込）

フランス帰りの女怪盗、ショコラを捕まえるべく結成された、通称「もえぽり隊」。ショコラを追い詰めながら、警察の"ハテナ"をやさし～くガイド。謎のベールに包まれた巨大組織の真実にズームイン。

全国の書店でお求めください。

イカロス出版販売部　〒162-8616 東京都新宿区市谷本村町2-3
TEL 03-3267-2766　FAX 03-3267-2772　http://www.ikaros.jp/

萌えよ！空戦学校《くうせんがっこう》

2008年3月10日発行

文　田村尚也《たむらなおや》

マンガ　松田未来《まつだみき》

装丁&本文DTP　山田美保子

編集　浅井太輔

発行人　塩谷茂代

発行所　イカロス出版株式会社

〒162-8616 東京都新宿区市谷本村町2-3

[電話] 販売部 03-3267-2766

編集部 03-3267-2831

[URL] http://www.ikaros.jp/

印刷　図書印刷

Printed in Japan